EXPOSITION DE 1827.

RAPPORT
DU JURY CENTRAL
SUR LES PRODUITS
DE L'INDUSTRIE FRANÇAISE.

RAPPORT
DU JURY CENTRAL
SUR LES PRODUITS
DE L'INDUSTRIE FRANÇAISE

RAPPORT

SUR LES PRODUITS

DE L'INDUSTRIE FRANÇAISE,

PRÉSENTÉ,

AU NOM DU JURY CENTRAL,

A S. E. M. LE COMTE DE SAINT-CRICQ,

MINISTRE SECRÉTAIRE D'ÉTAT DU COMMERCE ET DES MANUFACTURES;

RÉDIGÉ

PAR M. LE V.te HÉRICART DE THURY,

Conseiller d'état, Directeur des travaux publics de Paris,
Ingénieur en chef des mines;

ET PAR M. MIGNERON,

Ingénieur en chef au Corps royal des mines.

A PARIS,

DE L'IMPRIMERIE ROYALE.

1828.

AVANT-PROPOS.

CONFIANTE dans la sagesse de son Roi, heureuse et forte par des institutions qui lui sont chères, la France applique au développement de son industrie les inépuisables ressources de son sol et le génie actif de ses habitans.

Les progrès qu'elle ne cesse de faire dans une carrière où elle marche entourée d'habiles rivaux, étonnent par leur rapidité, à chacune de ces grandes solennités qui les constatent et qui leur donnent en quelque sorte une date certaine: Cette fois encore, on peut le dire, les succès sont dignes du beau royaume qui les obtient et de l'auguste main qui les récompense.

Chaque peuple avait autrefois un genre d'industrie qui semblait lui être propre, et que l'on regardait comme dépendant essentiellement de ses habitudes, de ses mœurs, ou de certaines particularités de son sol. Aujourd'hui cette sorte de spécialité tend à disparaître. Les arts naissent par-tout où la civilisation s'établit; par-tout la prospérité qu'ils engendrent devient le prix de la constance dans le travail, du sage emploi des capitaux et du développement de l'intelligence.

Si cet ordre de choses fait honneur à l'époque actuelle, s'il indique qu'une bonne direction est donnée à l'esprit humain et que des peuples long-temps divisés sont liés par de mutuelles relations de bienveillance, on ne peut néanmoins s'empêcher de reconnaître qu'il n'est pas tout-à-fait exempt d'inconvéniens. Chaque état, en essayant de pourvoir à ses propres besoins, finit par produire plus qu'il ne consomme: il veut dès-lors exporter chez ses voisins, et se refuse à en rien recevoir; mais cette prétention, par cela seul qu'elle est commune à plusieurs, ne peut être toujours satisfaite; et beaucoup de produits restent sans emploi. De là les crises fâcheuses qui parfois attristent les pays de fabrique et sont ressenties même au loin par le commerce.

Un événement de cette nature a pesé récemment sur toute l'industrie européenne. La France devait d'autant plus en souffrir, qu'au même moment des événemens d'un autre ordre restreignaient les débouchés qui depuis long-temps sont ouverts dans l'Orient à ses fabriques. Mais le coup a été rendu moins sensible par la prudence et par le bon esprit de nos manufacturiers. Ils ont senti que si, dans de telles circonstances, la production devait être modérée, il fallait aussi se garder de la trop réduire ; qu'il restait d'ailleurs dans le perfectionnement des procédés une chance assurée de débit, parce que l'approvisionnement de l'intérieur et de certains marchés du dehors resterait, en définitive, à ceux qui sauraient s'en emparer en livrant à meilleur marché, sans que la qualité des produits en fût altérée. Tel est le but qu'ils se sont en général proposé d'atteindre, et dont plusieurs d'entre eux se sont approchés : ainsi les circonstances critiques dont nous parlons n'ont point ralenti parmi nous l'essor du génie manufacturier ; ils lui ont plutôt donné une vigueur nouvelle, et l'ont rendu capable de plus grandes choses.

On conçoit au reste que les mêmes causes aient agi de diverses manières sur cette immensité d'établissemens que comprend le domaine si riche et si varié de l'industrie française : c'est ainsi, par exemple, qu'un redoublement d'activité se fait remarquer dans les entreprises qui ont pour but l'exploitation des mines et le traitement des substances minérales. Les faciles moyens de transport promis à tout le royaume, déjà même assurés à quelques localités, par les canaux et par les chemins en fer, garantissent à ces entreprises un plein succès et en font chaque jour augmenter le nombre.

Les fabricans savent avec quel soin tout ce qui se rattache à leurs intérêts est pesé dans les conseils du trône; ils garderont long-temps le souvenir de ces paroles si bienveillantes, de ces questions si paternelles que le Monarque, en visitant leurs produits, voulut bien adresser à chacun d'eux; tous ont recueilli comme gage de la protection royale, la promesse que Sa Majesté a daigné faire, au moment de la distribution des médailles, d'assigner à l'industrie un local particulier pour les expositions périodiques de ses produits.

Un arrêté de Son Exc. le ministre de l'intérieur, en date du 19 avril 1827, a déterminé ainsi qu'il suit la composition du jury central:

S. S. M. le marquis D'HERBOUVILLE, pair de France, grand officier de l'ordre royal de la Légion d'honneur;

M. le vicomte HÉRICART DE THURY, officier de l'ordre royal de la Légion d'honneur, conseiller d'état, directeur des travaux publics de Paris, ingénieur en chef des mines;

M. le baron HÉRON DE VILLEFOSSE, officier de l'ordre royal de la Légion d'honneur, chevalier de l'ordre royal de Saint-Michel, membre de l'académie des sciences, conseiller d'état, inspecteur divisionnaire des mines;

M. BRONGNIART, chevalier des ordres royaux de

la Légion d'honneur et de Saint-Michel, membre de l'académie des sciences, ingénieur en chef des mines, directeur de la manufacture royale de porcelaine de Sèvres;

M. MOLARD, chevalier de l'ordre royal de la Légion d'honneur, membre de l'académie des sciences, président du comité consultatif des arts et manufactures;

M. D'ARCET, chevalier des ordres royaux de la Légion d'honneur et de Saint-Michel, inspecteur des essais à l'administration générale des monnaies, membre honoraire du comité consultatif des arts et manufactures;

M. GAY-LUSSAC, chevalier de l'ordre royal de la Légion d'honneur, de l'académie des sciences, membre du comité consultatif des arts et manufactures et du comité des poudres et salpêtres;

M. ARAGO, chevalier de l'ordre royal de la Légion d'honneur, de l'académie des sciences, membre du bureau des longitudes;

M. le baron THÉNARD, chevalier de l'ordre royal de la Légion d'honneur, de l'académie des sciences, membre du bureau consultatif des arts et manufactures;

M. le comte Amédée DE PASTORET, commandeur de l'ordre royal de la Légion d'honneur, de l'académie royale des beaux-arts, conseiller d'état; commissaire du Roi près la commission du sceau;

M. FONTAINE, officier de l'ordre royal de la Légion d'honneur, architecte du Musée royal et des bâtimens civils de la couronne;

M. le baron GÉRARD, chevalier des ordres royaux

de la Légion d'honneur et de Saint-Michel, de l'académie des beaux-arts, premier peintre du Roi;

M. QUATREMÈRE DE QUINCY, officier de l'ordre
royal de la Légion d'honneur, chevalier de l'ordre
royal de Saint-Michel, de l'académie des inscriptions et
belles-lettres, secrétaire perpétuel de l'académie des
beaux-arts;

M. TARBÉ DE VAUXCLAIRS, officier de l'ordre
royal de la Légion d'honneur, chevalier de l'ordre royal
de Saint-Michel, maître des requêtes, inspecteur général et vice-président du conseil général des ponts et
chaussées;

M. LEMOINE DES MARRES, chevalier de l'ordre
royal de la Légion d'honneur, membre de la Chambre
des Députés, propriétaire de manufactures à Sedan;

M. Camille BEAUVAIS, chevalier de l'ordre royal
de la Légion d'honneur, inspecteur des troupeaux de
la couronne, ancien manufacturier;

M. REY, chevalier de l'ordre royal de la Légion
d'honneur, manufacturier;

M. BELLANGER, chevalier de l'ordre royal de la
Légion d'honneur, conseiller du Roi au conseil général des manufactures;

M. LEGENTIL (Charles), négociant;

M. CHRISTIAN, chevalier de l'ordre royal de la Légion d'honneur, administrateur du conservatoire des
arts et métiers;

M. GUIELARD-SENAINVILLE, chevalier de l'ordre
royal de la Légion d'honneur, agent de la société d'encouragement pour l'industrie nationale;

M. MIGNERON, chevalier de l'ordre royal de la
Légion d'honneur, ingénieur en chef des mines, secrétaire.

Le 1.er juin, le jury central, s'étant réuni, a choisi pour président S. S. le marquis d'Herbouville, et pour vice-président M. le vicomte Héricart de Thury. Il s'est ensuite partagé en huit commissions pour l'examen des produits, répartis eux-mêmes en un pareil nombre de classes.

Les usages établis en 1819 et en 1823 ont été suivis exactement en 1827, tant par les commissions dans leurs travaux préparatoires, que par le jury dans ses délibérations définitives.

Une décision spéciale de Son Exc. le ministre de l'intérieur a chargé le jury de décerner aussi des récompenses aux artistes désignés par l'article 3 de l'ordonnance royale du 4 octobre 1826, c'est-à-dire, à ceux qui, par des inventions ou des procédés non susceptibles d'être exposés séparément, avaient contribué aux progrès des manufactures depuis 1823.

Plusieurs savans distingués ont été présentés par MM. les préfets comme ayant droit au bénéfice de cette disposition; mais le jury, se renfermant dans le cercle tracé par l'ordonnance, n'a cru devoir admettre que ceux dont les travaux avaient un rapport direct avec l'industrie. Les autres recevront des sociétés savantes les récompenses auxquelles ils peuvent justement prétendre pour les utiles et

importantes recherches auxquelles ils se sont
livrés.

Dans sa dernière séance, le jury a choisi
pour ses rapporteurs généraux M. le vicomte
Héricart de Thury et M. Migneron.

Le 3 octobre, le jury central a eu l'honneur
d'être présenté au Roi. Son président, M. le
marquis d'Herbouville, a adressé à Sa Majesté
le discours suivant :

     « Sire,

   » Voici la troisième fois depuis 1814 que
» le commerce français obtient l'autorisation
» de mettre sous les yeux du Roi les produits
» de son industrie. Dans ces solennités, qui
» sont pour la nation entière une fête de fa-
» mille, chaque industriel vient exposer ce
» qu'il a fait de mieux pour concourir à la
» prospérité publique ; tandis que le Roi, père
» commun de tous, juste appréciateur de tout
» ce qui est bon, vient par sa présence encou-
» rager toutes les industries, et distribuer aux
» plus dignes les récompenses qu'ils ont mé-
» ritées.

   » L'industrie française se souviendra long-
» temps, Sire, de cet examen récent, si com-
» plet, si détaillé, que le Roi a daigné faire
» de tous les objets soumis à l'exposition. On
» a vu le Roi de France, heureux d'être au

» milieu des fabricans, causer avec chacun
» d'eux, s'intéresser à leurs progrès, les en-
» courager, provoquer des perfectionnemens
» qui sont les victoires de la paix, et pré-
» parer par le bonheur du présent la gloire
» de l'avenir.

» Aussi, j'ose le prédire, Sire, jamais appel
» ne sera mieux entendu. En France, le regard
» des rois enfante des prodiges ; et si l'ex-
» position de 1827 surpasse toutes celles
» qui l'ont précédée, les fabricans qui expo-
» seront en 1831, tenteront de nouveaux
» efforts pour montrer au Roi qu'ils sont sen-
» sibles à ses nobles encouragemens.

» Heureuse contrée, à qui, pour jouir de
» tous les biens, il suffit de ne pas repousser
» ceux que le ciel lui prodigue ! Tandis que,
» sous les voûtes d'un palais auguste, on voit
» éclater ce que l'industrie offre de plus bril-
» lant, le Roi, qui vivifie tout, s'arrache à
» ses travaux paisibles, et va par sa présence
» animer les guerriers qui, dans une guerre
» simulée, se préparent aux combats réels
» qu'ils livreraient si les besoins de la patrie
» le rendaient nécessaire : et dans le même
» temps, les enfans des arts préparent ces salles
» où la toile animée et le marbre respirant
» transmettront à la postérité les actions hé-
» roïques et les traits des grands hommes.

« Sire, en ce jour, encouragé par la bonté
» du Roi, j'ose me présenter à la tête d'une
» réunion qui est elle-même un prodige, puis-
» que le reste de l'Europe ne saurait l'égaler;
» c'est par les hommes habiles qui la com-
» posent que les titres de tous les exposans
» ont été discutés avec la plus scrupuleuse
» exactitude. Honorés d'une noble mission,
» pénétrés de son importance, ils se sont
» attachés à suivre la voix de leur conscience
» dans les propositions qu'ils sont autorisés à
» faire, et comme ils savent que l'esprit de
» justice est dans le cœur et dans la pensée
» du Roi, ils ont eu soin de le prendre pour
» guide.

« Les résultats de la sollicitude du jury
» vont être bientôt connus; bientôt les ex-
» posans recevront les récompenses qui leur
» sont destinées. Sans doute elles provoque-
» ront les sentimens de leur reconnaissance;
» mais ce qui rend ce bienfait sans prix, c'est
» que la distribution en sera faite par le Sou-
» verain lui-même. Récompensés par un Roi
» dont le discernement est remarquable et dont
» la bonté est sans bornes, tous ceux qui ob-
» tiendront une marque de faveur, sentiront
» quelle obligation d'amour et de dévouement
» ils contractent envers l'héritier de Henri IV
» et de Louis XIV, qui les appelle à conti-

» nuer quatorze siècles de gloire, et à main-
» tenir la France au rang élevé qu'elle a pris
» parmi les nations.

» Permettez, Sire, en finissant, que nous
» osions vous faire entendre un vœu du com-
» merce. Les expositions auront lieu tous les
» quatre ans : c'est le Roi qui l'a dit, et d'a-
» près lui nous le répétons avec confiance :
» nous osons donc espérer que, d'ici à la
» prochaine exposition, le Roi voudra bien
» donner des ordres pour qu'il soit préparé un
» local destiné à recevoir les produits de l'in-
» dustrie. Le Louvre, enrichi tous les ans par
» les produits des arts, ne pourra plus bientôt
» suffire à ses nouveaux besoins. Forcé d'aban-
» donner une maison royale, le commerce a
» besoin d'être, autant que possible, sous les
» yeux du Monarque. C'est là qu'il est sûr de
» trouver appui et protection, et qu'il offre
» en échange respect et dévouement. «

Sa Majesté a répondu :

« MESSIEURS,

» En visitant l'exposition des produits de l'in-
» dustrie, non-seulement j'ai rempli un devoir,
» mais en même temps j'ai joui d'une satisfac-
» tion bien réelle. Tout ce qui peut contribuer
» à la gloire et au bonheur de la France m'est

» cher, et je le regarde comme un bienfait du
» ciel. Oui, Messieurs, bien-sûrement, tous
» les quatre ans je visiterai, et après moi mes
» successeurs visiteront l'exposition de l'in-
» dustrie. Je me suis déjà occupé, et je m'oc-
» cuperai encore du soin de choisir un local où
» elle puisse être plus commodément établie.

» Je viens de parcourir une partie de mon
» royaume. J'ai éprouvé une douce satisfac-
» tion en voyant les progrès de l'industrie, et
» en recevant de mon peuple l'expression de
» sentimens qui resteront à jamais gravés dans
» mon cœur.

» Je me félicite, Messieurs, du choix qui
» a été fait de vous pour composer le jury ;
» il a été justifié par le zèle et le discerne-
» ment que vous avez mis dans la distri-
» bution des récompenses que vous m'avez
» proposé d'accorder. Je vais, en les remettant
» moi-même, donner à ceux qui les ont mé-
» ritées, une preuve de l'intérêt que je porte
» à tout ce qui peut concourir à augmenter
» la prospérité de la France. »

Sa Majesté a daigné ensuite distribuer elle-
même les médailles aux fabricans et aux artistes qui avaient mérité d'en recevoir, et dont
la liste avait été dressée par le jury central.

RAPPORT
DU JURY CENTRAL
SUR LES PRODUITS
DE L'INDUSTRIE FRANÇAISE.

CHAPITRE PREMIER.

LAINES.

SECTION PREMIÈRE.

Amélioration, Triage et Lavage des Laines.

LES laines, relativement à l'emploi que l'on en fait dans les arts, peuvent être divisées en deux classes.

Les unes, par la facilité avec laquelle elles se feutrent, sont particulièrement propres à la fabrication des étoffes drapées. Nous les désignerons sous le nom général de *laines ondées*, parce qu'elles ont toutes, plus ou moins, l'aspect que cette expression indique.

Les autres n'ont qu'une très-faible disposition au feutrage, et sont principalement recherchées pour la confection des étoffes rases. On les connaît sous les désignations diverses de *laines de peigne*, de *laines longues et brillantes*, enfin de *laines lisses*. Nous adopterons cette dernière dénomination.

PREMIÈRE CLASSE.

Laines ondées.

Pour être réputée de première qualité, il faut que la laine ondée soit douce et moelleuse au toucher, qu'elle se présente dans chaque toison en mèches composées d'un nombre de brins à peu près égal. Le brin doit lui-même être ondé uniformément sur toute sa longueur, et réunir, au plus haut degré possible, la finesse, le nerf et l'élasticité.

Toutes ces qualités ne se rencontrent que dans la laine produite par certaines races de mérinos privilégiées, dont la pureté n'a été altérée par aucun croisement avec des races inférieures. On les remarque principalement dans la race léonaise, qui paraît avoir donné naissance à celle que l'on possède en Saxe, et à laquelle la France doit le magnifique troupeau de Naz.

Rappel d'une médaille d'or.

MM. Perrault de Jotemps et Girod de l'Ain, directeurs de l'association de Naz, arrondissement de Gex (Ain).

L'association rurale de Naz continue à bien mériter de l'industrie par l'amélioration toujours croissante de ses laines, par le soin scrupuleux qu'elle apporte à les purifier avant de les livrer aux consommateurs, enfin par les utiles recherches auxquelles elle se livre sur l'éducation des mérinos, et dont elle publie les résultats avec le plus généreux désintéressement.

Le beau troupeau qu'elle possède est maintenant composé de 2500 bêtes, issues toutes, sans croisement, de la souche précieuse que M. *Girod de Lépeneux* introduisit en France, il y a trente ans. Ce troupeau, en se perpétuant par lui-même, sous l'influence d'un système d'hygiène approprié à sa nature, a fini par acquérir la constance de sang et la fixité de type que l'on remarque dans les races lorsqu'elles sont parvenues à un degré supérieur d'affinement.

Les résultats obtenus des laines de Naz, dans plusieurs fabriques justement célèbres, soutiennent dignement le parallèle avec ceux que présentent les laines électorales de Saxe. Le public a pu s'en convaincre en comparant les plus beaux draps faits en laine étrangère avec ceux qui ont été mis sous ses yeux par MM. *Cunin-Gridaine, Jean-Baptiste Bernard, Ribouleau* et *Jourdain, Clerc* neveu, et *Aubé* frères.

Un lavoir *à façon* a été récemment établi par l'association de Naz, à Croisy près Chatou, département de Seine-et-Oise. Les laines y sont assorties suivant les usages et les besoins des fabriques, après avoir subi un lavage complet, soit à froid, soit à chaud.

Les éleveurs de troupeaux trouvent dans cet établissement plusieurs avantages précieux. Ils connaissent avec exactitude le rendement de leur laine, la proportion de prime qu'elle renferme, et le mérite absolu de chacune des toisons de leurs récoltes. A l'aide de ces indications ils peuvent classer toutes les bêtes qui composent leur troupeau, et n'admettre à la reproduction que celles dont la finesse leur est bien démontrée.

Un ouvrage intitulé *Nouveau traité sur la laine et sur les moutons* a été publié en 1824 par MM. les propriétaires de l'association de Naz. Cet ouvrage, plein de faits intéressans et de recherches curieuses, est un guide sûr pour l'éleveur, dans la composition et l'amélioration de son troupeau, ainsi que dans l'appréciation et la préparation de ses laines.

A l'exposition de 1823, l'association rurale de Naz obtint une médaille d'or dont elle se montre de plus en plus digne.

Rappel d'une médaille d'or.

M. le comte DE POLIGNAC, à Outrelaise près Caen (Calvados).

La pile de troupeaux fondée dans le département du Calvados par M. le comte *de Polignac* présente un effectif de 11,145 têtes de bétail, dont 8645 adultes et 2500 agneaux. En 1826, la prime marchande ou la laine fine provenant de la récolte a été de 3000 kilogrammes.

Ces résultats satisfaisans dépassent les espérances que fit concevoir en 1823 l'établissement rural du Calvados.

Ainsi se perfectionne et s'étend à-la-fois le système imaginé par M. le comte *de Polignac* pour l'aménagement de ses troupeaux, système dont les avantages déjà signalés deviennent chaque jour plus sensibles, et sont susceptibles de fixer de plus en plus l'attention des cultivateurs.

A la dernière exposition, M. le comte *de Polignac* obtint une médaille d'or; cette distinction est toujours bien méritée.

M. le vicomte DE JESSAINT, préfet de la Marne, à Beaulieu (Marne).

Deux troupeaux distincts ont été formés à Beaulieu par M. le vicomte *de Jessaint;* ils proviennent, l'un de Rambouillet, l'autre de Naz.

L'éducation donnée au premier de ces troupeaux a eu pour résultat d'y conserver la haute stature qu'il tenait de son origine, et d'y joindre d'autres qualités plus essentielles.

Dans cette race ainsi modifiée on ne remarque plus ces énormes fanons malheureusement si recherchés par quelques agriculteurs, bien qu'ils ne produisent guère que du jarre et de la laine la plus commune. En revanche, les toisons sont remarquables par une rare égalité dans les mèches, ainsi que par beaucoup de finesse, de douceur et d'élasticité dans le brin.

La race de Naz conserve à Beaulieu les précieux avantages qui lui sont propres. On ne peut douter qu'elle ne s'y naturalise bientôt complètement.

Les laines en suint qui ont été envoyées à l'exposition par M. le vicomte *de Jessaint* prouvent l'état prospère de ses travaux et en font concevoir les plus brillantes espérances.

Une médaille d'or est décernée à cet habile et savant agronome.

———

M. DE BOULLENOIS, à Paris, rue d'Enfer, n.º 16.

Les bergeries de M. *de Boullenois* sont établies à Valenton, département de Seine-et-Oise; elles renferment environ 1600 têtes de bétail.

Depuis quelques années, le propriétaire y a introduit des béliers tirés de Naz, et de ces croisemens sont résultés des individus qui présentent déjà des perfectionnemens très-remarquables.

La beauté des toisons qui ont été envoyées à l'exposition ne laisse aucun doute sur la marche rapide de l'amélioration de la race indigène dans les intéressantes bergeries de Valenton.

Une médaille d'argent est décernée à M. *de Boullenois.*

Médaille d'argent.

M. Ganneron fils, à Paris, rue Montmartre, n.° 84.

Plusieurs toisons douces, et d'un degré très-remarquable de finesse, ont été présentées au concours par M. *Ganneron ;* elles proviennent d'un troupeau formé d'extractions des bergeries de la Malmaison, de Perpignan, d'Arles et de Rambouillet. En 1818, le propriétaire y a joint un lot de bêtes d'élite venues directement d'Espagne.

Ce troupeau est composé de 1500 têtes de bétail; il est établi à Bussy-Saint-George, près Lagny, département de Seine-et-Marne.

M. *Ganneron* s'occupe avec un soin continuel à donner à son troupeau tout le degré d'amélioration dont il est susceptible, soit par la révision sévère qu'il en fait chaque année, soit par la disposition de ses bergeries. Rien ne prouve mieux son intelligence sur ce dernier point que le modèle de ratelier portatif qu'il a placé à l'exposition. Ce ratelier est posé sur des supports scellés; il est simple ou double, c'est-à-dire qu'il peut être mis à volonté contre le mur ou dans le milieu de la bergerie. Des crémaillères convenablement disposées permettent de l'élever ou de l'abaisser à volonté, de manière à le mettre à la portée des bêtes adultes ou des agneaux.

Une médaille d'argent est décernée à M. *Ganneron.*

M. BOURGEOIS, propriétaire, à Rambouillet (Seine-et-Oise).

Médaille d'argent.

Le troupeau de M. *Bourgeois* est de pure race de Rambouillet ; il offre la réunion de belles formes et d'une qualité de laine dont la draperie tire un bon parti.

Un système emprunté des éleveurs allemands est suivi par M. *Bourgeois* dans l'administration de son troupeau : chaque toison y porte l'indication de l'animal auquel elle a appartenu. Par là, on connaît toujours les individus qui donnent le plus à la récolte et qu'il faut admettre de préférence à la reproduction.

En 1823 les efforts de M. *Bourgeois* ont été encouragés par une médaille de bronze ; une médaille d'argent lui est décernée pour les succès qu'il a obtenus depuis cette époque.

M. le marquis DE POTÉRAT, à Mandereau (Loiret),

Médaille de bronze.

Possède un troupeau dont la souche a été tirée de Chambord, et dont la composition est sans cesse améliorée par des beliers extraits des bergeries de Perpignan.

Le soin scrupuleux que le propriétaire apporte dans

le choix de ses pâturages et des animaux qu'il admet
à la lutte fait beaucoup espérer de ce troupeau, dont
la laine est déjà d'une beauté très-remarquable.

Une médaille de bronze est décernée à M. le marquis *de Pottrat,*

Mentions honorables,

M. ZOLLIKOFFER, à Carlepont (Oise),

A présenté plusieurs toisons provenant d'animaux
originaires de Naz, et qui sont toutes d'une grande
beauté.

Le troupeau de Carlepont est encore peu nombreux;
mais tout annonce qu'une bonne direction lui est donnée dès l'origine.

Une mention honorable est accordée au propriétaire.

M. MAFFRAN, à Dorat (Haute-Vienne),

Qui possède un troupeau composé de 200 mérinos
et de 450 à 500 métis, a présenté plusieurs toisons
qui paraissent récoltées dans de bonnes conditions.

Une mention honorable lui est accordée.

LE JURY regrette de ne point faire mention ici de
plusieurs éleveurs qui paraissent s'occuper avec fruit
de l'éducation des mérinos, mais qui n'ont envoyé à
l'exposition que de très-petites quantités de laine. Ce
n'est point d'après des échantillons aussi minces que
le jury peut juger de l'état d'un troupeau : il serait
trop facile d'en obtenir de semblables en recueillant
la prime de plusieurs bêtes de choix. MM. les éleveurs

dont les noms sont, par ce motif, passés sous silence, voudront bien envoyer à l'avenir plusieurs toisons entières, soit lavées, soit à l'état de suint.

SECONDE CLASSE.

Laine lisse.

Les caractères qui distinguent particulièrement cette laine sont de présenter une longueur à laquelle la laine ondée n'atteint que rarement, d'être *lisse*, soyeuse et douée d'un éclat qui lui est propre; d'acquérir et de conserver par le peignage un parallélisme parfait entre ses brins; de donner un fil bien uni, exempt de peluches et de toutes aspérités; enfin, de ne se prêter au feutrage qu'avec une difficulté très-grande.

La race des moutons qui produit la laine lisse est très-multipliée en Angleterre; elle comprend un assez grand nombre de variétés, que l'on désigne par les noms des contrées auxquelles elles appartiennent.

Plusieurs spéculateurs anglais et plusieurs agronomes nationaux ont, presqu'en même temps, importé en France des troupeaux de ces différentes races. Nous possédons ainsi des moutons de Leicester, de Lincoln, de Cost-Wold, de Dishleg. C'est à l'expérience à faire connaître ceux de ces animaux qui conviendront le mieux à notre climat, et à les répartir ensuite sur les différens points de notre sol, en affectant à chaque variété la localité qui lui sera propre.

Dès ce moment, l'agriculture accueille avec faveur les moutons à laine lisse, et s'applique à les multiplier. On verra plus bas combien sont puissans les motifs qui déterminent l'industrie manufacturière à en rechercher les produits.

———

Mme la comtesse DU CAYLA, à Saint-Ouen (Seine),

A contribué puissamment à l'introduction en France de la race de moutons qui produit la laine lisse.

Un croisement qui peut avoir sur cette race une influence heureuse a été opéré dans la bergerie de Saint-Ouen. L'alliance d'un belier de Nubie avec des brebis mérinos a donné naissance à des individus qui sont pourvus d'une toison magnifique, et dans lesquels on remarque une force surprenante de reproduction.

La nouvelle race que ces essais promettent ne sera définitivement acquise que lorsque plusieurs générations semblables en auront bien fixé le type. Jusque-là on ne peut concevoir que des espérances ; mais ces espérances sont brillantes, et tout tend à faire croire qu'elles ne seront pas déçues.

Une médaille d'or est décernée à Mme la comtesse *du Cayla.*

———

M. le vicomte DE TURENNE, à Paris,

A présenté de très-beaux échantillons de laine lisse. Une médaille de bronze lui est décernée.

La même récompense est accordée, pour produits du même genre,

A M. HENNET, demeurant à Paris, rue Barouillère, n.° 4.

———

Trois propriétaires,

M. le vicomte SOSTHÈNE DE LA ROCHEFOU-
CAULT,

M. SELLIÈRE DE MELLO

Et M. BERNARD DE SUSSY,

Ont envoyé à l'exposition de la laine lisse très-
belle, sans avoir rempli les conditions d'admission
exigées par l'article 2 de l'ordonnance royale du 4 octobre 1816 ; ce manque de formes a imposé l'obligation de laisser ces messieurs en dehors du concours,
malgré la qualité très-remarquable de leurs produits.
Le jury en exprime tout son regret.

SECTION II.

Filage de la Laine.

LE filage de la laine cardée opéré à l'aide de procédés mécaniques continue à s'étendre et à se perfectionner. Les succès en sont attestés par la beauté
toujours croissante des tissus de laine, et par la diminution de leurs prix.

L'application des mêmes procédés au filage de la
laine peignée a été plus tardive, parce qu'elle présentait des difficultés beaucoup plus grandes. Cependant
cette application a été faite. On la doit à plusieurs
manufacturiers habiles, dont l'exposition de 1819 a
signalé les premiers essais, et auxquels des récompenses distinguées ont été décernées en 1823.

Le mouvement qui dès cette époque poussait nos

filatures de laine peignée dans la voie du perfectionnement ne s'est point ralenti ; l'exposition de 1827 en fournit la preuve, et démontre même que l'impulsion a été donnée sur un plus grand nombre de points.

Malgré ces résultats satisfaisans, on est forcé de reconnaître que la majeure partie de la laine peignée dont nos fabriques font usage est encore filée à la main.

Si, comme tout porte à l'espérer, les moutons anglais parviennent à s'acclimater en France et y conservent toutes les qualités qui les distinguent sur leur sol natal, la laine lisse, qui est la véritable laine de peigne, entrera seule dans la confection des étoffes rases. Alors disparaîtra la plus grande difficulté du problème dont nos filateurs s'occupent avec tant de zèle et de persévérance.

Dès ce moment la laine lisse est filée à l'aide de machines avec une perfection qui fait oublier la nouveauté de son apparition sur la scène de notre industrie. Si les échantillons qui en ont été vus à l'exposition n'offraient pas un degré supérieur de finesse, c'est que cette qualité n'était point commandée par le genre des étoffes que l'on s'est d'abord attaché à produire. On ne peut douter que les mêmes fabricans n'obtiennent des fils plus fins, lorsque de tels fils seront rendus nécessaires par de nouvelles applications de la laine lisse.

Le jury s'est abstenu de déterminer par des nombres les différens degrés de finesse des fils de laine soumis à son examen, parce que les filateurs partent eux-mêmes de bases différentes dans les indications qu'ils en donnent.

L'uniformité de numérotage, qui déjà est établie pour

les filés de coton, n'est pas moins nécessaire à l'égard des filés de laine. Le commerce la réclame au nom de cette bonne foi qui doit toujours présider à ses relations et qui seule les rend durables.

Le jury croit de son devoir d'appeler sur ce point l'attention de l'autorité.

MM. DOYEN oncle et neveu ; à Foulonval (Eure-et-Loir),

Rappel de médailles d'or

Ont exposé de très-beaux produits de leur filature mécanique, tant en laine mérinos peignée qu'en laine lisse.

L'établissement de Foulonval compte douze années d'existence. A l'époque où il fut fondé, l'art de filer mécaniquement la laine peignée était encore dans l'enfance. C'est là que cet art s'est développé ; c'est là que l'on peut particulièrement en suivre et en étudier les progrès.

Nous aurons plus bas l'occasion de signaler d'autres services rendus à l'industrie par MM. *Doyen.* Un diplôme portant sur l'ensemble de leurs produits leur est accordé pour le rappel d'une médaille d'or qui a été décernée en 1823 à MM. *d'Autremont* et *Doyen,* leurs prédécesseurs.

MM. POUPART DE NEUFLIZE et fils, à Sedan (Ardennes),

Possèdent plusieurs établissemens importans, dans lesquels la laine, tant cardée que peignée, est filée avec beaucoup de succès par procédés mécaniques.

Ces établissemens sont situés à Mouzon, à Angel-court, à la Moncelle et à Neuflize ; ils comprennent,

1.° Cinquante-cinq assortimens pour laine cardée, ayant ensemble 35,000 broches, et qui peuvent filer par jour 1375 kilogrammes de laine ;

2.° Treize assortimens pour laine peignée, ayant ensemble 9000 broches, et pouvant filer par jour 145 kilogrammes de laine mérinos, soit de France, soit de Saxe.

Parmi les nombreux et beaux échantillons qui ont été présentés par MM. *de Neuflize*, le jury a surtout remarqué avec beaucoup de satisfaction leurs fils de laine peignée, qui étaient d'une finesse rare et d'une parfaite égalité.

Nous parlerons plus bas des étoffes de laine qui ont été exposées par MM. *de Neuflize*. La médaille d'or qui fut décernée à ces habiles fabricans en 1819, et qui a déjà été rappelée en 1823, est de nouveau confirmée pour l'ensemble de leurs produits.

———

Médaille
d'argent.

M. Eugène GRIOLET, à Paris, rue de Charonne, n.° 151,

A contribué beaucoup, par la qualité des produits de sa filature, aux succès qu'obtient en ce moment la fabrication des châles de laine. Les fils de laine peignée qu'il fournit aux producteurs de ces articles ont toutes les qualités désirables, soit sous le rapport du choix des matières, soit sous celui de la finesse.

Une médaille d'argent est décernée à M. *Griolet.*

M. CHARBONNEAUX - DENIZET à Reims, (Marne),

Médailles d'argent.

A exposé des laines peignées, d'une finesse extrême, et une chaîne également supérieure en finesse à tout ce qui a été fait jusqu'ici en ce genre. Cette chaîne a été filée à la main.

Nous aurons encore occasion de parler de M. *Charbonneaux-Denizet*, en traitant des flanelles. Une médaille d'argent lui est décernée pour l'ensemble de ses produits.

La société anonyme de Marcq-en-Barœul (Nord), dont M. DESCERMONT-CHOMBART est le directeur,

A exposé une suite nombreuse d'échantillons de laines filées à la mécanique, à des degrés très-variés de finesse, pour la bonneterie, la passementerie, la tapisserie, la broderie et la fabrication des tapis.

Cette société est en possession de quatre brevets d'importation,

1.º Pour le système de métiers anglais propres à préparer et à filer la laine lisse;

2.º Pour préparer et laver la laine peignée;

3.º Pour une machine à peigner;

4.º Pour une machine propre à flamber les étoffes, les fils, les tulles, &c.

Elle emploie dans ses ateliers des laines lisses, des laines de Hollande, des laines mérinos et des laines indigènes. Chaque jour elle peut confectionner 1000 à 1500 kilogrammes de fil. Le nombre d'ouvriers qu'elle occupe est de 160 à 200.

Une médaille d'argent lui est décernée.

Médaille de bronze.   M. PREVOT, à Paris, rue de Crussol, n.° 10,

A présenté des fils de laine peignée recommandables par un bon choix de matières, par une finesse satisfaisante et par une rare égalité.

Une médaille de bronze est décernée à M. *Prevot.*

Mention honorable.   M. FONCIER, à Paris, rue des Trois-Bornes, n.° 26,

Est mentionné honorablement pour fils de laine bien préparés.

SECTION III.
Étoffes de laine.

LA division admise dans le rapport du jury de 1823 relativement aux étoffes de laine sera encore suivie ici; en conséquence nous continuerons à séparer ces étoffes en deux classes, dont l'une comprendra, sous le titre *Draperies,* les draps proprement dits, les draps croisés, les casimirs et les cuirs de laine, et dont l'autre sera spécialement affectée aux flanelles, aux molletons et aux autres étoffes du même genre.

PREMIÈRE CLASSE.

Draperie.

L'ESPRIT d'imitation et d'émulation, dont les premiers effets à l'égard de la draperie sont indiqués dans le compte rendu de l'exposition de 1823, a été, depuis cette époque, fécond en résultats avantageux. Il forme entre les producteurs de cet article une sorte de fonds commun de lumières et d'expérience, et d'un succès individuel il fait jaillir une foule d'améliorations.

Vingt-un départemens ont concouru à composer la belle et nombreuse série de draps qui a répandu tant d'éclat sur l'exposition de 1827; et si, dans ce concours brillant, les villes de Sedan, de Louviers, d'Elbeuf et de Castres ont conservé leur suprématie, d'autres se sont montrées dignes de paraître à leur suite, par des efforts, souvent heureux, et même par des progrès bien marqués.

Dans plusieurs fabriques l'épuration et le décatissage des draps sont opérés à l'aide de la vapeur. Il en résulte dans le tissu plus de douceur et de moelleux; dans la couleur, plus d'éclat et de pureté.

Les draps légers, lisses ou croisés, appelés *zéphyrs* ou *amazones,* sont devenus un objet important de fabrication. A l'intérieur on les recherche avec empressement, et sur les marchés étrangers ils sont constamment accueillis avec faveur. Des draps de cette sorte composaient la plus notable partie d'une expédition de plus d'un million qui a été récemment faite pour la Chine.

Nos casimirs ont atteint le plus haut degré de perfectionnement.

Les draps surfoulés, dits *imperméables,* fabriqués à l'instar de ceux d'Angleterre, accroissent depuis quelque temps la somme de nos richesses manufacturières.

Une réduction sensible a été introduite dans les prix de presque toutes les sortes de drap. Cette réduction ne provient pas, comme on pourrait le penser, des circonstances qui, dans ces derniers temps, ont ralenti momentanément l'essor de quelques branches de commerce; elle est bien certainement due au perfectionnement presque général des procédés de fabrication.

Rappel de médailles d'or.

M. Frédéric JOURDAIN, à Louviers (Eure),

Maintient par de constans efforts la maison *Riboulleau* et *Frédéric Jourdain*, dont il est le seul chef, au rang supérieur où elle est depuis long-temps placée.

M. *Jourdain* est un des premiers qui aient employé les laines du troupeau de Naz dans la fabrication des draps pour lesquels on croyait que la laine de Saxe était indispensable.

Au moment le plus critique de la crise qui naguère a compromis l'existence de plusieurs fabriques, M. *Jourdain*, loin de ralentir ses travaux, leur a donné plus d'extension, en fondant une seconde manufacture.

M. *Jourdain* occupe en ce moment 500 à 600 ouvriers, et livre annuellement au commerce 1300 à 1500 pièces de drap, dans les qualités les plus distinguées. En 1819 il reçut une médaille d'or; cette distinction, qui a déjà été rappelée en 1823, est de plus en plus méritée.

MM. BACOT père et fils, à Sedan (Ardennes),

Présentent toujours dans leur fabrication la réunion de toutes les qualités qui ont fondé la réputation des draps de Sedan.

Outre 1500 pièces de drap noir et de diverses

couleurs qui sortent annuellement de leurs ateliers, ils confectionnent encore des cuirs de laine et des casimirs de la plus grande beauté.

Ces manufacturiers célèbres méritent de plus en plus la médaille d'or qui leur a été décernée en 1819, et qui a déjà été rappelée en 1823.

M. GERDRET l'aîné, à Louviers (Eure),

A exposé des draps de diverses couleurs qui étaient tous de la plus grande beauté.

Ses ateliers occupent 300 ouvriers, et produisent annuellement 600 demi-pièces de drap.

Le nom de cet estimable manufacturier est inséparable de tout ce qui se rattache à l'ancienne et à la nouvelle industrie de Louviers, qu'il a contribué beaucoup à étendre et à perfectionner.

M. *Gerdret* continue à bien mériter la médaille d'or qui lui a été décernée en 1819, et pour laquelle il a déjà eu un diplôme de confirmation en 1823.

MM. CHAYAUX frères, à Sedan (Ardennes),

Sont connus dans le commerce pour la modération de leurs prix comparativement à la beauté de leurs étoffes.

Ils fabriquent annuellement 1150 pièces de drap environ, dans les prix de 18 à 38 francs l'aune; et ils occupent 422 ouvriers.

MM. *Chayaux* frères continuent à mériter la médaille d'or qui leur a été décernée en 1823.

2..

Rappel
de médailles
d'or.

MM. POUPART DE NEUFLIZE et fils, à Sedan (Ardennes) et à Louviers (Eure),

Fabriquent, avec les laines qu'ils filent eux-mêmes, des draps et des casimirs de qualités parfaites.

Considérés dans leur ensemble, les divers ateliers de MM. *de Neuflize* ont, sous le rapport des capitaux engagés et de la masse des produits fabriqués, une importance à laquelle peu d'autres établissemens du même genre peuvent prétendre. C'est à ce bel ensemble d'ateliers, qui se prêtent tous un mutuel secours, que le rappel de la médaille d'or décernée en 1819 a été accordé, ainsi que nous l'avons déjà annoncé en traitant du filage de la laine.

MM. CUNIN-GRIDAINE et Jean-Baptiste BERNARD, à Sedan (Ardennes),

Ont exposé une série de draps noirs dans les prix de 15 à 46 francs le mètre [18 à 55 francs l'aune], et qui tous annonçaient une fabrication très-soignée. Parmi ces draps on distinguait trois pièces de la plus grande beauté, dont l'une était faite en laine électorale de Saxe, une autre en laine de Naz, et la troisième en laine tirée du troupeau de M. le vicomte *de Jessaint.*

L'examen de ces trois sortes de drap et la comparaison qui en a été faite confirment l'opinion, déjà plusieurs fois émise, que les laines mérinos françaises peuvent remplacer celles de la Saxe pour la fabrication des draps les plus fins.

MM. *Cunin-Gridaine* et *Bernard* occupent 1440 ouvriers.

Un diplôme de rappel leur est accordé pour la médaille d'or qu'ils ont obtenue en 1823.

M. Guibal-Anne-Vaute, à Castres (Tarn),

Obtient toujours de très-grands succès en employant dans ses fabriques les laines du midi de la France.

Ces laines arrivent en suint dans les ateliers de M. *Guibal*, et y reçoivent ensuite toutes les préparations qu'elles doivent subir pour être amenées à l'état d'étoffe.

Dans l'exposition très-variée de cet habile fabricant, on remarquait des cuirs de laine, des castorines, des draps mousseline, des molletons et des casimirs. Sa fabrique occupent constamment 1000 ouvriers.

Un diplôme lui est accordé pour la confirmation de la médaille d'or qui lui a été décernée en 1823.

MM. Aubé frères et compagnie, à Beaumont-le-Roger (Eure),

Ont succédé à M. *Danet*, auquel une médaille d'or a été décernée en 1823.

Ces fabricans maintiennent à Beaumont-le-Roger le mode de fabrication de Louviers, que le fondateur y avait introduit.

Cinq pièces de drap superfin ont été présentées par eux à l'exposition. Toutes étaient faites avec des laines de France, particulièrement avec des laines de Naz.

Leur fabrication s'élève annuellement à 1200 demi-pièces de drap; ils occupent 450 ouvriers.

Un diplôme leur est accordé pour le rappel de la médaille d'or qui fut décernée à leur prédécesseur.

Rappel d'une médaille d'or.

MM. Mathieu Quesné et fils, à Elbeuf (Seine-Inférieure),

Ont puissamment contribué au développement, presque prodigieux, qu'a pris l'industrie dans la ville d'Elbeuf.

Leurs relations commerciales sont très-vastes; ils les ont étendues jusqu'en Chine.

Les draps de MM. *Quesné* sont d'une fabrication parfaite et d'un prix modéré.

Un diplôme est accordé à ces fabricans distingués pour la confirmation d'une médaille d'or qui leur a été décernée en 1823.

Nouvelle médaille d'or.

MM. Ternaux et fils, à Paris, place des Victoires, n.° 6,

Ont envoyé à l'exposition une série considérable d'étoffes, telles que draps, casimirs, flanelles, mérinos, châles, tapis, et draps pour meubles imprimés en relief. Ils y ont joint du lin filé à la mécanique; enfin des échantillons de blé conservé à l'aide de silos.

Ces produits sont obtenus dans plusieurs établissemens situés tant à Paris qu'à Sedan, à Louviers, à Elbeuf et à Saint-Ouen.

La seule fabrique de Sedan emploie annuellement 25,000 kilogrammes de laine, pour la confection des draps, et entretient constamment 300 ouvriers.

MM. *Ternaux* sont connus dans tout le monde commercial. Leur active intelligence s'est exercée sur presque toutes les sortes d'étoffes dont la composition admet, soit la laine, soit le duvet de cachemire; et dans chacune de ces entreprises on peut les signaler comme inventeurs ou comme auteurs de notables perfectionnemens.

Ils ont récemment rendu à l'industrie un service immense en déterminant l'abaissement des prix dans plusieurs espèces de tissus, particulièrement dans les draps.

Dès l'exposition de 1801 la maison *Ternaux* a reçu une médaille d'or, qui a constamment été rappelée aux expositions suivantes. Une nouvelle médaille d'or est décernée à MM. *Ternaux* pour l'ensemble de leurs produits.

MM. Louis-Robert FLAVIGNY et fils, à Elbeuf (Seine-Inférieure),

Médaille d'or.

Ont présenté des draps de diverses sortes, parmi lesquels on a surtout remarqué des draps lisses et croisés, unis et de couleurs mélangées. Tous ces articles étaient d'une confection parfaite, d'un bon teint et du meilleur goût.

La maison de MM. *Flavigny* est recommandable à-la-fois par son importance manufacturière et par l'antique réputation de loyauté dont elle jouit à juste titre. Elle est une des premières dans lesquelles on ait employé la laine des mérinos français à la fabrication des draps fins, et elle partage avec celle de M. *Turgis* le mérite d'avoir donné l'exemple de l'emploi des machines qui sont en usage en Angleterre et en Belgique pour la préparation des laines et l'apprêt des étoffes.

A l'exposition de l'an 10, MM. *Flavigny* obtinrent une médaille de bronze; une médaille d'or leur est

décernée en considération des immenses progrès
qu'ils ont faits depuis cette époque.

M. TURGIS (Pierre), à Elbeuf (Seine-Inférieure).

Cette manufacture, l'une des plus importantes du
pays et des plus recommandables, livre au commerc
des draps depuis les prix les plus bas jusqu'aux plus
élevés. La série des pièces qu'elle a exposées atteste
les immenses progrès de la fabrication d'Elbeuf.

A l'exposition de 1819 M. *Turgis* obtint une médaille d'argent, qui fut rappelée en 1823; une médaille d'or lui est décernée pour les succès qu'il a
obtenus depuis cette époque.

M. FAGÈS (Jean - Louis), à Carcassonne (Aude),

Embrasse dans sa fabrication un grand nombre
d'articles. Des draps noirs, imitant ceux de Sedan,
quoique les plus beaux ne coûtent que 18 fr. 50 c.
le mètre [22 fr. l'aune]; des draps de couleurs diverses, pour habillement et pour billards; des étoffes
légères, dites *draps de dames* ou *printanières*, attestent
l'étendue de ses connaissances manufacturières et la
justesse de vue avec laquelle il en fait l'application.

Les ateliers de M. *Fagès* occupent 500 à 600 ouvriers; ils sont susceptibles de produire annuellement
2000 pièces d'étoffe.

A l'exposition de 1819 cet intéressant manufacturier reçut une médaille d'argent; une médaille d'or lui
est décernée pour les nouveaux progrès qu'il a faits
dans son industrie.

Des diplômes portant confirmation de médailles d'argent précédemment obtenues sont accordés aux fabricans dont les noms suivent :

MM. Desfresches et fils, à Elbeuf (Seine-Inférieure).

Ils se livrent particulièrement à la fabrication des draps lisses et croisés, des draps dits *zéphyrs* et des draps de fantaisie pour pantalons.

Parmi les produits qu'ils ont envoyés à l'exposition, le jury a surtout remarqué un cuir de laine garance qui était de la plus grande beauté.

M. Fonsès (Guillaume), à Carcassonne (Aude).

Il fabrique, dans des prix très-modérés et avec des laines du midi, des draps de couleur et des draps légers recherchés par le commerce du Levant.

La quotité annuelle de sa fabrication est de 2500 pièces ; il occupe 600 ouvriers.

MM. Thys (Martin) et compagnie, à Buhl (Haut-Rhin).

Ces messieurs ont adopté le genre de fabrication d'Elbeuf et y réussissent parfaitement.

Leurs ateliers occupent 400 ouvriers ; il en sort annuellement 2000 à 2400 pièces de drap et de casimir. Plusieurs des produits qu'ils ont présentés à l'exposition avaient été fabriqués avec de la laine provenant du troupeau de M. le comte *de Polignac.*

Rappel
d'une
médaille
d'argent
décernée
en 1823.

MM. AYNARD et fils, à Montluel (Ain).

Le bel établissement que ces messieurs ont créé est toujours dans un état satisfaisant de prospérité. Il est spécialement destiné à la fabrication du drap pour la troupe, du cuir de laine et de l'étoffe dite *castorine.*

Rappel
d'une
médaille
d'argent
décernée
en 1819
et déjà
rappelée
en 1823.

MM. ROZE-ABRAHAM frères, à Tours (Indre-et-Loire).

Le drap noir ordinaire imité de Sedan, les draps de couleur unis et mélangés, les cuirs de laine, sont toujours fabriqués avantageusement par ces messieurs.

Leur établissement renferme un ensemble complet d'ateliers pour le lavage, le filage, la teinture et le tissage de la laine.

Les tapis ras et veloutés forment une autre branche de fabrication dont MM. *Roze-Abraham* s'occupent encore avec succès; il en sera question dans la suite de cet ouvrage.

Rappel
d'une
médaille
d'argent
décernée
en 1823.

M. MURET DE BORT, à Châteauroux (Indre).

Il se livre toujours avec succès à la fabrication du drap pour l'habillement de la troupe, et du cuir de laine.

La quotité de ces étoffes qui sort annuellement de ses ateliers est de 2000 à 2200 pièces; il occupe 400 ouvriers.

Même
rappel.

MM. BADIN aîné et LAMBERT, à Vienne (Isère),

Succèdent à MM. *Badin frères*, auxquels une médaille d'argent a été décernée en 1823.

Ces messieurs ont exposé des castorines et des cuirs de laine remarquables par une très-bonne fabrication et par la modération des prix.

Un degré de perfection de plus dans les apprêts placera MM. *Badin* et *Lambert* au premier rang dans l'industrie dont ils s'occupent.

M. Fulcrand FAULQUIER, à Lodève (Hérault).

Il a exposé du drap blanc et des draps de couleur d'une confection très-satisfaisante.

La quotité de sa fabrication annuelle a été portée à 20,000 mètres de drap. Il occupe 60 ouvriers.

La médaille d'argent pour laquelle un nouveau diplôme de confirmation est délivré à M. *Faulquier* lui a été décernée en 1819. Une erreur produite par la confusion de son nom de famille avec son prénom l'a fait porter dans le rapport de 1823 sur la liste des fabricans qui recevaient des médailles de bronze, tandis que c'était un rappel de médaille d'argent qui lui était accordé.

Rappel d'une médaille d'argent décernée en 1819 et déjà rappelée en 1823.

MM. Étienne BÉCHET et compagnie, à Sedan (Ardennes),

Médaille d'argent.

Ont exposé des draps noirs et des draps bleus parfaitement semblables à ceux qu'ils livrent habituellement au commerce, et qui donnent une idée très-avantageuse de leur fabrication.

Cette maison, l'une des plus anciennes de Sedan, est recommandable par la loyauté qui semble héréditaire dans ses chefs, ainsi que par l'excellent choix des matières premières que l'on y emploie. Tous les appareils nécessaires aux diverses préparations de la laine s'y trouvent réunis ; elle occupe 180 à 200 ouvriers.

Une médaille d'argent est décernée à MM. *Béchet* (*Étienne*) et compagnie.

MM. Nicolas RAULIN père et fils, à Sedan (Ardennes),

Ont exposé des draps noirs, bleus, écarlates, qui avaient été fabriqués avec des laines provenant du troupeau de M. *de Polignac*, et qui étaient d'une grande beauté.

Cette maison, l'une des plus anciennes et des plus estimables de Sedan, occupe 200 ouvriers ; elle se distingue par une excellente et solide fabrication.

Une médaille d'argent est décernée à MM. *Raulin* père et fils.

MM. BERTÈCHE-LAMBQUIN et fils, à Sedan (Ardennes),

Fabriquent avec un succès bien marqué les draps noirs et les draps de couleur, ainsi que les casimirs de diverses nuances.

Année commune, ils produisent 900 pièces de drap et 200 pièces de casimir, valant à peu près un million ; ils occupent 300 ouvriers.

Au nombre des objets qui composaient leur exposition, le jury a remarqué de la laine filée à un degré de finesse inconnu jusqu'à ce jour.

La livre ou demi-kilogramme de chaîne, défalcation faite de l'huile, va jusqu'à 25,000 mètres de longueur, et le même poids de trame s'étend jusqu'à 36,562 mètres.

Cette maison, par l'essor qu'elle a pris, ne tardera pas à se placer au premier rang des fabriques de Sedan.

Une médaille d'argent est décernée à MM. *Bertèche-Lambquin.*

MM. Brincourt père et fils, à Sedan (Ardennes),

Sont les premiers fabricans de cette ville qui aient fait usage des machines à lainer les draps. Leur fabrication, qui porte un cachet de perfection remarquable produit annuellement 700 à 800 pièces, tant de drap noir et de couleurs que de casimir et de cuir de laine. Ils occupent 250 à 300 ouvriers.

Une médaille d'argent leur est décernée.

M. Janssen, à Sedan (Ardennes),

S'est déjà fait remarquer avantageusement à l'exposition de 1823, par la beauté de ses produits. Les casimirs qu'il a présentés en 1827 surpassent par leur perfection tous ceux que l'on a faits en France jusqu'à ce jour.

Une médaille d'argent est décernée à M. *Janssen.*

M. Clerc neveu, à Louviers (Eure),

Se distingue particulièrement dans la fabrication des draps légers dits *zéphyrs* et des casimirs. Il livre par an au commerce 1200 demi-pièces de ces étoffes, et il occupe 200 ouvriers.

Dans le courant de l'année 1825, un incendie réduisit en cendres la manufacture de M. *Clerc.* En moins d'un an il la reconstruisit sur un plan plus vaste, plus complet, et dans un meilleur système. Le foulon en fut perfectionné; un atelier à la vapeur y fut établi pour le chauffage des teintures; enfin un calorifère, de l'invention de M. *Clerc*, y fut construit pour appliquer au séchage des laines et des draps la chaleur qui auparavant se perdait par la cheminée d'une pompe à feu.

Une médaille d'argent est décernée à M. *Clerc*.

M. PRESTAT fils, à Louviers (Eure),

Fabrique avec des laines de la Beauce et de la Brie des draps de diverses couleurs et de prix variés. Ces draps approchent beaucoup de ceux que l'on n'obtient dans d'autres manufactures qu'à l'aide des laines de Saxe ou de Naz. Son industrie est digne à cet égard d'une estime particulière.

La quotité de sa fabrication est de 800 demi-pièces par an; il occupe 200 ouvriers.

Une médaille d'argent lui est décernée.

MM. DESFRESCHES et CHENNEVIÈRES, à Louviers (Eure),

Ont exposé de très-beaux draps, de diverses couleurs, qui attestent une fabrication soignée et dirigée dans de bons principes.

Leurs draps, épurés à l'aide de la vapeur, sont doux, moelleux, et ne laissent point dégorger de teinture sur les habillemens.

Une médaille d'argent leur est décernée.

MM. Chefdrue et Chauvreulx, à Elbeuf (Seine-Inférieure),

Médailles d'argent.

Ont introduit dans cette ville la fabrication des draps légers dits *zéphyrs*. Ils réussissent parfaitement dans ce genre d'étoffes, et ils font aussi les cuirs de laine avec beaucoup de perfection.

Cette maison, d'une activité rare, se distingue aussi par la variété et par la perfection de ses produits, par une intelligence peu commune des procédés de fabrication, et par une grande ardeur d'innovation, presque toujours couronnée de succès.

Le *drap imperméable*, imité d'une étoffe dont on fait en Angleterre un grand usage, est un article nouveau pour la France, et auquel MM. *Chefdrue* et *Chauvreulx* s'appliquent avec succès. Par la préparation qu'ils lui donnent, ce tissu est exempt de la roideur qui semblait lui être propre, et il conserve néanmoins la force et le serré qui en font le principal mérite.

Une médaille d'argent est décernée à MM. *Chefdrue* et *Chauvreulx*.

MM. Tourangin frères, à Bourges (Cher),

Confectionnent, dans des prix très-bas, d'excellens draps pour l'habillement de la troupe, et des couvertures d'une qualité parfaite. Leur industrie, précieuse pour la ville de Bourges, est profitable encore à toute l'ancienne province du Berri, par la valeur qu'elle donne aux laines que l'on récolte dans cette contrée.

En 1823 MM. *Tourangin* reçurent une médaille de

bronze ; une médaille d'argent leur est décernée pour les perfectionnemens qu'ils ont introduits dans leur fabrique.

MM. ROGUE et LEVARD, à Enfernel près Vire (Calvados),

Succèdent à MM. *Rogue* et *Roger*, qui reçurent une médaille de bronze en 1819 et le rappel de cette médaille en 1823.

Leur établissement est monté sur le genre d'Elbeuf, et donne des résultats on ne peut pas plus satisfaisans.

Parmi les produits, en général très-beaux, qu'ils ont présentés à l'exposition, le jury a particulièrement remarqué un drap bleu et un drap vert qui offraient tous les caractères d'un bon tissage, d'une teinture solide et d'un apprêt bien soigné.

Une médaille d'argent est décernée à MM. *Rogue* et *Levard.*

M. GUIRAUD-FOURNIL, à Limoux (Aude),

Qui reçut en 1823 une médaille de bronze, imite avec succès le drap noir de Sedan.

L'exemple de ce fabricant prouve que telle branche d'industrie dont on croit souvent le succès dépendant de certaines localités peut prospérer ailleurs, quand elle est cultivée par une main habile.

M. *Guiraud-Fournil* fabrique chaque année 1,500 pièces, tant de drap que de cuir de laine. Il occupe 300 ouvriers.

Une médaille d'argent lui est décernée.

MM. DUMAS père et fils, à Lavelanet (Ariége), *Médaille d'argent.*

Ont réuni dans leur établissement les machines à carder et à filer la laine, celles à garnir ou à lainer les draps, les tondeuses, les lavoirs, les ateliers de foulerie, les étendoirs, les presses pour donner aux draps les derniers apprêts, enfin tout ce qui compose un système bien complet de fabrication.

Parmi les produits qu'ils ont présentés à l'exposition, le jury a remarqué avec satisfaction une pièce de drap bleu digne des meilleures fabriques d'Elbeuf.

Leurs ateliers donnent de l'occupation à 260 ouvriers environ; il en sort annuellement 2000 pièces, tant de drap que de cuir de laine et de castorine.

En 1819 MM. *Dumas* reçurent une médaille de bronze qui fut rappelée en 1823; une médaille d'argent leur est décernée.

MM. GRAND frères et PRADES, à Bédarieux (Hérault). *Rappel d'une médaille de bronze.*

Leur établissement produit annuellement 2600 à 3000 pièces de drap dans les qualités moyennes, et occupe 400 à 500 ouvriers. Il continue à mériter l'éloge qui en a été fait dans le rapport du jury de 1823.

Un diplôme est accordé à ces fabricans pour la confirmation d'une médaille de bronze qui leur a été décernée à cette époque.

M. Nicolas CLAISSE, à Sedan (Ardennes). *Médaille de bronze.*

L'établissement que possède M. *Claisse* a été fondé en 1591; il a long-temps appartenu à la célèbre manufacture des *Paignon*, que M. *Claisse* a lui-même dirigée pendant plusieurs années, et dont il conserve l'excellent système de fabrication.

Les laines qu'il emploie dans ses ateliers sont, pour la plupart, tirées des troupeaux de mérinos français.

Une médaille de bronze lui est décernée.

M. BEUVART-LENOBLE, à Sedan (Ardennes),

Dirige principalement sa fabrication sur les qualités moyennes de drap. Les laines dont il fait usage sont tirées de la Beauce et de la Brie.

La quotité de ses produits est de 300 pièces; il occupe 200 ouvriers.

Une médaille de bronze est décernée à M. *Beuvart-Lenoble.*

MM. PARET jeune, CASTEL et compagnie, à Sedan (Ardennes).

Les produits envoyés par ces messieurs prouvent qu'ils se proposent de marcher sur les traces des fabricans les plus célèbres de Sedan.

Ils confectionnent annuellement 300 pièces, tant de drap que de casimir.

Une médaille de bronze leur est décernée.

M. GASTINE fils, à Louviers (Eure),

A exposé des draps de diverses couleurs, très-beaux et de prix modérés. Il occupe 30 ouvriers.

En 1823 M. *Gastine* fut mentionné honorablement; une médaille de bronze lui est décernée.

MM. Viollet et Jeuffrain, à Louviers (Eure),

Médailles de bronze.

Ont également exposé des draps de diverses couleurs et bien conditionnés, relativement aux prix.

Les ateliers de ces fabricans produisent annuellement 400 demi-pièces de drap, et occupent 240 ouvriers.

Une médaille de bronze leur est décernée.

MM. Henri Gaultier et Lenoble, à Elbeuf (Seine-Inférieure).

Leur exposition consistait en cuirs de laine et en draps zéphyr parfaitement fabriqués.

Une médaille de bronze leur est décernée.

M. Nicolas Louvet fils, à Elbeuf (Seine-inférieure).

Un drap bleu de roi et un autre vert andujar que ce fabricant a exposés prouvent que ses ateliers sont dirigés avec intelligence.

Une médaille de bronze lui est décernée.

M. Descoins fils, à Mouy (Oise);

A présenté des draps noirs à très-bon marché, des castorines et des couvertures en laine mérinos, qui donnent une idée avantageuse de sa fabrication.

Une médaille de bronze lui est décernée.

Médailles de bronze.

M. Dominique LAPERRINE, à Carcassonne (Aude),

Fabrique, dans des prix extrêmement modérés, des draps solidement teints et bien confectionnés. Un drap jonquille qui figurait parmi ceux que M. *Laperrine* a placés à l'exposition était remarquable par sa nuance brillante et l'épuration parfaite de l'étoffe.

Les ateliers de ce fabricant sont susceptibles de produire annuellement 2000 pièces de drap, et d'occuper 400 ouvriers.

Une médaille de bronze lui est décernée.

M. SOMPAYRAC aîné, à Cenne - Monestie (Aude),

Occupe dans ses ateliers, 150 ouvriers et produit annuellement 700 pièces de drap, de qualités satisfaisantes et de prix extrêmement modiques.

Une médaille de bronze lui est décernée.

Mentions honorables.

LES fabricans dont les noms suivent ont mérité d'être mentionnés honorablement.

M. Abner MAUPIN, à Mouy (Oise),

Pour draps bien fabriqués.

MM. MAUPIN frères, à Mouy (Oise),

Pour mêmes produits que ci-dessus.

MM. Delpon, Bruguière et compagnie, à Clermont (Hérault),

Pour draps de troupes, bien confectionnés.

M. Augustin Vallat, à Lodève (Hérault),

Pour draps bien fabriqués.

M. *Vallat* occupe 300 ouvriers. Il avait été déjà mentionné honorablement en 1823.

———

Les fabricans dont les noms suivent ont mérité d'être cités avec éloge.

MM. Olombel père et fils, à Mazannet (Tarn),

Pour casimirs à poils, flanelles, molletons et autres étoffes en laine, d'une bonne confection.

Ces fabricans occupent 400 ouvriers.

M. Thomas Denielle, à Saint-Omer (Pas-de-Calais),

Pour draps lisses, castorines et draperie commune.

Ce fabricant occupe 90 ouvriers dans l'intérieur de ses ateliers, et 60 à l'extérieur, pour le filage de la laine.

M. Duchemin, à Vire (Calvados),

Pour draps communs à l'usage des filtres employés dans les raffineries de sucre, et pour feutre ou revêche à l'usage des papeteries.

Citations. **MM. Besaucèle** frères, à Carcassonne (Aude),

Pour draps de billards, de bonnes qualités.

MM. *Besaucèle* fabriquent par an 600 pièces de drap de cette sorte.

M. Jean - Baptiste Germain, à Moutiers (Moselle),

Pour draps de diverses sortes, bien conditionnés.

MM. Gaudechaux - Picard frères, à Nancy (Meurthe),

Pour draps et castorines de qualités satisfaisantes.

Ces fabricans occupent 130 ouvriers; leur produit brut annuel est d'une valeur de 350,000 à 400,000 fr.

Le Jury regrette de ne pouvoir récompenser comme ils le mériteraient

MM. Merle frères, à Vienne (Isère),

Qui ont exposé de la draperie moyenne très-bien fabriquée, mais qui ont négligé de présenter ce produit à l'examen du jury spécial.

SECONDE CLASSE.

Flanelles, Circassiennes, Étoffes rases.

L'usage de la flanelle, si utile à la santé, devient plus général en France depuis qu'on a commencé à fabriquer les flanelles lisses, dites *de Galle* et *Bolivar*. Pendant long-temps on n'avait connu que la flanelle croisée, dont la chaîne est en laine peignée et la trame en laine cardée. La flanelle lisse, employant pour chaîne et pour trame la laine cardée, offre au consommateur un tissu plus souple, plus léger, plus moelleux, qui réunit encore l'avantage de pouvoir s'établir à meilleur marché.

Fabriquées à l'instar des flanelles anglaises, nos flanelles lisses ont bien vite égalé leurs modèles; et si les premières paraissent encore se distinguer par une solidité plus grande et par une moindre disposition à se feutrer au lavage, cet avantage est moins dû à un meilleur système de fabrication et d'apprêt qu'à la nature spéciale de la laine anglaise.

Reims n'a point abandonné la flanelle croisée, qui continue à être recherchée dans les départemens, et qui, comme tous les lainages, a reçu un perfectionnement sensible de l'amélioration des laines et des procédés du filage.

La fabrication des étoffes improprement appelées *poils de chèvre* retire de grands avantages de la nouvelle conquête dont notre industrie agricole s'est enrichie par l'introduction en France des moutons anglais. Les étoffes dont il s'agit résultent d'une trame de laine lisse montée sur une chaîne de coton; c'est à cette laine qu'elles doivent le vif éclat dont elles brillent et qui en fait le principal mérite.

Les étoffes connues sous le nom de *papelines* sont une des plus heureuses applications qui aient été fa t s de la laine lisse; elles sont composées d'une trame de cette laine au travers de laquelle une chaîne en soie ressort en dessins élégans et produit d'agréables jeux de lumière.

La fabrique de la Savonnerie, dans laquelle les papelines sont faites avec une perfection qui ne nous laisse rien à envier à l'Irlande, en a présenté un magnifique assortiment. La présence dans le jury central de plusieurs membres de ce bel établissement ne nous permet pas d'entrer à son sujet dans plus de détails.

La *circassienne*, étoffe printanière, dont la création est due à l'industrie de Reims, et qui se compose de l'alliance d'une trame de laine cardée à une chaîne de coton, est devenue l'objet d'une active fabrication, non-seulement dans cette ville, mais dans beaucoup d'autres. La consommation qui s'en fait va toujours croissant et paraît résister aux caprices de la mode.

Le tissu mérinos, que l'on connaissait à peine il y a vingt ans, est devenu un produit d'une extrême importance. On estime à plus de quinze millions la valeur brute de ce qui s'est fabriqué tant à Réims que dans un rayon de huit lieues de cette ville.

Ce tissu est, comme on le sait, composé d'une chaîne en laine peignée et d'une trame en laine cardée. Dans l'origine, la chaîne et la trame étaient filées à la main, et les fils étant presque toujours de nature et de numéros différens, on éprouvait de grandes difficultés pour les assortir. Ces différences étaient surtout rendues sensibles par la teinture; de sorte que l'étoffe offrait l'aspect d'une suite de barres de nuances diverses.

Une partie de ces inconvéniens a disparu aujourd'hui par l'emploi de trames filées à la mécanique.

La chaîne est encore presque partout filée à la main.

C'est dans cet élément essentiel de l'étoffe qu'un perfectionnement reste à desirer.

Un résultat tout-à-fait satisfaisant est obtenu dans les mérinos renforcés et dans les flanelles larges, dites *napolitaines*, parce que la chaîne et la trame de ces étoffes sont en laine cardée, que le filage en est fait conséquemment à la mécanique, et que les fils, étant tous bien assortis, prennent uniformément la teinture.

MM. DOYEN oncle et neveu, à Foulonval, (Eure-et-Loir),

Rappel
d'une
médaille
d'or.

Sont les successeurs de MM. *d'Autremont* et *Doyen*, auxquels une médaille d'or a été décernée en 1823.

L'établissement, déjà très-prospère sous ses fondateurs, n'a fait que s'accroître et se perfectionner entre les mains des propriétaires actuels.

La preuve de cette marche ascendante résulte tant de ce que nous avons déjà dit de MM. *Doyen*, en traitant du filage de la laine, que des belles étoffes mérinos qu'ils ont présentées à l'exposition, et dont il s'agit surtout en ce moment.

La chaîne et la trame de ces étoffes sont filées à la mécanique dans les ateliers de MM. *Doyen*. Toutes sont d'une admirable régularité; mais le jury a surtout remarqué une pièce blanche qui par sa finesse surpasse tout ce qui a été fait en ce genre jusqu'ici.

MM. *Doyen* occupent 260 ouvriers dans leur filature de Foulonval, et 100 à 120 tisserands dans les environs de Guise.

En traitant du filage de la laine, nous avons annoncé qu'un diplôme est accordé à MM. *Doyen* pour la confirmation de la médaille d'or obtenue en 1823; ce diplôme porte sur l'ensemble de leurs produits.

Médaille
d'or.

MM. Henriot frère, sœur et compagnie, à Reims (Marne),

Ont exposé des flanelles croisées, des flanelles lisses, à l'imitation de celles d'Angleterre, des circassiennes et des draps zéphyrs.

Tous ces produits, parfaitement traités, soutiennent la haute et ancienne réputation de la maison *Henriot* frère, sœur et compagnie, et la maintiennent sur la première ligne des fabricans de Reims.

En 1823 cette maison reçut une médaille d'argent; une médaille d'or lui est décernée.

Rappel
d'une
médaille
d'argent.

Mlle Armfield, à Loches et à Château-Renault (Indre-et-Loire),

A exposé des castorines, des circassiennes, des casimirs et des flanelles, chaîne et trame cardées.

Tous ces produits, parfaitement conditionnés, sont faits en laine de Touraine et en laine de Beauce.

Les flanelles subissent un foulage préparatoire qui en prévient ou qui du moins en diminue le retrait.

Mlle *Armfield* occupe 200 ouvriers.

En 1823 une médaille d'argent lui fut décernée; cette distinction est toujours très-bien méritée.

MM. Jobert-Lucas et Louis Ternaux, à Reims (Marne),

Qui reçurent en 1819 une médaille d'argent, ont exposé des flanelles, des draps zéphyrs, des casimirs, et diverses étoffes pour pantalons et pour gilets. Tous ces articles se distinguaient par une confection très-soignée.

De belles moquettes exposées aussi par MM. *Jobert* et *Ternaux* nous fourniront plus bas l'occasion de donner de nouveaux éloges à une maison dont l'industrie est aussi recommandable par sa perfection que par son étendue.

Une nouvelle médaille d'argent est décernée à MM. *Jobert* et *Ternaux*, pour l'ensemble de leurs produits.

M.me veuve Henriot et fils, à Reims (Marne),

Ont exposé des casimirs, des circassiennes et des flanelles tant croisées que lisses.

Cette maison est ancienne et fort estimée dans le commerce; les produits qu'elle présente sont dignes de la réputation dont elle jouit.

Une médaille d'argent lui est décernée.

M. Charbonneaux-Denizet, à Reims (Marne),

A beaucoup amélioré la fabrication de la flanelle croisée, par un choix judicieux de la laine qu'il emploie et par la finesse du fil qu'il en obtient.

A côté des flanelles qu'il a exposées, on a vu figurer une étoffe dite *napolitaine*, ou flanelle large, et un mérinos renforcé, qui donnaient une idée fort avantageuse de l'ensemble de son industrie.

Une médaille d'argent lui est décernée.

MM. EGGLY-ROUX et compagnie, à Paris, rue des Fossés-Montmartre, n.° 4,

Ont exposé des tissus chaîne cachemire avec trame en laine, des mérinos ordinaires et des mérinos renforcés, et un assortiment complet de mérinos brochés, qui offrent une heureuse application du métier à la Jacquart.

Tous ces articles se recommandent par le bon goût, la nouveauté, la perfection du tissage, ainsi que par le choix heureux et la réussite des couleurs.

Une médaille d'argent est décernée à MM. *Eggly-Roux* et compagnie.

MM. CORDIER et compagnie, à Paris, rue de l'Échiquier, n.° 38,

Ont exposé des étoffes pour pantalons, tissées, chaîne et trame, en laine française lisse. Ces étoffes peuvent soutenir la concurrence avec ce que les Anglais font de mieux en ce genre.

MM. *Cordier* et compagnie se recommandent encore par de très-beaux tissus de coton, dont il sera parlé dans une autre partie de cet ouvrage.

Une médaille d'argent leur est décernée pour l'ensemble de leurs produits.

MM. Morin et compagnie, à Dieu-le-fit, (Drôme),

Rappel d'une médaille de bronze.

Ont exposé du mérinos croisé, du molleton et du cuir de laine, le tout d'une fabrication très-satisfaisante.

Ces fabricans occupent 300 ouvriers.

Un diplôme leur est accordé pour la confirmation d'une médaille de bronze qu'ils ont reçue en 1823.

MM. Richard (J. B.) et compagnie, à Paris, rue Neuve Saint-Eustache, n.° 11,

Médailles de bronze.

Ont exposé des mérinos bien tissés et d'une grande égalité de teinture. Ces messieurs fabriquent encore avec succès des châles-cachemire et de laine.

Une médaille de bronze leur est décernée pour l'ensemble de leurs produits.

Une semblable récompense est accordée à chacun des fabricans dont les noms suivent :

M. Broyon, à Paris, faubourg Saint-Jacques, n.° 29,

Pour belles étoffes en laine rase, dites *poils de chèvre.*

MM. Legrand-Rigaut et compagnie, à Reims (Marne),

Pour étoffes moirées et unies de diverses couleurs, faites en laine lisse.

MM. GILLARD et compagnie, à Reims
(Marne),

Pour circassiennes et flanelles, tant croisées que
lisses.

SONT mentionnés honorablement :

MM. ASSY-GUÉRIN fils et GIVELET, à Reims
(Marne),

Pour flanelles, tant lisses que croisées, et pour
étoffes dites *poils de chèvre ;*

Et M. Félix BUIRETTE, à Reims (Marne),

Pour flanelles lisses.

CHAPITRE II.

DUVET DE CHÈVRE.

SECTION PREMIÈRE.

Éducation et Croisement des Chèvres cachemire.

LES essais tendant à naturaliser en France les chèvres à duvet de cachemire sont suivis avec persévérance et réalisent déjà une partie de l'espoir qu'ils ont fait naître. On peut aujourd'hui regarder comme certain que ces chèvres sont susceptibles de prospérer sur notre sol, et qu'elles y conservent le duvet délicat dont la nature les a pourvues sous le climat qui leur est propre.

M. POLONCEAU, ingénieur en chef des ponts et chaussées, à Versailles (Seine-et-Oise),

Médaille d'argent.

S'occupe depuis plusieurs années, avec une sagacité très-grande, de l'étude des animaux à toison précieuse; il a été payé de ses recherches par le résultat intéressant dont nous allons rendre compte.

En 1822, M. *Polonceau* croisa une chèvre kirghize, de l'importation Ternaux, avec un bouc d'Angora du troupeau de S. A. R. MADAME Duchesse de Berri. Il obtint une chevrette et un chevreau qui, dès la première année de leur naissance, se couvrirent d'un duvet très-abondant, formé en boucles légères, et dont la longueur, dans la toison de la chevrette, dépassait celle du poil grossier ou du jarre.

De semblables alliances furent continuées à l'aide de deux boucs d'Angora que MADAME, protectrice éclairée de tous les arts, voulut bien accorder. La famille qui en résulta s'est progressivement accrue; maintenant elle comprend vingt-cinq individus, tous de cette race croisée, à laquelle M. *Polonceau* donne le nom de *cachemire angora*.

La récolte moyenne du duvet est, pour chaque bête, de 10 à 12 onces avec très-peu de jarre.

L'habile agronome auquel cette race nouvelle est due a été conduit à l'obtenir par plusieurs observations très-judicieuses. Il a remarqué que le jarre qui est mêlé à la laine des moutons dans les toisons les plus fines a une analogie très-grande avec le poil grossier qui enveloppe le duvet des chèvres kirghizes, qu'il est d'ailleurs d'autant plus abondant que l'animal appartient à une race moins perfectionnée.

De ce fait M. *Polonceau* a conclu que dans leur grossièreté native nos moutons portaient vraisemblablement plus de jarre que de laine, qu'ils ne devaient la prédominance actuelle de ce dernier produit sur le premier qu'à des croisemens successifs et à des soins long-temps continués. Il en a conclu encore, par analogie, qu'il ne serait pas impossible de faire croître sur les chèvres kirghizes le duvet aux dépens du poil; qu'il suffirait pour cela de les croiser avec une race dont la toison fût exempte de poils, ou du moins n'en admît qu'une très-petite quantité. Cette condition se rencontrait dans la chèvre d'Angora, dont la fourrure uniforme approche un peu du duvet, bien qu'elle n'en ait ni la finesse ni le moelleux.

Si la race cachemire angora conserve, dans les générations qui vont suivre, les propriétés dont nous la voyons pourvue, c'est-à-dire, si chaque individu se reproduit bien semblable à lui-même, sans être obligé de s'allier avec un individu de l'une des deux races mères, M. *Polonceau* aura rendu à notre industrie et à notre agriculture un service de la plus haute importance.

Une médaille d'argent lui est décernée.

M. Robert-Charles Faciot, à Montmartre (Seine),

Médaille de bronze.

A présenté de très-beau duvet provenant de chèvres d'origine indienne, dont il conserve et multiplie la race avec une persévérance et des soins dignes d'éloge.

Une médaille de bronze lui est décernée.

Section II.

Fils et Tissus unis de cachemire.

Le filage du duvet de chèvre et le tissage simple du fil, c'est-à-dire, la fabrication des tissus unis de cachemire, sont portés au point de perfection où l'état actuel des arts mécaniques permet d'atteindre. En ce genre, non-seulement nous ne redoutons point de supériorité, mais nous ne comptons même pas de rivaux.

Les habiles fabricans dont l'exposition de 1823

révélé le mérite ont reparu avec tous leurs avantages à celle de 1827. Ceux qui étaient au premier rang s'y sont maintenus ; les autres ont prouvé qu'ils ne tarderaient pas à s'y placer.

Rappel d'une médaille d'or.

M. HINDENLANG fils aîné, à Paris, rue des Vinaigriers, n.° 15,

Qui obtint une médaille d'or à l'exposition de 1823, pour fils et tissus unis de cachemire, mérite de plus en plus cette récompense. Un diplôme de rappel lui est accordé.

Rappel d'une médaille d'argent.

M. FOSTER-STAIR, à Paris, rue Saint-Denis, n.° 189,

Continue à mériter la médaille d'argent qu'il obtint en 1823 pour la finesse de ses fils de cachemire et pour la beauté de ses tissus.

Médailles d'argent.

MM. POLINO frères, à Paris, rue de la Roquette, n.° 41,

Qui obtinrent une médaille de bronze en 1823, ont fait, depuis cette époque, des progrès saillans, tant dans le filage que dans le tissage du duvet de cachemire.

Une médaille d'argent leur est décernée.

M. Laurent BIÉTRY, à Montmartre (Seine),

Obtient une semblable médaille pour fils et tissus d'une grande beauté.

SECTION III.

Châles.

DEPUIS que des expositions plus rapprochées les unes des autres permettent de comparer, à de courts intervalles, notre industrie avec elle-même, l'observateur qui s'applique à en étudier la marche ne peut voir sans étonnement la rapidité de ses progrès dans la fabrication des châles, et l'importance des combinaisons commerciales que cet art nouveau a fait naître.

A des conjectures plus ou moins fondées sur la forme et sur le mécanisme des métiers dont les Cachemiriens font usage, à des essais par lesquels on s'efforçait d'imiter un travail admirable dans ses résultats, mais dont les procédés étaient environnés de mystère, a succédé, en peu d'années, un art complet, appuyé sur une théorie certaine, occupant un grand nombre d'ouvriers habiles, et donnant lieu à la création d'une masse considérable de produits.

L'Inde peut redoubler de vigilance pour soustraire à nos regards les ateliers où sont fabriqués ses précieux tissus; elle peut les couvrir d'un voile aussi impénétrable que celui qui cache son origine et ses dieux; nous n'avons plus rien à apprendre d'elle dans un art où elle semblait inimitable et qu'à notre tour nous avons inventé.

Les deux méthodes de travail dont nous avons signalé les différences dans notre rapport sur l'exposition de 1823 établissent toujours deux grandes divisions dans la fabrication des châles. Nous continuerons à désigner ces deux méthodes par les noms qu'elles portent en fabrique.

L'*espoulinage*, ou le procédé à l'aide duquel on parvient à une imitation exacte des châles indiens, est maintenant bien connu de tous les fabricans ; tous pourraient la pratiquer. Il n'est même plus un secret pour le public, puisqu'un métier à espoulins, monté par notre confrère M. *Rey*, a fonctionné dans une des salles du Louvre pendant toute la durée de l'exposition.

Si la perfection absolue des produits était le but unique des arts manufacturiers, l'espoulinage serait exclusivement adopté par nos fabricans, puisque ce procédé est jusqu'ici le seul qui puisse donner naissance à des tissus semblables aux magnifiques modèles que l'Inde nous envoie. Mais une fabrication qui n'intéresse pas les premiers besoins de la vie ne devient importante, et conséquemment nationale, qu'autant qu'elle pourvoit aux jouissances des classes moyennes de la société, parce que c'est là que se trouve la grande majorité des consommateurs. Or nos châles espoulinés, bien que moins chers que les vrais cachemires, sont cependant d'un prix où il n'y a guère que l'opulence qui puisse atteindre ; et, puisque le débit en est très-limité, la production n'en peut être considérable.

La cherté de ce bel article tient à ce qu'il résulte uniquement d'un travail manuel, et nécessairement très-coûteux ; de sorte que la substitution d'un effet mécanique à l'action de la main de l'homme est le seul moyen possible d'en abaisser le prix. Le perfectionnement que nous indiquons, et que nous appelons de tous nos vœux, présente, il est vrai, de grandes difficultés ; mais l'avantage en serait immense. Il doit, à ce double titre, exciter l'émulation de nos artistes.

Le *lancé* est le procédé qu'adoptent presque tous nos fabricans. Il est beaucoup moins coûteux que l'espoulinage, parce qu'il admet une action mécanique ; aussi les châles qui en résultent sont-ils à la portée des fortunes moyennes. On donne à ces châles le nom de *cachemires français.*

Les châles de laine, composés d'une chaîne en soie organsin et d'une trame en laine, sont aussi exécutés au lancé. Nous les classons, par ce motif, avec les cachemires.

Considérée dans son ensemble, la fabrication des châles prend chaque jour un nouvel accroissement. On estime à trente millions la valeur des produits qu'elle livre annuellement au commerce, et dont une grande partie est expédiée à l'étranger.

M. BOSQUILLON, à Paris, rue Neuve-Saint-Eustache, n.° 13,

Rappel d'une médaille d'or.

Soutient sa fabrication au point élevé où elle était placée en 1823, et mérite de plus en plus la médaille d'or qu'il obtint à cette époque.

MM. DENEIROUSE et GAUSSEN, successeurs de M. LAGORCE, à Paris, rue des Fossés-Montmartre, n.° 16,

Médaille d'or.

Se présentent pour la première fois au concours, mais avec des produits dignes en tout point de ceux qui valurent, en 1823, une médaille d'or à leur prédécesseur. Mise en carte pure., dessins d'un goût parfait, bon choix des matières premières, exécution savante, se trouvent réunis dans leurs châles et y impriment un cachet de perfection.

MM. *Deneirouse* et *Gaussen* ont appliqué à la fabrication des châles au lancé un perfectionnement d'encartage pratiqué, en 1823, par MM. *Isot* et *Eck*, dans celle des châles espoulinés. Cette méthode a l'avantage de mettre le dessin dans un rapport exact avec le croisé, et d'offrir une imitation parfaite du grain et de la côte du châle indien; on la connaît sous le nom de *nouvelle armure.* Toutes les bonnes fabriques de Paris, de Lyon et de Nîmes l'ont adoptée; elle sera bientôt universellement suivie.

Deux châles espoulinés, dont l'un rayé et sans envers, figuraient à l'exposition parmi les beaux produits de MM. *Deneirouse* et *Gaussen.* On y voyait aussi un modèle de métier propre à fabriquer les châles sans envers; mécanisme ingénieux, qui prouve que ces fabricans distingués ne se contentent pas de suivre les routes battues, mais qu'ils ont la louable ambition d'en ouvrir eux-mêmes de nouvelles.

Une médaille d'or leur est décernée.

Un diplôme portant confirmation d'une médaille d'argent précédemment obtenue est accordé à chacun des fabricans dont les noms suivent :

Rappel d'une médaille d'argent.

MM. BAYLE et compagnie, à Paris, rue des Fossés-Montmartre, n.° 6.

Leurs châles sont bien soignés; les dessins en sont purs, et les couleurs bien assorties.

Mme veuve Legrand-Lemor et compagnie, à Paris, rue de Cléry, n.° 40.

Rappel d'une médaille d'argent.

Cette maison se distingue par une bonne fabrication courante; elle s'est créé des débouchés importans à l'étranger.

M. Girard, fabricant du Roi et de LL. AA. RR. Madame Duchesse de Berry et Mademoiselle, à Sèvres (Seine-et-Oise);

Médailles d'argent.

Se livre exclusivement, et avec beaucoup de succès, à la fabrication des châles espoulinés. Ses châles carrés ne laissent rien à désirer pour la pureté des dessins et le fini de la fabrication; ils rivalisent en beauté avec ceux de l'Inde, et ne sont pas d'un prix aussi élevé. Parmi les châles longs qu'il a présentés, le jury en a surtout distingué un, d'une seule pièce, à fond blanc et à galerie, d'une exécution vraiment admirable. Ce châle n'était point encore terminé lorsqu'il a paru à l'exposition; mais il décelait un talent supérieur dans l'art d'espouliner.

L'établissement que M. *Girard* a formé à Sèvres près Paris comprend douze métiers et occupe environ cinquante jeunes personnes, toutes orphelines.

Une médaille d'argent est décernée à M. *Girard*.

MM. Lainné (Étienne) et compagnie, à Paris, rue des Fossés-Montmartre, n.° 25,

Qui obtinrent une médaille de bronze en 1823, ont fait, depuis cette époque, un pas immense dans la belle industrie qu'ils exercent. Leurs châles au lancé, dont ils ont présenté un très-bel assortiment, sont remarquables par la variété des dessins autant que par l'heureuse alliance des couleurs. Ces messieurs réussissent aussi parfaitement dans le travail indien ; un châle rayé fait par ce procédé, qui figurait parmi leurs produits, peut être cité comme un chef-d'œuvre de goût et d'exécution.

Une médaille d'argent est décernée à MM. *Lainné* et compagnie.

MM. HÉBERT (Frédéric) et compagnie, à Paris, rue du Mail, n.° 29.

Ont adopté un genre de fabrication gracieux, et qui n'exclut pas la variété. Leurs châles sont accueillis avec faveur par la mode, qui, cette fois, se trouve être d'accord avec le bon goût.

Une médaille d'argent est décernée à ces messieurs.

MM. JUILLERAT et DESOLME, à Paris, rue Neuve-Saint-Eustache, n.° 35.

Ont exposé un fragment de châle espouliné, sans envers, et plusieurs châles au lancé. Ces produits prouvent que MM. *Juillerat* et *Desolme* sont déjà loin des rangs secondaires, et qu'ils ne tarderont pas à se placer au premier.

Une médaille d'argent est décernée à ces intelligens manufacturiers.

MM. Hennequin et compagnie, à Paris, rue de Cléry, n.° 19,

Ont présenté des châles en duvet de chèvre exécutés au lancé avec beaucoup de perfection. Ils fabriquent aussi les châles de laine dont le broché imite les fleurs naturelles ou est décoré de divers dessins de fantaisie. MM. *Hennequin* et compagnie font de ce dernier article un objet important d'exportation pour l'Amérique septentrionale.

Une médaille d'argent leur est décernée.

MM. Maupetit et compagnie, rue Neuve-d'Orléans, n.° 18,

Ont présenté des châles de laine fabriqués avec une perfection remarquable. Les dessins imitant les fleurs naturelles sont ceux qu'ils adoptent de préférence, et ils les composent avec tant d'art, ils les exécutent avec tant de soin et de délicatesse, que leurs étoffes ont toute la grâce et tout l'éclat des charmans objets qu'elles représentent.

Ce genre d'ornemens jouit de beaucoup de faveur sur le continent américain, particulièrement à Buénos-Ayres, où MM. *Maupetit* ont élevé une maison de commerce. Un article de chasublerie, décoré en fleurs naturelles, qui figurait à l'exposition parmi leurs produits, a été fait pour cette destination.

Les dessus de meubles à bouquets et à guirlandes brochés que l'on doit encore à ces messieurs ont été généralement admirés, et ont même obtenu les suffrages de cette portion du public français qui, dans les étoffes de parure et d'ameublement, tient le plus au goût oriental.

En 1823 une médaille de bronze fut accordée à MM. *Maupetit;* les progrès saillans qu'ils ont faits depuis cette époque les rendent dignes d'une médaille d'argent.

Rappel de médailles de bronze.

MM. GALON frères, à Paris, rue Neuve-Saint-Eustache, n.° 4,

Ont présenté des châles au laneé de dessins très-riches, et dont la mise en carte a dû présenter beaucoup de difficultés.

MM. *Galon* sont toujours très-dignes de la médaille de bronze qu'ils ont obtenue à l'exposition de 1823.

MM. DOUINET et compagnie, à Paris, rue Neuve-Saint-Eustache, n.° 29,

Fabriquent très-bien les châles en cachemire et les châles en laine; mais c'est particulièrement à ce dernier genre de produits qu'ils s'appliquent. Un châle carré, qui, plié en pointe, laisse voir les deux bordures à l'endroit, se faisait remarquer dans leur exposition parmi d'autres articles d'une exécution bien satisfaisante. Leur fabrication était particulièrement distinguée par la beauté des couleurs, le goût, l'assortiment et la modicité des prix. La fabrique de MM. *Douinet,* située à Fresnoy-le-Grand, département de l'Aisne, occupe plus de cinquante métiers, qui emploient en matières premières tout ce qu'il y a de plus pur et de plus parfait.

MM. *Deûmes* et compagnie sont toujours dignes de la médaille de bronze qu'ils ont obtenue en 1823.

M. LAISNEY, à Paris, rue Bourbon-Villeneuve, n.° 41,

A exposé des châles cachemire et des châles de laine d'une exécution soignée et qui dénote une grande intelligence manufacturière.

Une médaille de bronze lui est accordée.

M. COLIGNON fils, à Paris, rue Neuve-Saint-Eustache, n.° 23,

A présenté des châles de laine d'une finesse et d'une beauté de tissu remarquables. Les laines qu'il emploie sortent de la filature de M. *Griolet.*

Une médaille de bronze est décernée à M. *Colignon.*

M. PIEDANNA, à Paris, rue Neuve Saint-Eustache, n.° 44,

Obtient une semblable récompense pour produits du même genre également recommandables.

M. VIALLET, à Lyon (Rhône),

A présenté des châles en laine dits *lattés.* Cet article donne lieu à une exportation considérable; les prix en sont très-bas, et ce n'est point aux dépens de la qualité que cet avantage est obtenu par M. *Viallet.*

Une médaille de bronze est décernée à ce fabricant.

MM. DURAND frères, à Lyon (Rhône),

Obtiennent aussi une médaille de bronze pour châles lattés d'une parfaite exécution et de prix extrêmement modiques.

———

IL est fait mention honorable des fabricans dont les noms suivent :

MM. BARDON et SÉGRETAIN, à Paris, rue du Mail, n.º 1,

Pour cachemires français d'une excellente fabrication.

M. GOURÉ, à Paris, rue Neuve-Saint-Eustache, n.º 8,

Pour produits du même genre et d'une exécution également recommandable.

M. FOUQUET, à Paris, rue Bourbon-Villeneuve, n.º 36,

Pour produits du même genre.

M. *Fouquet* a déjà été mentionné honorablement à l'exposition de 1823.

M. Charles JOURDAN, à Paris, rue des Fossés-Montmartre, n.º 2 *bis*,

Pour produits du même genre.

M. Mascré, à Paris, rue Bourbon-Villeneuve, n.° 24,

Pour châles en laine très-bien confectionnés et d'un prix modique.

M. Saint-Étienne, à Paris, rue Neuve-Saint-Eustache, n.° 22,

Pour cachemires français d'une qualité satisfaisante.

M. *Saint-Étienne* a déjà été mentionné honorablement en 1823.

CHAPITRE III.

SOIE.

SECTION PREMIÈRE.

Soie grége et Soie ouvrée.

Les avantages résultant de la culture de la soie sont d'une telle évidence qu'il est permis d'éprouver quelque étonnement de ce que cette culture ne satisfait pas complètement aux besoins de nos fabriques.

Une opinion erronée, que d'anciens témoignages et des faits nouveaux démentent, mais à laquelle un long empire sur les esprits prêtait une grande force, est la cause principale, et peut-être la seule cause, de cette espèce de déficit.

On croyait que nos départemens les plus méridio-naux étaient les seuls qui fussent propres au parfait développement du mûrier, conséquemment les seuls aussi où l'éducation du ver à soie pût devenir l'objet d'une spéculation avantageuse.

Nous ne rappellerons pas ici ce que plusieurs auteurs judicieux ont écrit pour combattre ce préjugé; mais nous annonçons avec plaisir que leurs efforts n'ont pas été vains. Depuis 1812 le mûrier prospère dans les environs de Lyon par les soins de M. Poidebard; il fleurit maintenant et donne déjà des produits notables à Dôle, département du Jura; enfin, on a vu à l'exposition de 1827 des soies gréges qui avaient été recoltées à Moulins, à Strasbourg et à Paris.

Le ver à cocons blancs est aujourd'hui apprécié, comme depuis long-temps il aurait dû l'être, par le plus grand nombre de nos producteurs de soie. L'espèce en est multipliée, suivant une progression très-croissante, dans les plus importantes magnoneries de l'est et du midi de la France.

L'usage plus répandu des appareils à la vapeur a sensiblement amélioré la qualité de nos soies; on y remarque en général une pureté plus grande, et un filage plus net.

Le moulinage, mieux entendu dans quelques usines, laisse encore beaucoup à desirer dans le plus grand nombre.

Le jury central ne saurait trop inviter les cultivateurs français à s'occuper de la production et de l'ouvraison de la soie. Des profits certains sont attachés à cette industrie, que favorise la douceur de notre climat sur la presque totalité du royaume, et dont une fabrication depuis long-temps florissante aide et protége le développement.

M. POIDEBARD, à Saint-Alban près Lyon (Rhône);

Rappel d'une médaille d'or.

Continue à étendre et à perfectionner le bel établissement qu'il a créé en 1812, et dont, aux deux dernières expositions, on a déjà signalé toute l'importance.

La culture du mûrier, l'éducation du ver à soie blanche dite *soie sina*, le filage des cocons, le moulinage de la soie, sont constamment les objets de ses recherches, et lui doivent de notables améliorations.

Les plantations de mûriers qui alimentent la magnonerie de Saint-Alban comprennent 1200 pieds d'arbres à haute tige et 5000 pieds en haies ou taillis. Elles fournissent actuellement la feuille nécessaire au développement de 20 onces de graine; mais comme une grande partie de ces plantations est encore très-récente, elles promettent pour l'avenir des récoltes beaucoup plus considérables.

Les bâtimens affectés à la magnonerie sont disposés pour 50 à 55 onces de graine.

Le tirage des cocons ou le filage de la soie est exécuté à la vapeur, suivant le procédé de M. *Gensoul*.

Le moulinage, auquel sont appliqués 3000 fuseaux, mus par des chevaux, est exécuté par M. *Poidebard* de telle sorte qu'il donne à la soie les différentes préparations que réclament les fabriques d'étoffes. L'industrie lyonnaise lui est sur ce point particulièrement redevable.

Les soies grèges sina que M. *Poidebard* a présentées à l'exposition étaient d'un blanc parfait; les jaunes offraient la plus grande régularité. Ses autres produits étaient ouvrés avec une perfection admirable.

On y remarquait

Des mateaux organsins blancs et jaunes, à flottes croisées, de 2000 mètres de longueur, au titre de 22 deniers;

Un mateau de grenadine dite *sublime*, pour tulle bobin;

Un mateau de soie dite *ondée*, pour nouveautés;

Enfin, une bobine couverte de soie préparée pour crêpe de Chine.

Par tous les services qu'il rend à l'industrie, M. *Poi-debard* se montre de plus en plus digne de la médaille d'or qu'il a reçue en 1823. Un diplôme portant confirmation de cette médaille lui est accordé.

MM. ROCHEBLAVE et compagnie, à Alais (Gard·),

Ont présenté à l'exposition,

1.° Des échantillons de grenadines à différens brins, telles que celles qu'ils fournissent aux fabriques de Saint-Étienne ;

2.° Des soies à deux bouts et à trois cocons, dont l'emploi est particulièrement fait à Paris ;

3.° Des soies tramettes à 24 deniers et des poils de soie à l'usage des fabriques de Nîmes et de Lyon ;

4.° Des soies gréges sina, d'un blanc et d'une régularité parfaits.

Ces produits attestent, par leur belle exécution, que MM. *Rocheblave* et compagnie sont toujours dignes de la médaille d'or qu'ils ont reçue en 1823. Un diplôme leur est accordé pour la confirmation de cette récompense.

Rappel d'une médaille d'or.

M. TEISSIER-DUCROS, à Valleraugues (Gard·),

Qui reçut en 1823 une médaille d'argent, a le mérite d'avoir introduit dans le département du Gard les appareils de M. *Gensoul*, pour le filage à la vapeur, et l'usage des moulins pour l'ouvraison de la soie. Son industrie s'exerce chaque année sur 3000 quintaux de cocons blancs, récoltés en partie par lui-même,

Nouvelle médaille d'argent.

dans les environs de Valleraugues. Il occupe 220 ouvriers.

Des soies blanches, filées depuis 2 jusqu'à 24 cocons, ont été présentées à l'exposition par M. *Teissier-Ducros*. La netteté parfaite et l'extrême pureté de ces soies justifient la faveur dont elles jouissent dans les grandes fabriques de Lyon, de Nîmes, de Saint-Étienne et de Paris.

Les soins soutenus de M. *Teissier-Ducros*, ses progrès visibles depuis cette époque, sont récompensés par une nouvelle médaille d'argent.

Nouvelle médaille d'argent.

MM. Chartron père et fils, à Saint-Vallier (Drôme),

Qui obtinrent en 1823 une médaille d'argent, ont réuni, dans de vastes locaux, le filage et le moulinage de la soie au tissage des étoffes. Année commune, ils emploient 10,000 kilogrammes de soie. Le nombre d'ouvriers qu'ils occupent est de 500.

MM. *Chartron* ont présenté à l'exposition de très-belle soie blanche, provenant de leur récolte, et dont ils s'occupent, avec le plus grand zèle, à étendre la production dans la contrée qu'ils habitent.

Une nouvelle médaille d'argent leur est décernée, en considération du développement qu'ils ont donné à leur industrie et à la culture de la soie blanche depuis l'année 1823.

Médaille d'argent.

M. Dez-Maurel (François-Marie-Agathe), à Dôle (Jura),

A introduit, depuis quelques années, la culture du mûrier dans les environs de Dôle. Sa plantation, aussi intéressante pour ce pays qu'elle y est nouvelle, comprenait en 1827, 120 pieds de haute tige, de l'âge de trois à quatre ans, 200 pieds en buissons, et 2,500 en pépinière.

M. *Dez-Maurel* s'occupe aussi, avec un soin digne de remarque, de l'éducation du ver à soie, dont il a bien étudié les habitudes, et qu'il fait éclore et développer sûrement à l'aide d'un régime à-la-fois économique et sain.

L'exemple donné par cet agriculteur éclairé peut avoir des suites heureuses, non-seulement pour le département du Jura, mais encore pour une foule d'autres localités. Une médaille d'argent lui est décernée.

MM. SAMBUC-NOYER et compagnie, à Dieu-le-fit (Drôme),

Rappel d'une médaille de bronze.

Qui obtinrent en 1823 une médaille de bronze, continuent à mériter cette distinction, pour les soies de bonne qualité qu'ils livrent au commerce, et dont ils ont envoyé des échantillons très-satisfaisans à l'exposition.

M. CHAMPOISEAU (Noël), à Tours (Indre-et-Loire),

Médaille de bronze.

Qui fut mentionné honorablement en 1819, a exposé une série intéressante de produits provenant de sa filature de soie, tels que des organsins à deux et à trois bouts, des soies gréges sina, des soies ovalées à deux et à cinq bouts, des soies à coudre et pour la broderie, des cordonnets, &c.

M. *Champoiseau* occupe 500 ouvriers. Les célèbres ateliers de soierie de Tours doivent aux belles trames qu'il leur fournit une partie de leurs succès.

Les soies à coudre, que l'on ne fabriquait dans la Touraine que par aiguillées, sont faites chez lui par écheveaux, avec une grande régularité ; enfin il a introduit dans ce pays la fabrication des ovalées et des cordonnets.

Une médaille de bronze est décernée à M. *Champoiseau.*

Médaille de bronze. ## M. MARTIN, à Moulins (Allier),

S'est depuis long-temps occupé du soin de naturaliser le ver à soie dans le département de l'Allier. La soie qu'il obtient a été essayée à Lyon, et trouvée de qualité supérieure. On ne peut que l'engager à persévérer dans de si utiles travaux.

Une médaille de bronze est décernée à M. *Martin.*

Mention honorable. ## La Société d'agriculture de Moulins (Allier),

S'est associée, avec tout le zèle dont elle est animée pour l'avancement des arts, aux recherches de M. *Martin*, et a contribué beaucoup à leur succès, notamment par la correspondance qu'elle a entretenue à ce sujet avec la société d'agriculture de Lyon, qui a confié à d'habiles fabricans la confection de plusieurs étoffes dont la perfection a démontré l'excellente qualité des soies de l'Allier.

Une mention honorable est décernée à cette savante société.

M. Tallard père, à Moulins (Allier),

Mentions honorables.

Reçoit une semblable marque de satisfaction, pour avoir aussi aidé M. *Martin* par d'utiles efforts.

MM. Pugens cadet et sœur, à Perpignan (Pyrénées-Orientales),

Qui ont été mentionnés honorablement en 1823, méritent toujours cette distinction. Ils ont présenté de la soie grége de très-belle qualité.

Les personnes dont les noms suivent sont citées avec éloges.

Citations

M. Schertz, à Strasbourg (Bas-Rhin),

Pour soie produite par des vers qui ne sont point nourris avec la feuille du mûrier.

M. Loiseleur-Deslongchamps, à Paris, rue de Jouy, n.º 8,

Pour cocons obtenus à Paris, qu'il présente comme le fruit de plusieurs récoltes successives obtenues dans la même année.

Le jury regrette de ne pouvoir admettre en participation aux récompenses

M. Lefebvre (Jacques), à Saint-Jean-du-Gard (Gard),

Et M. THOMAS, à Alais (Gard).

Ces messieurs ont présenté des soies de qualités très-satisfaisantes, mais qui n'ont point été soumises à l'examen préalable du jury local.

SECTION II.

Bourre de soie.

LA consommation toujours croissante de la bourre de soie rend de plus en plus intéressant l'art à l'aide duquel cette matière est préparée pour servir à la composition des étoffes.

Le jury central a remarqué avec beaucoup de satisfaction les progrès de nos fabricans dans une industrie nouvelle encore, mais qui rend déjà de grands services à plusieurs de nos villes manufacturières, en fournissant la matière d'une foule de tissus d'un bon goût, et assez variés pour satisfaire aux exigences de la mode.

Médaille d'argent.

MM. DIDELOT frères, à Paris, rue Picpus, n.° 35,

Qui reçurent en 1823 une médaille de bronze, ont exposé des fils de bourre de soie, ou fantaisie, dans des numéros très-élevés, et supérieurs en finesse à tout ce qui a été fait jusqu'ici en ce genre; d'autres fils, soit simples, soit montés à deux bouts, pour chaîne, dans les degrés usités de finesse; enfin des fils formés d'un mélange de bourre de soie et de laine.

Comme exemples des usages auxquels leurs produits se rapportent, MM. *Didelot* ont aussi présenté divers échantillons de tissus, les uns croisés comme le mérinos, les autres unis et d'une extrême finesse. C'est à la confection de cette dernière étoffe que les fils extrafins sont destinés.

Des progrès très-sensibles ayant été faits par MM. *Didelot* depuis la dernière exposition, une médaille d'argent leur est décernée.

MM. DOBLER (Henri) et RONCHAUD (Émile), à Tenay (Ain),

Médaille d'argent.

Ont succédé à MM. *Bonnet* et *Ronchaud*, qui furent mentionnés honorablement en 1823.

Sous la direction des nouveaux propriétaires, l'établissement a pris une extension digne de remarque. Il renferme actuellement 3000 broches, et produit journellement 60 à 75 kilogrammes de filés, au prix moyen de 24 à 30 francs le kilogramme. Le nombre d'ouvriers qu'il occupe est de 350.

MM. *Dobler* et *Ronchaud* ont exposé des fils de bourre de soie, montés à deux bouts, pour chaîne et pour trame, ainsi que d'autres filés dans lesquels la bourre de soie est mélangée avec la laine ou avec le duvet de chèvre.

Ce dernier article est nouveau ; il porte le nom de *thibet*. L'industrie lyonnaise en tire un très - bon parti.

Les filés de MM. *Dobler* et *Ronchaud* sont exempts de ces petites peluches ou bourres dont l'effet est si désagréable sur les étoffes unies. La netteté qu'ils présentent résulte du système de travail adopté par ces fabricans, système tout-à-fait digne d'éloge, en ce qu'il permet d'employer la matière dans toute sa longueur, et qu'il évite que les filamens ne se hachent ou ne se cotonisent.

Une médaille d'argent est décernée à MM. *Dobler* et *Ronchaud.*

Médaille
d'argent.

MM. LARDIN frères, à Saint-Rambert, arrondissement de Belley (Ain),

Ont exposé une série de produits très-variés de leur filature. On y remarquait

De la *fantaisie*, ou fil de bourre de soie, de divers numéros;

Du *thibet*, ou fil de bourre de soie mêlée de laine et de duvet de chèvre, pour chaîne et pour trame;

Enfin des fils de cachemire, de laine rase et de laine peignée, de différens degrés de finesse.

MM. *Lardin* évitent la cotonisation de la bourre de soie par le même procédé qui est en usage chez MM. *Dobler* et *Ronchaud*, et dont nous avons parlé dans l'article précédent. Leur établissement, qui date de 1819, occupe 200 ouvriers.

Une médaille d'argent leur est décernée.

SECTION III.

Étoffes de soie.

Nos fabricans d'étoffes de soie se sont montrés dignes d'eux-mêmes à l'exposition de 1827; c'est dire assez qu'ils y ont paru entourés de toutes ces merveilles que leur industrie fait naître, et que le commerce porte, avec de riches profits, dans tous les pays où le luxe fait sentir ses besoins.

D'autres produits moins brillans, mais d'un usage plus général et par cela même d'un débit plus certain, étendent le cercle de la fabrication et accroissent l'importance des spéculations dans le même rapport.

L'invention d'un mode nouveau de travail dont la supériorité sur l'ancien est attestée par deux chefs-d'œuvre de tissage, la création d'une étoffe qui résulte d'un mélange de bourre de soie et de laine, sont les faits qui marquent l'intervalle de 1823 à 1827 relativement à l'art de tisser les étoffes de soie.

La prééminence dans cet art est acquise, nous l'espérons, pour long-temps à notre patrie; cependant nos fabricans ne doivent pas perdre de vue que cette prééminence leur est enviée, que des tentatives sont faites dans plusieurs contrées pour la leur disputer, et que ce n'est qu'à l'aide d'efforts et de perfectionnemens continuels qu'ils pourront parvenir à la conserver.

Les fabricans dont les noms suivent ont prouvé qu'ils continuaient à mériter la médaille d'or que chacun d'eux avait obtenue aux expositions précédentes :

MM. GUÉRIN et PHILIPPON, à Lyon (Rhône),

Rappel d'une médaille d'or décernée en 1819.

Ont présenté des velours extrêmement remarquables par leur grande réduction, ainsi que par la beauté de leurs nuances. Le velours bleu surtout était d'une perfection qui n'a pu être obtenue qu'en triomphant de beaucoup de difficultés.

La fabrique de MM. *Guérin* et *Philippon* est du

premier ordre, et depuis long-temps connue par la supériorité des produits qu'elle livre au commerce.

MM. CHUARD, DELORE et compagnie, à Lyon (Rhône),

Fabriquent avec une grande perfection les étoffes de goût et les étoffes pour meubles. Dans le bel assortiment qu'ils ont présenté à l'exposition, le jury central a surtout distingué des robes à volans, imitant la blonde, qui joignent au mérite de la nouveauté celui d'une exécution parfaite. Il a été aussi très-satisfait d'un damas qui réunit toutes les qualités du damas sans envers, du damas liseré et du damas taille-douce.

M. AJAC, à Lyon (Rhône),

A présenté un très-bel assortiment de châles en bourre de soie, de diverses grandeurs et de dessins très-variés. Cet article important, dont l'essor a été déterminé par M. *Ajac*, a été porté par ses soins au point de perfection où il est actuellement parvenu.

Une étoffe pour meubles, également en bourre de soie, a aussi été exposée, comme produit d'un essai, par M. *Ajac*.

MM. SÉGUIN et YEMENITZ, à Lyon (Rhône),

Ont une ancienne et honorable réputation pour la fabrication des étoffes destinées à l'ameublement, et pour celle des riches tissus dont les Orientaux font usage dans leurs costumes.

Un velours oriental bleu clair et argent, une ceinture militaire dans le goût mauresque, enrichie de scapulaires d'or, se faisaient particulièrement remarquer dans la brillante exposition de MM. *Séguin* et *Yemenitz*.

M. SAINT-OLIVE jeune, à Lyon (Rhône),

A présenté une suite nombreuse d'échantillons et de pièces d'étoffe de soie façonnée, remarquables, en général, par le goût et par l'exécution.

Un châle 6/4 fond gaze damassé, dont le dessin était de la plus grande richesse, attirait particulièrement l'attention. Ce beau produit a été exécuté à l'aide de deux mécaniques fonctionnant ensemble, mode de travail inusité dans la fabrication lyonnaise, et dont l'essai présente les plus heureux résultats.

Cette fabrique travaille beaucoup pour l'exportation, et particulièrement pour l'Amérique du sud.

MM. PILLET aîné et fils, à Tours (Indre-et-Loire),

Soutiennent bien la réputation distinguée dont ils jouissent dans le commerce. Au nombre des produits qu'ils ont présentés en 1827, une étoffe liserée couleur or et bois se faisait particulièrement remarquer sous le rapport de la pureté de la mise en carte et de l'extrême correction des détails. Cette étoffe avait été commandée par le garde-meuble de la couronne.

MM. *Pillet* réussissent aussi très-bien dans la fabrication des damas et des gros de Naples à chaîne et trame en laine rase, à l'imitation de certaines étoffes anglaises; enfin ils obtiennent toujours des succès dans un genre qu'ils ont introduit à Tours, celui des

Rappel de médailles d'or décernées en 1823.

étoffes de soie brochées en métaux précieux, pour ornemens d'église.

M. MAISIAT (Étienne), professeur de fabrique à l'école spéciale de Lyon (Rhône).

Le public n'a pu voir sans la plus profonde admiration les deux tableaux en étoffe de soie brochée qui ont été exposés par M. *Maisiat.* L'un de ces tableaux représente le testament du roi Louis XVI, l'autre la lettre de la reine Marie-Antoinette à Madame Élisabeth ; tous deux offrent l'imitation des plus beaux caractères d'impression ; et reproduisent l'effet de la gravure en taille-douce dans les portraits, ainsi que dans les armes des augustes personnages dont ils rappellent les vertus et les malheurs.

Ces deux produits, uniques jusqu'ici dans leur genre, ne résultent point d'un travail minutieux, exécuté avec des moyens extraordinaires, dont l'art ne pourrait que rarement se permettre l'emploi ; ils sont dus uniquement au système d'après lequel M. *Maisiat* a organisé son métier, système admirable, en ce qu'il est simple, susceptible d'applications variées, et qu'il promet à nos fabricans de nouvelles ressources pour le tissage des étoffes de soie.

Une médaille d'or est décernée à M. *Maisiat.*

MM. OLLAT et DESVERNAY, à Lyon (Rhône),

Ont exposé une suite nombreuse d'échantillons de velours façon d'Allemagne et d'étoffes de goût. Plusieurs de ces produits présentent des perfectionnemens intéressans, et attestent que MM. *Ollat* et *Desvernay* sont doués, à un degré supérieur, de la faculté d'inventer et d'améliorer.

Une médaille d'or est décernée à ces industrieux fabricans.

MM. Corderier et Lemire, à Lyon (Rhône),

Qui obtinrent une médaille d'argent à l'exposition de 1823, se sont placés au rang des fabricans les plus distingués, par la perfection des damas et des brocards qu'il ont présentés à l'exposition de 1827.

Plusieurs articles imitant l'impression en taille-douce pour meubles, une étoffe brochée or commandée pour la chambre du Roi, se faisaient particulièrement distinguer au milieu de tous leurs produits, dont l'ensemble atteste une industrie perfectionnée.

Une médaille d'or est décernée à MM. *Corderier* et *Lemire.*

MM. Sabran père et fils, à Lyon et à la Sauvagère (Rhône),

Sont les gérans de l'établissement de la Sauvagère, qui appartient à M. *Berna* (*Jean-Charles*), et qui est spécialement destiné à la fabrication du thibet, nouveau genre de tissu résultant d'une chaîne et d'une trame en bourre de soie mêlée de laine.

Cet établissement est très recommandable, tant par son importance réelle dans la fabrication des tissus qu'à raison des divers ateliers qu'il réunit.

Confection des métiers et des machines, tracé et lissage des dessins, préparation des matières premières, tissage de ces matières, découpage et apprêt

des étoffes, tel est l'ensemble très-rare qu'il présente
et que l'on peut offrir comme modèle pour toutes les
grandes entreprises du même genre. Il occupe 600 individus et renferme 250 métiers.

Les premiers tissus fabriqués à la Sauvagère résul-
taient des filés obtenus dans la filature de Saint-
Rambert, qui est commanditée par M. *Berna.* Nous
avons fait connaître le jugement avantageux que le
jury central a porté sur cette filature, en traitant du
filage de la bourre de soie.

Les produits présentés par MM. *Sabran* offraient un
assortiment de châles et de mouchoirs en tissus thibet.
Ces tissus peuvent être placés entre les mérinos et les
cachemires; plus doux et plus souples que le premier
de ces articles, ils sont moins chers que le second,
dont ils approchent pour l'aspect.

Une médaille d'or est décernée à MM. *Sabran.*

MM. BALME et D'HAUTANCOURT, à Lyon (Rhône),

Ont exposé des châles en bourre de soie qui, sous
le rapport du goût et de l'exécution, présentent une
imitation très-heureuse des châles cachemire.

La légèreté de ces articles est une des qualités qui
les font rechercher pour le commerce d'exportation,
parce qu'elle modère à leur égard le droit de douane,
qui se perçoit à l'étranger d'après le poids des marchandises.

Une médaille d'or est décernée à MM. *Balme et
d'Hautancourt.*

M. Roux-Carbonnel, à Nîmes (Gard),

Médaille
d'or.

Qui obtint une médaille d'argent à l'exposition de 1823, a exposé un assortiment de châles et de fichus en bourre de soie, des étoffes dites *thibet*, des cotes-pali et des géorgiennes.

Tous ces articles se recommandent par une fabrication très-soignée et par la modicité des prix.

M. *Roux-Carbonnel* occupe habituellement 300 à 400 métiers, qui fournissent du travail à 1000 ou 1200 ouvriers ; il possède deux dépôts, l'un à Marseille, l'autre à Lyon. Ses produits jouissent de beaucoup de faveur dans les marchés du Levant ; il les expédie lui-même directement à Alexandrie, à Smyrne et à Constantinople.

Une médaille d'or est décernée à M. *Roux-Carbonnel.*

Un diplôme portant confirmation d'une médaille d'argent précédemment obtenue est accordé à chacun des fabricans dont les noms suivent :

MM. Devilleneuve et Mathieu, à Lyon (Rhône).

Rappel
d'une
médaille
d'argent
décernée
en 1823.

Ils ont exposé des ornemens d'église parfaitement exécutés, ainsi que des étoffes très-riches, pour le commerce de l'Allemagne et du Levant.

MM. *Devilleneuve et Mathieu* sont les premiers qui aient fabriqué en une seule pièce les ornemens d'église. Ils ont ainsi contribué beaucoup à l'essor qu'a pris cette belle partie de notre industrie.

Rappel
de médailles
d'argent
décernées
en 1823.

MM. R EVERCHON (Paul) et frères, à Lyon (Rhône).

Ils ont présenté un grand nombre de châles en bourre de soie, d'une exécution tout-à-fait remarquable, et d'une rare élégance de dessin.

M. *Reverchon* (*Paul*) est l'inventeur d'un mécanisme ingénieux qui réduit le nombre des marches et diminue sensiblement les frais du tissage.

MM. C ARCASSONNE frères, à Nîmes (Gard).

Ces messieurs ont exposé un bel assortiment de châles en bourre de soie, parfaitement exécutés et dans des prix extrêmement modiques. Le commerce du Levant, qui est leur principal débouché, donne à leur fabrication une très-grande activité ; ils occupent 200 métiers à la Jacquart, et fournissent du travail à 600 ou 700 ouvriers.

Rappel
d'une
médaille
d'argent
décernée
en 1819
et déjà
rappelée
en 1823.

M. C OUCHONNAT, à Lyon (Rhône),

Ce fabricant distingué a exposé des châles en soie, à fleurs naturelles et à coins brochés, d'une exécution savante et d'un très-bon goût.

C'est par erreur que le nom de M. *Couchonnat* est porté sur l'état des rappels de médaille de bronze dans le Moniteur du 5 octobre 1827.

Nouvelle
médaille
d'argent.

MM. M ATHEVON et B OUVARD frères, à Lyon (Rhône).

Qui, sous la raison veuve *Bouvard* et compagnie, obtinrent une médaille d'argent en 1823, ont exposé

une suite de riches étoffes pour ornemens d'église et
pour meubles.

Deux tableaux, à grande réduction, de fabrication
dite *taille-douce*, les magnifiques ornemens du sacre,
et un brocard relevé or et argent, de quatre quarts
ou 1 mètre 19 centimètres de largeur, attestaient toute
la perfection de leur industrie.

Une nouvelle médaille d'argent est décernée à ces
messieurs.

M. DIDIER-PETIT, à Lyon (Rhône).

Médailles
d'argent.

S'occupe spécialement, et avec un grand succès,
de la fabrication des ornemens d'église. On lui doit
une partie de ceux qui ont servi au sacre du Roi, et
dont l'exposition de 1827 a permis d'admirer l'excellent goût et la magnificence. Quoique nouvelle, sa
fabrique occupe un rang distingué dans l'industrie
lyonnaise.

Une médaille d'argent est décernée à M. *Didier-
Petit.*

MM. BROSSET, THANARON et RIPERT, à Lyon (Rhône),

Ont exposé des châles et des écharpes fabriqués
pour l'Amérique méridionale. Leurs produits, dont la
confection est parfaite, sont exclusivement dans le
goût des peuples qui habitent cette partie du globe.

Une médaille d'argent est décernée à MM. *Brosset,
Thanaron* et *Ripert,* dont la maison, quoique peu
ancienne, est déjà renommée.

MM. Maille-Pierron et compagnie, à Lyon (Rhône),

Ont présenté des étoffes façonnées et des articles de nouveauté très-variés. Ces produits, spécialement fabriqués pour l'Amérique, sont dignes, par leur excellente confection, de l'accueil distingué qu'ils y reçoivent.

Une médaille d'argent est décernée à MM. *Maille-Pierron* et compagnie.

MM. Brunier frères, à Lyon (Rhône),

Ont présenté différens articles de modes pour la fabrication desquels ils sont avantageusement connus. Le *crêpe diaphane*, ou crêpe de Chine perfectionné, dont ils sont inventeurs, figurait en première ligne parmi leurs produits. Cet article mérite le succès qu'il obtient.

Une médaille d'argent est décernée à MM. *Brunier* frères.

MM. Morfouillet et compagnie, à Lyon (Rhône),

Qui obtinrent en 1823 une médaille de bronze, ont présenté une fort belle suite de châles en bourre de soie, imitant le cachemire, et présentant tous des dessins fort riches et de bon goût. L'un de ces châles était fabriqué partie en filé français et partie en filé anglais; il offrait la preuve que, dans l'usage, le premier de ces produits n'est point inférieur au second.

Plusieurs châles en tissu dit thibet, fabriqués avec

des filés de MM. *Dobler* et *Ronchaud*, et un très-beau châle de cachemire français, ont aussi été exposés par MM. *Morfouillet* et compagnie.

L'industrie de ces messieurs est développée sur une fort grande échelle, et fait exister beaucoup d'ouvriers.

Une médaille d'argent leur est décernée.

MM. Boutet et Rochon, à Lyon (Rhône),

Se distinguent principalement dans la fabrication des châles riches en bourre de soie. Les articles de ce genre qu'ils ont exposés étaient remarquables par l'élégance des dessins et par l'excellence de la confection.

Une médaille d'argent est décernée à MM. *Boutet* et *Rochon.*

MM. Arguillière et Mourron, à Lyon (Rhône),

Ont exposé du crêpe crêpé, du crêpe lisse, du gros de Naples et du gros de Berlin. Tous ces produits étaient d'une fabrication soignée; les crêpes surtout offraient une réduction supérieure à celle qui a été obtenue jusqu'ici dans ce genre d'étoffes.

Une médaille d'argent est décernée à MM. *Arguillière* et *Mourron.*

M. Kurtz, ancien associé de la maison Néron et Kurtz, à Rouen (Seine-Inférieure),

A présenté des velours de soie légers, avec et sans apprêt, faits à l'instar de ceux de Crevelt, et qui peuvent être livrés au prix de 8 fr. 40 cent. le mètre.

6..

Jusqu'à présent nous tirions de l'Allemagne le velours léger, dont la consommation en France est considérable. La qualité de celui que fabrique M. *Kurtz*, et le prix auquel il l'établit, promettent de nous soustraire à cette dépendance.

Une médaille d'argent est décernée à M. *Kurtz*.

MM. LOMBART jeune et GRÉGOIRE aîné, à Nîmes (Gard),

Ont exposé des châles diaphanes en tricot de soie, genre d'étoffe dont l'invention leur est due en partie, et qui offre une heureuse application du métier à la Jacquart, ou métier à tricot. Cet article trouve à l'étranger des débouchés importans ; il donne lieu à une fabrication considérable.

MM. *Lombart* et *Grégoire* ont aussi présenté des châles en tulle broché, de leur invention, et pour lesquels ils sont brevetés. Ce dernier produit est remarquable par le bel effet des broderies, qui sont confectionnées avec le tissu ; il a quelque ressemblance avec la blonde, et il est susceptible, vu la modicité du prix auquel il est coté, de devenir l'objet d'une grande consommation.

M. ROUX cadet, à Nîmes (Gard),

A exposé des châles diaphanes en tricot de soie, dans lesquels on remarquait une grande variété de goût et une extrême délicatesse de travail.

Ce fabricant partage avec MM. *Lombart* et *Grégoire* le mérite d'avoir appliqué le métier à la Jacquart à la confection du tricot de soie. Ses produits sont exportés en Espagne, en Portugal et en Amérique. Une médaille d'argent lui est décernée.

Médailles d'argent.

MM. Doguin et compagnie, à Lyon (Rhône),

Ont exposé,

1.° Des tulles bobin, de diverses largeurs, en soie grenadine, qui joignent à l'avantage de présenter une imitation satisfaisante de la dentelle celui de pouvoir supporter l'humidité sans se déformer;

2.° Du tulle bobin en coton blanc, exécuté avec du filé retors français;

3.° Une robe en dentelle métallique, brodée en argent sur argent, d'un effet aussi agréable que riche.

On doit à M. *Doguin* l'introduction à Lyon du procédé anglais pour la fabrication du tulle bobin. Une médaille d'argent est décernée à la compagnie dont il est membre.

————

Des diplômes rappelant des médailles de bronze précédemment obtenues sont accordés aux fabricans dont les noms suivent :

Rappel de médailles de bronze décernées en 1823.

MM. Martin frères, à Nîmes (Gard),

Pour beaux châles en bourre de soie et pour étoffes de goût très-bien fabriquées.

M. Puget, à Nîmes (Gard),

Pour fichus de gaze de dessins très-variés et de prix extrêmement modiques.

Ces produits sont fabriqués en grande partie dans la maison centrale de détention de Nîmes; ils forment un objet important de commerce avec l'Amérique.

M. *Puget* était associé en 1823 avec M. *Dupont*, sous la raison *Puget et Bousquet*, lorsqu'il obtint la médaille dé bronze présentement rappelée, et dont il se montre de plus en plus digne.

MM. Monteux et Vidal, à Nîmes (Gard),

Nouvelle médaille de bronze.

Qui obtinrent une médaille de bronze à l'exposition de 1823, ont exposé des châles en bourre de soie, des étoffes écossaises, du crêpe mignon, des baréges et des foulards.

Les relations commerciales de ces messieurs sont fort étendues ; aussi leur établissement est-il un des plus importans du pays. Ils occupent plus de 200 métiers à la Jacquart, indépendamment de 50 métiers qui fonctionnent pour les tissus unis. Le nombre d'ouvriers qu'ils entretiennent est de 700 à 800.

Une nouvelle médaille de bronze est décernée à MM. *Monteux* et *Vidal*, pour le développement qu'ils ont donné à leur industrie depuis la dernière exposition.

Médailles de bronze.

Une médaille de bronze est décernée à chacun des fabricans ci-après désignés :

MM. David et Danguin, à Lyon (Rhône),

Pour ornemens d'église exécutés avec beaucoup de goût.

Cette fabrique, de création récente, prélude à de grands succès.

MM. BUREL et BEROUJON, à Lyon (Rhône), Médailles de bronze.

Pour produits du même genre que ci-dessus, également recommandables.

M. TURBÉ (Charles - Vincent) , à Lyon (Rhône),

Pour étoffes en bourre de soie, d'ameublement et de tenture, susceptibles aussi d'être employées pour couvertures et tapis.

MM. JOYARD et DAMBUANT, à Lyon (Rhône),

Pour velours et peluches très-bien confectionnés.

MM. WALTER et JOYEUX, à Metz (Moselle),

Pour velours légers, à l'instar de ceux de Crevelt, bien fabriqués et de prix convenables.

M. BOUSQUET-DUPONT , ancien associé de M. PUGET, à Nîmes (Gard),

Pour fichus gazes d'une très-bonne confection.

———

MM. DELESSE et ARMAND , à Lyon (Rhône), Mentions honorables.

Sont mentionnés honorablement pour châles en bourre de soie, d'une fabrication satisfaisante.

Une semblable distinction est accordée à

M. COMBIÉ-ROSSEL, à Nîmes (Gard),

Pour taffetas de couleurs diverses et très-solides.

———

 Sont cités avec éloge,

MM. **Colombet** et compagnie, à Lyon
(Rhône),

Pour tulles et tricots en soie, d'une bonne fabrication,

Et M. **Briery**, à Lyon (Rhône),

Pour une étoffe en duvet de cygne, d'un effet
agréable,

Section IV.

Rubans et Passementerie.

MM. **Dugas** frères et compagnie, à Saint-
Chamond (Loire),

Qui reçurent une médaille d'or en 1806, ont présenté à l'exposition un assortiment de rubans très-
beaux, dignes en tout point de la haute réputation
de ces habiles manufacturiers.

Malheureusement MM. *Dugas* n'avaient point
rempli près du jury local les formalités préalables
d'admission. Le jury central regrette vivement que cette
circonstance l'oblige à laisser en dehors du concours
une maison aussi recommandable et qui fait tant d'honneur à notre industrie.

 M. **Gobert**, à Paris, rue de Rivoli, n.° 36,

A exposé des franges et des galons en dorures, et
d'autres objets de passementerie pour livrée.

Ces produits étaient tous d'une bonne fabrication.

M. *Gobert* obtint en 1823 une médaille de bronze qu'il continue à bien mériter.

M. BIAIS aîné, à Paris, rue des Noyers, n.° 12.

Médaille de bronze.

Ses broderies pour ornemens d'église sont faites avec goût; sa chasublerie est brillante et recherchée, ainsi que ses dentelles et ses broderies pour aubes et nappes d'autel.

Une médaille de bronze est décernée à M. *Biais.*

Sont mentionnés honorablement;

Mentions honorables.

M. LEROY, à Paris, boulevard du Temple, n.° 15,

Pour franges et galons bien fabriqués;

Et Mme veuve JOSSELIN, à Paris, carré Saint-Martin, n.° 146,

Pour ceintures chinées sans envers, brochées en or d'un côté et en argent de l'autre.

M. GUILLEMOT, à Paris, faubourg Saint-Denis, n.° 30,

Citation.

Est cité avec éloge pour galons de livrée fort bien confectionnés.

CHAPITRE IV.

TISSUS DE CRIN.

M. BARDEL, à Paris, Vieille rue du Temple,
n.° 51,

Rappel d'une médaille de bronze.

Qui obtint une médaille de bronze à l'exposition
de 1823, continue à se montrer digne de cette distinction. Il a présenté un assortiment très-varié de tissus
de crin en noir et en diverses couleurs, d'autres en
crin et en soie, enfin des écossais façonnés, à petits
dessins et d'un effet fort agréable.

M. JOLIET, à Paris, faubourg Saint-Antoine,
n.° 93,

Médaille de bronze.

Qui fut mentionné honorablement en 1823, a présenté des tissus de crin de dessins riches, à mosaïques
et à médaillons, habilement exécutés à la Jacquart,
avec un liage droit, formant une espèce de cannelure
très-régulière, et d'un effet avantageux.

Une médaille de bronze est décernée à M. *Joliet.*

M. ÉLAUD, à Paris, faubourg du Temple,
n.° 77,

Rappel d'une mention honorable.

Qui fut mentionné honorablement en 1823, mérite toujours cette distinction. Il a exposé des tissus

en crin, d'autres en crin et soie, mais tous bien fabriqués, à petits dessins et variés de couleurs.

M. Viricel, à Paris, rue Saint-Denis, n.° 308, *Mention honorable.*

A exposé des tissus en crin et en crin et soie, unis et à quadrilles, ainsi que des gazes en crin et en paille, pour chapeaux. Tous ces produits sont exécutés avec soin; il en est fait mention honorable.

- - - - - -

Sont cités avec éloge,

M. Madoré, à Paris, rue de Berri, n.° 19, *Citations.*

Pour tissus en crin et soie, à deux faces;

Et M. Simon, à Anserville (Moselle),

Pour tissus de crin servant à l'ameublement.

CHAPITRE V.

LIN.

SECTION PREMIÈRE.

Filage du Lin.

§. I.

Filage par procédés mécaniques.

L'APPLICATION des procédés mécaniques au filage du lin fournit des résultats satisfaisans pour les numéros inférieurs ; mais elle reste encore à tenter pour les filés délicats, propres aux toiles fines et aux batistes.

Plusieurs fabricans ont prouvé qu'ils s'occupent avec zèle de l'avancement d'un art encore dans l'enfance, et dont le perfectionnement est vivement desiré. Leurs louables efforts ont été encouragés par les récompenses indiquées ci-apres ; savoir :

Rappel d'une médaille de bronze.

A MM. SCHLUMBERGER père et fils, à Nogent-les-Vierges (Oise),

Qui ont présenté des fils de lin simples et retors, écrus, blancs et demi-blancs, ainsi que des toiles écrues et blanches, tissées avec des produits de leur filature ,

Rappel d'une médaille de bronze qui a été décernée en 1823 à leurs prédécesseurs, MM. *Breidt* et *compagnie.*

A la Société anonyme pour le lin filé à la mécanique, à Paris, rue du Haut-Moulin, n.° 10,

Médailles de bronze.

Médaille de bronze; pour fils de lin simples et retors.

A M. Édouard DELECROIX, à Lille (Nord),

Médaille de bronze; pour fils de lin simples et retors, écrus et teints.

A MM. MORET et FOUQUET-D'HÉROUEL, à Berthenicourt (Aisne),

Mention honorable.

Mention honorable pour mêmes produits que ci-dessus.

A MM. Philibert MAGNIN et compagnie, à Lille (Nord),

Citations.

Citation pour mêmes produits que ci-dessus.

A M. LETEXIER-PONSARD, à Troyes (Aube),

Citation pour mêmes produits que ci-dessus.

MM. HAVERNA et PARENT, à Amiens (Somme),

Ont présenté à l'exposition de très-beaux filés de lin, que le jury regrette de ne pouvoir faire participer au concours. Ces produits n'avaient point été présentés au jury d'admission.

§. II.

Filage à la main.

Médaille de bronze.   M. CRESPEL-DESTOMBES, à Lille (Nord),

A exposé des fils à dentelle, écrus et blancs, dont la perfection dénote un excellent choix de matière et une adresse peu commune dans les ouvriers.

Une médaille de bronze est décernée à M. *Crespel-Destombes.*

Citations.   Sont cités avec éloge, pour fils de lin de qualités recommandables,

M. Julien ROCHARD, à Lamotte (Côtes-du-Nord);

M. Charles RAOUL, à Guingamp (Côtes-du-Nord);

MM. DONIOL père et fils, à Guingamp (Côtes-du-Nord);

Et M. Théophile LUCAS, à Saint-Brieuc (Côtes-du-Nord).

Section II.

Batiste.

La fabrication de la batiste s'est montrée à l'exposition de 1827 telle qu'on l'avait vue à toutes les expositions précédentes : parfaite sous le rapport technique, stationnaire sous celui de l'économie, c'est-à-dire, donnant des produits constamment beaux, mais toujours chers, et qui ne participent point à cet abaissement progressif que l'on remarque dans les prix du plus grand nombre des objets manufacturés.

Cet effet peut être rapporté à deux causes.

La première résulte de la cherté du fil. Elle subsistera tant que le filage ne sera point opéré par un procédé mécanique susceptible d'économiser le temps ; car le prix actuel du filage résulte d'une certaine main-d'œuvre ; et tant que cette main-d'œuvre restera physiquement la même, on ne doit point espérer que la dépense en soit diminuée.

La seconde cause doit être cherchée dans l'isolement où sont entre eux tous les élémens de la fabrication. Nous ne possédons pas, à proprement parler, de fabrique de batiste ; nous n'avons que des ateliers épars de filage, de tissage et de blanchiment, dans lesquels il ne règne ni communauté d'intérêt, ni unité de procédés. Ces trois classes d'ateliers n'ont de relations que par l'intermédiaire des courtiers, qui vendent eux-mêmes aux négocians, de sorte que l'étoffe n'arrive au consommateur que grevée de plusieurs bénéfices successifs de commission.

La création d'une véritable fabrique de batiste serait facile dans le département du Nord, au milieu d'une population composée d'excellens ouvriers ; elle offrirait des chances assurées de succès au spéculateur qui voudrait l'entreprendre, et promettrait au commerce une diminution dans le prix de ce bel article.

———

Médaille d'argent.

Mme veuve Delloye et fils, à Cambrai (Nord),

Qui obtinrent une médaille de bronze en 1819 et le rappel de cette médaille en 1823, présentent une exception à l'usage dont nous venons de signaler les inconvéniens. Ils fabriquent réellement leurs batistes dans un établissement qu'ils ont créé.

Ils ont présenté des mouchoirs de batiste imitant les madras et des batistes à l'aune de diverses couleurs, qui sont très-recherchés dans les colonies.

Depuis la dernière exposition ces divers produits ont subi dans leurs prix une diminution considérable, sans que la qualité en ait été altérée.

Une médaille d'argent est décernée à Mme veuve *Delloye* et fils.

———

Plusieurs négocians ont envoyé à l'exposition de très-belles batistes, écrues et blanches. Voici les distinctions qui leur sont accordées :

Rappel d'une médaille de bronze.

MM. Mestivier et Hamoir, à Valenciennes (Nord).

Rappel d'une médaille de bronze décernée en 1823.

M. HAZARD, de la même ville.

Rappel d'une médaille de bronze qui a aussi été décernée en 1823.

Rappel
d'une
médaille
de bronze.

M. DUBOIS-FOURNIER, de la même ville.

Mention honorable.

MM. BONIFACE et fils, à Cambrai (Nord).

Mention honorable.

Mentions
honorables.

M. LEROUX-TUPIGNY, à Iron (Aisne).

Citation pour linon en fil.

Citation.

SECTION III.

Toiles de lin et de chanvre.

LA fabrication des toiles donne lieu, sauf un très-petit nombre d'exceptions, à des observations de même nature que celles qui ont été présentées ci-dessus à l'occasion de la batiste. Ces observations acquièrent ici d'autant plus de force qu'il s'agit d'un produit d'une importance majeure.

Le jury est porté à penser que la fabrication des toiles pourrait être rendue moins coûteuse par la réunion, dans de grands établissemens, des diverses sortes de travaux dont elle se compose.

Médaille d'argent.

M. CARON-LANGLOIS fils, à Beauvais (Oise),

A présenté des toiles demi-hollande, d'une grande beauté, fabriquées avec des lins qui ont été récoltés par lui-même.

Nous aurons plusieurs fois encore occasion de parler de M. *Caron-Langlois*, dont l'industrie comprend plusieurs objets. Dès ce moment nous annonçons que le jury lui a décerné une médaille d'argent pour l'ensemble de ses produits.

Médaille de bronze.

M. LEMENEUR, à Vimoutiers (Orne),

Est du petit nombre des fabricans qui ont des ouvriers à eux. Il a exposé des toiles blanches dites *cretonnes*, que l'on recherche dans le commerce, et qui méritent bien la réputation dont elles jouissent.

Une médaille de bronze est décernée à M. *Lemeneur*.

Mentions honorables.

Sont mentionnés honorablement,

M. BOUDIN, à Vimoutiers (Orne),

Pour toiles cretonnes bien fabriquées ;

M. DANIEL-FONTAINE, de la même ville,

Pour produits de même nature ;

M. Michel BERGER, à Fresnay (Sarthe),

Pour toiles écrues fines et très-bien faites ;

M. Pierre ROUSSEAU, de la même ville,

Pour produits de même nature;

Et M. Eugène LEBAIL, à Mayenne (Mayenne),

Pour toiles écrues et blanches d'une grande finesse.

Sont cités avec éloge ,

M. GALAIS , à Fougères (Ille-et-Vilaine),

Déjà cité en 1823, pour toiles d'une fabrication soignée;

M. MORVAN, à Quintin (Côtes-du-Nord),

Pour nappes en toile écrue et toile à draps ;

M. MAHÉ fils , à Loudeac (Côtes-du-Nord),

Pour toiles écrues et toiles blanches;

Et M. Philibert AULOY à Marcigny (Saone-et-Loire),

Pour nappes en toile.

SECTION IV.

Toiles à voiles.

LES fabricans dont les noms suivent se sont fait distinguer en 1823 par l'excellente confection de leurs toiles à voiles. Les produits de ce genre qu'ils ont présentés en 1827 n'étaient pas moins recommandables. En conséquence, le jury confirme ainsi qu'il suit les récompenses précédemment accordées.

———

Rappel de médailles d'argent.

M. LEBOUCHER-VILLEGAUDIN, à Rennes (Ille-et-Vilaine).

Rappel d'une médaille d'argent décernée en 1823.

MM. JOUBERT, BONNAIRE et GIRAUD, propriétaires de la manufacture royale de toiles à voiles, à Angers (Maine-et-Loire).

Rappel d'une médaille d'argent décernée en 1823.

———

Rappel d'une médaille de bronze.

Mme veuve SAINT-MARC, MM. PORTEU et TETIOT, propriétaires de la manufacture royale de la Piletière, à Rennes (Ille-et-Vilaine).

Rappel d'une médaille de bronze décernée en 1823.

SECTION V.

Coutils et Mouchoirs en fil.

Citations.

SONT cités avec éloge,

M. VALLÉE jeune, à Cholet (Maine-et-Loire),

Pour mouchoirs en fil, et en fil et coton, blancs et de diverses couleurs;

M. COLOMBEL, à Claville (Eure),

Déjà cité en 1823, pour coutils de diverses couleurs ;

M. PETIT-LANGEVIN, à Évreux (Eure),

Pour coutils en fil et coutils en coton;

M. TAILLANDIER (Louis-Henri), à Évreux
(Eure),

Pour coutils en fil et coutils en fil et coton;

M. VIERRAY, à Évreux (Eure),

Pour produits de même nature;

M. BIGOT aîné, à Évreux (Eure),

Pour produits de même nature;

M. BIGOT-GAFFET, à Évreux (Eure),

Pour produits de même nature;

M. DELAUNAY, à Coutances (Manche),

Pour coutils en fil et coton et en coton.

CHAPITRE VI.

COTON.

SECTION PREMIÈRE.

Filage du Coton.

§. I.

Coton simple.

L'EXTENSION donnée à la fabrication de certains tissus dont le coton est la base, la finesse et la régularité que ces tissus devaient présenter pour entrer en concurrence avec ceux qui sont obtenus dans d'autres pays, réclamaient des filés de coton dans des numéros très-élevés. Nos filateurs ont, pour la plupart, répondu à l'appel qui leur était fait; ils ont, avec une louable émulation, emprunté à l'Angleterre des mécanismes qui leur manquaient; et plusieurs d'entre eux se sont rendus propres par les perfectionnemens qu'ils y ont apportés. Leur zèle est d'autant plus digne d'éloges que ce n'est qu'à l'aide de capitaux considérables qu'ils sont parvenus à obtenir ce résultat.

En 1823, une seule fabrique avait atteint et dépassé le numéro 200, mille mètres : on verra bientôt que ce degré de finesse est maintenant obtenu dans plusieurs établissemens.

En donnant à nos filateurs la part d'éloges qui leur est due, le jury ne leur dissimulera pas qu'il a reconnu que quelque chose leur restait encore à faire pour donner à leurs fils dépassant le n.° 120 une force et une régularité qui les rendent propres à être employés comme chaînes; que le choix de leurs cotons en laine n'était pas toujours fait avec un soin assez scrupuleux; enfin, qu'ils laissaient souvent à desirer sous le rapport des préparations premières, si essentielles cependant, et d'où dépend la perfection des filés fins.

Mme veuve DEFRENNE et fils, à Roubaix (Nord),

Rappel de médailles d'or.

Qui a obtenu une médaille d'or à l'exposition de 1823, a présenté des cotons filés dans le numéro 185 pour chaîne et 260 pour trame (ancien numérotage).

Cette dame maintient bien la prospérité de son établissement, et continue à mériter la distinction qui lui a été accordée.

MM. HAUSSMANN frères, à Lagelbach (Haut-Rhin),

Ont exposé des cotons filés pour chaîne, dans les numéros 33 à 91, et pour trame dans les numéros 44 à 65. Ces filés proviennent d'une filature qui a été élevée récemment, et qui est disposée sur une très-grande échelle.

MM. *Haussmann* frères ont aussi exposé des mousselines imprimées, dont il sera parlé plus bas.

Une médaille d'or qui leur a été décernée en 1823,

et dont ils se montrent toujours dignes, est rappelée pour l'ensemble de leurs produits.

Médailles d'or.

M. SCHLUMBERGER (Nicolas), à Guebwiller (Haut-Rhin),

A fondé la filature en coton fin la plus remarquable qui existe encore en France; l'emploi des meilleures machines, l'usage des procédés les plus perfectionnés, font de cet établissement un véritable modèle.

Des filés commençant au n.° 66, mille mètres, et finissant au n.° 200, mille mètres, ont été exposés par M. *Schlumberger;* ils justifient la haute réputation dont les produits de ce filateur jouissent dans le commerce.

Une médaille d'or est décernée à M. *Schlumberger.*

MM. ARNAUD et FOURNIER, à Paris, rue Popincourt, n.° 40,

Ont exposé de beaux fils de coton simples dans les n.°° 144 à 160, et des fils retors, à deux bouts, pour le tulle, du n.° 160.

Constructeurs intelligens, MM. *Arnaud* et *Fournier* ont eux-mêmes établi les machines qui garnissent leurs ateliers; filateurs habiles, ils donnent l'exemple des perfectionnemens, par l'empressement qu'ils apportent à faire usage des procédés dont l'expérience a constaté la bonté, ainsi que par la sagacité avec laquelle ils en imaginent eux-mêmes.

A côté de leur filature de coton, MM. *Arnaud* et *Fournier* en ont récemment construit une pour la laine lisse, qui donne déjà de très-beaux produits.

Une médaille d'or est décernée à MM. *Arnaud* et *Fournier* pour l'ensemble de leurs produits.

MM. VAUTRIN et compagnie, à Senones (Vosges),

Se montrent toujours très-dignes de la médaille d'argent qui leur a été décernée en 1823, et pour laquelle un diplôme de rappel leur est accordé.

Ces messieurs ont exposé de très-beaux filés de coton, depuis le n.° 100 jusqu'au n.° 200; et ils se recommandent en outre comme blanchisseurs et apprêteurs de toiles.

M. LEBLANC (Julien - Timothée), à Lille (Nord),

Qui a obtenu en 1823 une médaille d'argent, obtient le rappel de cette médaille.

Ce fabricant a exposé des cotons filés depuis le n.° 112 jusqu'au n.° 184.

MM. HEILMANN frères et compagnie, à Ribeauvillé (Haut-Rhin),

Ont présenté des cotons filés depuis le n.° 41 jusqu'au n.° 100. Ils ont exposé aussi des calicots tissés à la mécanique à 70 portées; ce sont les premiers essais d'un établissement de tissage avec métiers à rotation qu'ils ont élevé à Mulhausen (Haut-Rhin).

En 1823 MM. *Heilmann* obtinrent une médaille d'or pour étoffes impressionnées; une médaille d'argent leur est décernée pour les produits dont il vient d'être parlé.

Médailles de bronze.

Une médaille de bronze est décernée

A M. FAUCOMPREZ, à la Bassée (Nord),

Pour cotons filés au n.° 13;

A M. CASIEZ-DEHOLLAIN, à Cambrai (Nord),

Pour cotons filés depuis le n.° 80 jusqu'au n.° 144;

Et à la Société d'Ourscamp, sous la raison ROUGEMONT et compagnie (Oise),

Pour cotons filés au n.° 44 pour chaîne.

———

Mentions honorables.

Sont mentionnés honorablement, pour cotons bien filés,

MM. VAUTROYEN, CUVELIER et compagnie, à Lille (Nord);

MM. CORDIER et compagnie, à Paris, rue de l'Échiquier, n.° 38,

Et MM. SINGER et DUFRESNE, à Caen (Calvados).

———

Citations.

Sont cités avec éloge, pour cotons convenablement filés, dans les numéros inférieurs,

MM. VATIER et LASNIER, à Évreux (Eure);

M. LESELLIER, à Gouneville (Manche);

M. LEVILLAIN, à Brionne (Eure);

MM. TITOT-CHASTELLUX et compagnie, à Haguenau (Bas-Rhin).

Citations.

Le jury regrette beaucoup de ne pouvoir admettre au concours les filés très-remarquables qui ont été exposés par MM. *Maffliet*, *Blot* et *Audouard*, de Douai (Nord), mais à l'égard desquels les formalités d'admission n'avaient point été remplies.

§. II.

Cotons retors.

MM. GOMBERT père et fils, à Paris, barrière de Sèvres, n.° 11,

Nouvelle médaille d'argent.

Qui obtinrent en 1819 une médaille d'argent, sont les premiers qui aient fabriqué en France les cotons retors pour la couture. Ils présentent un assortiment de cette sorte de cotons, blancs et de couleurs; plus, des cotons ondés et des cotons gazés, qui sont de nouveaux produits de leur industrie.

Une nouvelle médaille d'argent leur est décernée en récompense de la création de ces derniers articles.

M. GOMBERT fils, à Paris, barrière de Sèvres, n.° 10,

Médaille d'argent.

Précédemment associé de M. son père, a élevé une maison pour son propre compte.

Il a exposé des cotons à coudre, blancs et de couleurs, des cotons ondés et des cotons gazés. Tous ces produits se recommandent par une fabrication soignée.

Une médaille d'argent est décernée à M. *Gombert* fils.

Médaille d'argent.

MM. VINCENT et MICHELEZ père et fils aîné, barrière de Sèvres, n.° 13,

Ont exposé des cotons retors pour la couture et pour le tissage, des lacets, des tresses, des ganses, des cordons en soie et en filoselle, et un assortiment très-varié de rubans de perkale.

Tous ces articles portent le cachet d'une bonne fabrication; ils sont recherchés dans le commerce.

Une médaille d'argent est décernée à MM. *Vincent* et *Michelez* père et fils aîné.

Médaille de bronze.

Une médaille de bronze est décernée

A M. Séverin VALLÉE, à Paris, rue Saint-Denis, n.° 311,

Qui a exposé un assortiment complet de cotons retors, propres à beaucoup d'emplois et bien conditionnés.

Citations.

Sont cités avec éloge, pour mêmes produits,

M. DEROVRAY-DOBIGNY, à Rouen (Seine-Inférieure),

Et MM. LESTIBOUDOIS et compagnie, à Paris, cour Batave, n.° 18.

Section II.

Tissus de coton.

Si les fabricans de certains tissus ont déterminé les progrès, déjà très-sensibles, des filatures de coton, par le débouché qu'ils assurent aux filés fins, tout fait espérer que, par une réciprocité très-juste, les ateliers de ces mêmes filateurs leur offriront bientôt des ressources proportionnées à leurs besoins. Il arrivera là ce qu'on a souvent l'occasion de remarquer dans l'histoire de l'industrie : l'influence presque créatrice d'un art sur un autre, et l'appui qu'à son tour ce dernier prête à celui qui l'a fait naître.

Bien qu'il n'y ait point encore d'équilibre entre la production du fil fin et la consommation qui en est faite, on s'aperçoit néanmoins que nos manufacturiers éprouvent moins de gêne pour se procurer leurs approvisionnemens, que par suite ils peuvent, avec plus de facilité, étendre le cercle de leur fabrication, et se livrer au penchant qui les porte vers tous les genres de perfectionnement.

Le rapport sur l'exposition de 1823 signala, comme une heureuse nouveauté, l'érection de quatre fabriques de tulle de coton; et dès le mois de décembre 1824, une enquête officielle constata l'existence de quarante-trois fabriques de ce genre dans les seuls départemens de l'Oise, du Nord, du Pas-de-Calais et de l'Aisne; encore fut-il reconnu qu'elles étaient loin de suffire aux demandes du commerce.

Aujourd'hui cette fabrication occupe un nombre beaucoup plus grand d'établissemens, et tient un

rang distingué dans le système général de notre industrie.

Le prix du tulle s'est abaissé, depuis 1823, dans la
proportion de 20 à 7 pour les 4/4, et de 40 à 18 pour
les 6/4. Tout fait présumer qu'il n'est point encore arrivé au terme de sa diminution.

Une foule d'applications ingénieuses sont journellement faites de cet article, notamment par les brodeuses, qui l'adoptent pour cannevas dans leurs légers
ouvrages.

L'exposition de 1827 était riche en mousselines
unies et brodées et en tissus divers de coton, présentant en général des imitations très-heureuses des produits anglais et suisses, et pouvant même quelquefois
fois aller de pair avec ces derniers sous le rapport des
prix.

§. I.

Tulle de coton.

Médailles
d'argent.

Une médaille d'argent est décernée

A MM. Senéchal et compagnie, à Grand-
Couronne, près Rouen (Seine-Inférieure);

Mentionnés honorablement en 1823.

Une semblable médaille est décernée

A MM. Dablaing-Estabel père et compagnie, à Douai (Nord),

Et à MM. Fabre, Chiboust et compagnie,
à Paris, rue de Cléry, n.° 42,

Qui ont tous présenté des tulles larges et des tulles

en bandes, fabriqués dans un bon système, et que ces messieurs livrent au commerce à des prix modérés.

————

Une médaille de bronze est décernée

A MM. BARDEL et compagnie, à Versailles (Seine-et-Oise),

Médaille de bronze.

Pour tulles larges et tulles en bandes bien confectionnés.

————

Sont cités avec éloge

MM. MALEZIEUX frères et ROBERT, à Saint-Quentin (Aisne),

Citations.

Et M. LEFÈVRE-MOUSSY, de la même ville,

Pour tulles bobin et mechlin, unis et brodés, bien faits et de prix modiques.

————

Des tulles en bandes, dignes de beaucoup d'attention, ont été exposés par MM. *Widowson, Mew* et *Büssel.* Le jury regrette que la non-présentation de ces produits au jury local l'ait empêché de les admettre au concours.

§. II.

Mousselines, Jaconats, Perkales, Calicots et Madopolams.

MM. CHATONEY, LEUTNER et compagnie, à Tarare (Rhône),

Rappel d'une médaille d'or.

Ont exposé des mousselines unies, brodées et façonnées, claires et serrées, des cravates, des gazes et des organdis.

Tous ces articles étaient parfaitement fabriqués. Le dernier surtout, par le grain, l'apprêt et le chef d'or tissé avec la pièce, pouvait être comparé avec ce qu'on fait de mieux dans ce genre à l'étranger.

MM. *Chatoney, Leutner* et compagnie ont reçu en 1819 une médaille d'or, qui a déjà été rappelée en 1823, et qu'ils continuent à bien mériter.

Rappel d'une médaille d'or.

MM. MATAGRIN père et fils, à Tarare (Rhône),

Sont depuis long-temps honorablement connus dans le commerce. Leur établissement, dont l'ancienne raison sociale était *Matagrin* aîné et compagnie, reçut, dès 1806, une médaille d'or, qui fut confirmée en 1819.

Les mousselines claires, unies et brodées, envoyées par MM. *Matagrin* à l'exposition de 1827, ont prouvé que cette distinction était toujours bien méritée.

Médaille d'or.

MM. CLÉREMBAULT et LECOQ-GUIBÉ, à Alençon (Orne),

Ont obtenu en 1819 une médaille d'argent, et le rappel de cette médaille en 1823.

C'est à ces messieurs que l'on doit l'introduction en France de la fabrication des mousselines unies, claires, serrées et brodées, à l'instar des mousselines suisses.

Leur établissement a beaucoup gagné en importance depuis la dernière exposition. Maintenant il occupe 1650 individus, tant tisserands, que bobineuses, trameuses et brodeuses.

MM. *Clérembault* ont aussi donné un nouveau degré de perfection à leurs mousselines, bien qu'ils en aient abaissé les prix.

Une médaille d'or leur est décernée.

MM. MERCIER père et fils, à Alençon (Orne).

Médaille d'or.

Cet établissement, dont M. le baron *Mercier* est le chef, reçut en 1823 une médaille d'argent; mais depuis cette époque il a beaucoup gagné en importance.

Maintenant il comprend une filature desservie par une machine à vapeur de la force de vingt chevaux, de vastes ateliers de tissage, et d'autres pour la broderie.

Les fils obtenus de la filature sont employés, presqu'en totalité, dans l'établissement même; ils ne passent pas le n.° 100, mille mètres. Les fils plus fins que MM. *Mercier* emploient sont tirés de la filature de M. *Nicolas Schlumberger*, à Guebviller.

Des mousselines unies et brodées à l'instar de celles de Suisse; des jaconats unis imitant, par les marques, les chefs et l'apprêt, les jaconats étrangers, d'autres rayés, à carreaux et brochés, des croisés de coton unis et à bandes, et plusieurs autres étoffes dont le coton fait la base, ont été exposés par MM. *Mercier*. La perfection et la variété de tous ces produits dénotent une grande science de fabrication, et un talent peu commun pour l'imitation d'une foule d'articles étrangers qui sont recherchés par les consommateurs.

Une médaille d'or est décernée à MM. *Mercier* père et fils.

————

M. Daniel BAUMGARTNER, à Mulhausen (Haut-Rhin),

A exposé des perkales 3/4 et 5/4 remarquables par leur finesse et leur régularité, et qui peuvent soutenir la concurrence avec les plus beaux produits anglais.

Une médaille d'argent lui est décernée.

MM. SCHLUMBERGER, STEINER et compagnie, à Mulhausen (Haut-Rhin),

Ont exposé des perkales, des madopolams et des calicots. La régularité de tous ces tissus, la force de quelques-uns, l'extrême finesse de plusieurs autres, dénotaient une fabrication perfectionnée.

Une médaille d'argent est décernée à MM. *Schlumberger, Steiner* et compagnie.

MM. ZIEGLER, GREUTER et compagnie, à Mulhausen (Haut-Rhin),

Ont exposé des perkales 3/4 et 5/4, unies et façonnées, des mousselines fantaisie et des madopolams. Tous ces produits se recommandaient par une excellente fabrication.

— Le filage du coton, le tissage, le blanchiment et l'apprêt sont exécutés dans cet établissement, qui renferme en outre des ateliers pour l'impression des toiles.

Une médaille d'argent est décernée à MM. *Ziegler, Greuter* et compagnie, pour l'ensemble de leurs produits. Médailles d'argent.

M. Victor LEMÉTAYER, à Fécamp (Seine-Inférieure),

A exposé des calicots et des jaconats tissés à la mécanique. Parmi ces produits le jury a surtout distingué une pièce de calicot, 55 portées, livrée au commerce à 54 centimes le mètre (65 cent. l'aune), comme remplissant toutes les conditions désirables dans un si bas prix.

M. *Lemétayer* est de tous nos fabricans celui qui a su jusqu'ici tirer le meilleur parti des métiers à rotation. Il occupe 40 de ces métiers, qui sont conduits par 20 jeunes ouvriers, et qui peuvent produire 20 pièces de calicot par jour.

Une médaille d'argent est décernée à M. *Lemétayer.*

MM. CORDIER et compagnie, à Paris, rue de l'Échiquier, n.° 38,

Dont nous avons déjà parlé en traitant des étoffes de laine lisse, sont les premiers qui aient appliqué des métiers mécaniques au tissage des calicots. Les étoffes de cette sorte et les perkales qu'ils ont présentées à l'exposition avaient toutes les qualités désirables pour les prix sous lesquels elles sont cotées.

On sait déjà que la médaille d'argent qui a été décernée à MM. *Cordier* et compagnie porte sur l'ensemble de leurs produits.

Une médaille de bronze est décernée à chacun des fabricans ci-après désignés; savoir :

MM. Dulud frères, à Carlepont (Oise),

Pour calicots, perkales et madopolams très-beaux et d'une grande régularité de fabrication.

MM. *Dulud* avaient été mentionnés honorablement en 1819, sous la raison *Dulud* père.

MM. Noël Rafine et compagnie, à Meaux (Seine-et-Marne),

Pour madopolams remarquables par la beauté des fils, ainsi que par la force, la finesse et la régularité de leur tissage.

M. Charles Mieg, à Mulhausen (Haut-Rhin),

Pour calicots écrus et perkales blanches qui réunissent la bonne qualité au bon marché.

Sont mentionnés honorablement,

MM. Titot et Chastellux, entrepreneurs des travaux dans la maison centrale de détention de Haguenau (Haut-Rhin).

Pour tissus divers de coton.

MM. Michon frères,

Pour calicots exécutés dans la maison centrale de détention à Clairvaux (Doubs).

MM. Singer et Dufresne, à Caen (Calvados),

Pour calicots écrus et chaîne retorse de coton.
Ces messieurs ont été cités avec éloge en 1823.

M. Louis Lebœuffle, à Cives-lès-Mello (Oise),

Pour calicots et linge de table en coton.
Ce fabricant a été cité avec éloge en 1823.

MM. Suchet et compagnie, à Thizy (Rhône),

Pour perkales 5/4 d'un bon tissage.

MM. Martin et Horer, à Blamont (Meurthe),

Sont cités avec éloge pour calicots bien fabriqués.

§. III.

Guingams.

Les tissus de couleur en coton appelés *guingams*, presqu'inconnus il y a quelques années, sont devenus d'une consommation très-importante et d'une concurrence redoutable pour l'indienne. Rouen, Saint-Quentin, Ribeauvillé, Sainte-Marie-aux-Mines, en possession de fabriquer cet article, ont surpassé les fabriques étrangères par la vivacité des couleurs, la variété et le goût des dessins, la finesse des tissus, et souvent même par le bon marché.

MM. Schmid et Salzmann, à Ribeauvillé (Haut-Rhin),

Ont exposé des guingams, des mouchoirs en coton façon madras, et d'autres façon foulards, qui se distinguent par tous les genres de mérite que l'on recherche dans ces sortes d'articles.

Ces messieurs occupent de 500 à 600 ouvriers. Une médaille d'argent leur est décernée.

Médaille d'argent. **M. Xavier KAYSER**, à Sainte-Marie-aux-Mines (Haut-Rhin),

A exposé des guingams de diverses nuances, confectionnés avec le plus grand soin.

M. *Kayser* a introduit à Sainte-Marie-aux-Mines cet article de fabrication, que plusieurs de ses confrères ont ensuite adopté. Il occupe 350 à 400 ouvriers.

Une médaille d'argent lui est décernée.

Médaille de bronze. **MM. George REBER et compagnie**, à Sainte-Marie-aux-Mines (Haut-Rhin),

Ont exposé des guingams et une étoffe en coton dite *robin des bois.* Ces articles réunissaient à un degré satisfaisant les conditions d'une bonne fabrication.

Une médaille de bronze est décernée à MM. *Reber* et compagnie.

§. IV.

Coutils, Basins et autres tissus de coton.

Médaille d'or. **M. GRÉAU aîné**, à Troyes (Aube),

A présenté à l'exposition une série nombreuse et très-intéressante d'articles en coton, tels que coutils satinés, coutils français, futaine, cuir-coton, finettes, &c., &c.

Tous ces produits étaient recommandables par l'excellence des matières employées et par la grande régularité de la fabrication.

En 1823, M. *Gréau* a reçu une médaille de bronze; les progrès saillans qu'il a faits depuis cette époque déterminent le jury à lui décerner une médaille d'or.

M. GUILLEMET aîné, à Nantes (Loire-Inférieure), Mention honorable.

A exposé des basins dits *de Nantes*, des coutils et des flanelles. Il possède un établissement important qui occupe 300 à 400 ouvriers, et dans lequel les rouages d'une filature en laine ou en coton sont mis en mouvement par une machine à vapeur.

M. *Guillemet* est mentionné honorablement.

Sont cités avec éloge, Citations.

MM. THUILLIER-LEGUIEN et compagnie, à Amiens (Somme),

Pour velventine, escot et alépine,

Et M. POURCELLE-DESTRÉ, de la même ville,

Pour alépines de couleur.

SECTION III.

Étoffes mélangées de coton.

Médaille
d'or.

MM. LELONG oncle et neveu, à Rouen (Seine-Inférieure),

Ont présenté une série d'articles fabriqués avec le coton allié à d'autres matières. On y remarquait des étoffes dites *pagne*, *pouchot*, *lancastrienne*, des coutils, des châles, des hamacs et des couvertures.

Tous ces articles se font distinguer par un bon genre de fabrication; il en est fait une grande exportation pour le Sénégal, le Mexique et autres contrées lointaines.

Une médaille d'or est décernée à MM. *Lelong*.

———————

Rappel
d'une
médaille
d'argent.

M. David VERDIER, à Montpellier (Hérault),

A exposé des étoffes dites *côte-pali*, pour robes et pour fichus. Ces étoffes résultent d'une chaîne en coton et d'une trame en soie. M. *David Verdier*, qui en est l'inventeur, continue de les fabriquer avec un grand succès.

En 1823 M. *David Verdier* reçut une médaille d'argent dont il se montre toujours digne; un diplôme de rappel lui est accordé.

———————

Des diplômes portant rappel de médailles de bronze sont accordés à

Rappel
de médailles
de bronze.

MM. Veaute et compagnie, à Nîmes, (Gard),

Pour articles tissés avec chaîne, coton et trame en soie, ou chaîne en soie et trame en coton, et qui sont connus sous les noms divers de *cote-pali*, *géorgiennes* et *orientales*;

Et à MM. Farel et fils, à Montpellier (Hérault),

Pour fichus en cote-pali et mouchoirs façon madras.

Une médaille de bronze est décernée à chacun des fabricans dont les noms suivent :

Médailles
de bronze.

M. Cuvru de Surmont, à Roubaix (Nord),

Pour très-bonnes étoffes à pantalon, tissées en coton et en coton mélangé de laine.

M. Delobel de Surmont, à Turcoing (Nord),

Pour circassiennes et autres étoffes composées de divers mélanges de coton, de lin et de laine.

M. Jean-Baptiste de Buchy, à Turcoing (Nord),

Pour étoffes à pantalon remarquables par la finesse et par la régularité des tissus.

Sont mentionnés honorablement,

M. Philippe VALAT, à Montpellier (Hérault),

Déjà mentionné en 1819,
Pour fichus en cote-pali et mouchoirs façon madras,
bien fabriqués ;

M. PRUS-GRIMONPREZ, à Roubaix (Nord),

Pour diverses étoffes à pantalon, qui se distinguent
par la bonne confection et par la variété ;

M. Jean CASSE, à Roubaix (Nord),

Pour étoffes à pantalon offrant l'heureux emploi
d'un mélange de coton, de laine et de lin.

———————

Sont cités avec éloge,

M. BOURGEOIS-AUDOUX, à Turcoing (Nord),

Pour ceinture en camelot, d'un tissu très-fin et
très-régulier ;

M. LEMOINE, à Condé-sur-Noireau (Calvados),

Pour étoffes dites *printanières* ;

MM. BOUDET frères, à Limoges (Haute-
Vienne),

Pour étoffes rayées et coton retors.

M. CAPELLE-BAYART, à Carlepont (Oise),

Pour étoffes croisées en coton et pour siamoises;

M. DUMESNIL, à Coutances (Manche),

Pour coutils croisés, cotonades et siamoises;

M. LAMBERT, à Saint-Lô (Manche),

Pour droguets;

M. CAPRON-LENFANT, à Rouen (Seine-Inférieure),

Pour mouchoirs façon madras;

M. Charles BELLANGER, à Vauville-les-Baons (Seine-Inférieure),

Pour basins, madras et circassiennes;

M. François-Desiré PICARD, à Yvetot (Seine-Inférieure);

Pour châles en coton;

M. Robert LEPREVOST, à Yvetot (Seine-Inférieure),

Pour étoffe dite *damier.*

CHAPITRE VII.

LINGE DE TABLE OUVRÉ ET DAMASSÉ.

Rappel d'une médaille d'or.

M. Henri PELLETIER, à Saint-Quentin, (Aisne),

A présenté plusieurs services damassés en fil, d'un bon goût de dessin et dont le travail annonce une connaissance approfondie des procédés de la fabrication.

M. *Pelletier* a aussi présenté des services damassés en coton. Il maintient bien la prospérité de son établissement, et il continue à se montrer digne de la médaille d'or qui lui a été décernée à la dernière exposition.

Médaille d'or.

M. Alexandre DOLLÉ, à Saint-Quentin (Aisne),

Qui obtint une médaille d'argent en 1823, a présenté un très-beau service damassé en fil, d'un dessin remarquable à-la-fois par sa richesse et son bon goût; plus, des serviettes damassées, également en lin, mais d'un dessin plus simple et d'un prix moins élevé.

Les progrès bien saillans faits par M. *Dollé* depuis la dernière exposition le placent au premier rang parmi les producteurs d'un article pour lequel les fabriques de la Saxe et de la Silésie ont été long-temps sans rivales.

Une médaille d'or est décernée à M. *Dollé.*

———

MM. BRUNEEL et CALLEMIEU, à Lille (Nord), *Médaille de bronze.*

Ont exposé de très-beau linge ouvré et damassé, en blanc et en écru. Ces fabricans occupent quatre-vingts ouvriers ; ils sont dans les bonnes voies de la fabrication.

Une médaille de bronze leur est décernée.

———

MM. Louis PHILIPPE et compagnie, à Lille (Nord), *Mention honorable.*

Sont mentionnés honorablement, pour serviettes ouvrées et damassées d'une confection satisfaisante.

CHAPITRE VIII.

DENTELLES ET BLONDES, GAZE, BRODERIES.

SECTION PREMIÈRE.

Dentelles et Blondes.

La faveur qui s'attache au tulle brodé diminue en France la consommation de la dentelle, mais n'en fait point cependant péricliter la fabrication. Ce produit, que ses précieuses qualités feront toujours rechercher par l'opulence, continue à occuper une partie considérable de la population dans plusieurs de nos départemens, particulièrement dans celui du Calvados, dont il forme une des principales branches de commerce.

La blonde, par sa beauté ainsi que par le prix auquel on peut l'établir, conserve l'avantage de tenir le milieu entre la dentelle et la broderie. La fabrication en est toujours très-active.

Rappel d'une médaille d'or.

MM. MOREAU frères, à Chantilly (Oise),

Soutiennent bien l'ancienne réputation que leur maison s'est acquise pour la fabrication de la blonde. Ils ont présenté une robe blanche, longue, à riche broderie, et un châle noir, à rosaces, qui étaient de la plus grande beauté.

MM. *Moreau* obtinrent à l'exposition de 1823 une médaille d'or, dont ils continuent à se rendre dignes.

Mme veuve CARPENTIER, à Bayeux (Calvados),

Qui obtint en 1823 une médaille d'argent, a présenté des robes à bordures riches et à fond plein, des châles, des écharpes et une foule d'autres articles en dentelle.

Mme *Carpentier* entretient un grand nombre d'ouvriers, même dans les momens où le commerce se ralentit. L'importance de sa fabrique, autant que la beauté toujours soutenue de ses produits, détermine le jury à lui décerner une médaille d'or.

Médaille d'or.

Mlle GARD-LETERTRE, à Paris, rue Sainte-Anne, n.° 59,

Qui obtint en 1823 une médaille d'argent, mérite toujours cette distinction par les blondes et les beaux produits de broderie qu'elle livre au commerce.

Rappel d'une médaille d'argent.

M. VIGNON, à Chantilly (Oise),

A présenté plusieurs produits en blonde, parmi lesquels un châle long, noir, se faisait particulièrement remarquer, quoiqu'il ne fût pas entièrement terminé. M. *Vignon* est lui-même son dessinateur; il occupe quatre cents ouvriers et sa fabrique marche vers un grand accroissement.

Une médaille d'argent lui est décernée.

Médaille d'argent.

Médailles de bronze.   Une médaille de bronze est décernée à chacun des fabricans dont les noms suivent :

M. VIDECOQ-TESSIER, à Paris, rue du Caire, n.º 16.

Sa fabrique de blondes, dont le siége est à Méru près Chantilly (Oise), fournit de très-beaux produits, destinés principalement à l'exportation.

MM. FABIEN-PILET et compagnie, à Paris, rue Neuve-Saint-Augustin.

Ils ont présenté des blondes remarquables par un bon goût de dessin et par une grande régularité d'exécution.

M.me VASLIN-BIMONT, à Paris, rue Notre-Dame-des-Victoires, n.º 15.

Cette dame a présenté des blondes fort belles et des tulles brodés bien soignés.

Mention honorable.   M. ROBERT-FAURE, au Puy (Haute-Loire);

Cité au rapport de 1823, est mentionné honorablement pour dentelles bien fabriquées.

Citation.   M. COULON-PIVAL, au Puy (Haute-Loire);

Est cité pour dentelles d'une fabrication satisfaisante.

SECTION II.

Gazes.

LA gaze, long-temps négligée par la mode, reprend aujourd'hui de la vogue, par les applications qui en sont faites et par le bas prix auquel elle peut être livrée. Un nouveau relief est ainsi donné à une antique industrie, qui depuis bien des années est établie en France, et dont le siége principal se trouve dans les départemens du Nord et de l'Aisne, entre Câteau-Cambresis et Saint-Quentin.

———

M. DELBARRE, à Paris, rue Saint-Denis, n.° 186;

Médaille d'argent.

A exposé une jolie collection de gazes brochées pour voiles, écharpes et robes, dont tous les articles se recommandaient par des dessins gracieux, une exécution parfaite et des prix modérés. Deux pièces de gaze unie présentées aussi par M. *Delbarre* offraient le type de la perfection, pour la légèreté, la finesse et la régularité du tissu.

Le jury a décerné une médaille d'argent à M. *Delbarre.*

SECTION III.

Broderies.

Nos brodeuses font de plus en plus rechercher leurs produits par l'élégance qu'elles s'appliquent à leur donner, et par le soin qu'elles prennent d'en varier les

9

dessins suivant le goût du jour. Le tulle, qu'elles adoptent maintenant comme canevas, prête un charme de plus à leurs jolis ouvrages, par la ressemblance qu'il leur donne avec la dentelle.

M. D'OCAGNE, à Paris, rue Neuve-des-Bons-Enfans, n.° 25,

Rappel d'une médaille d'argent.

A exposé des dentelles et des mousselines brodées qui soutiennent bien la réputation que sa maison s'est acquise.

En 1819 M. *d'Ocagne* reçut une médaille d'argent qui fut rappelée en 1823, et dont il se montre toujours digne.

Médailles d'argent.

MM. CHÉDEAUX et compagnie, à Metz (Moselle),

Occupent un grand nombre d'ouvriers, et font à l'extérieur un commerce important. Les broderies qu'ils ont exposées étaient de très-bon goût et fort bien exécutées.

Une médaille d'argent est décernée à MM. *Chédeaux* et compagnie.

M. CHENU jeune, à Nancy (Meurthe),

Qui reçut en 1823 une médaille de bronze, a exposé de fort belles broderies sur batiste, sur mousseline et sur tulle. Deux mille individus, appartenant à la population de Nancy ou des environs, vivent du travail que leur fournit ce fabricant.

Une médaille d'argent est décernée à M. *Chenu.*

M. Balbâtre, à Nancy (Meurthe),

Médaille
d'argent.

Qui reçut en 1823 une médaille de bronze, répand aussi l'aisance dans la population ouvrière du département de la Meurthe. Deux mille quatre cents femmes ou enfans lui doivent leurs moyens d'existence par l'occupation qu'il leur donne.

Des broderies sur batiste, sur mousseline et sur tulle, présentées à l'exposition par M. *Balbâtre*, ont prouvé le soin qu'il apporte à surveiller le travail de ses ouvriers, et l'excellence de son goût dans le choix des dessins qu'il leur fait exécuter.

Une médaille d'argent lui est décernée.

MM. Hulot, Larminat et Prat, à Paris, rue Mauconseil, n.° 3,

Rappel
d'une
médaille
de bronze.

Qui reçurent une médaille de bronze à l'exposition de 1823, méritent toujours cette distinction. Ils ont présenté des broderies sur tulle parfaitement exécutées.

Une médaille de bronze est décernée à chacun des fabricans ci-après dénommés, savoir :

Médailles
de bronze.

M. Miné, à Paris, rue Saint-Denis, n.° 112,

Pour broderies diverses et de bon goût.

M. Laruaz-Tribout, à Paris, passage des Petits-Pères, n.° 9,

Pour broderies en reprises et autres.

Médailles de bronze.

M. CARDIN-MEAUZÉ, à Paris, rue Saint-Denis, n.º 118,

Pour broderies sur tulle, robes, voiles, écharpes, &c.

M. Paul PAYSANT-DECOUTURE, à Caen (Calvados),

Pour broderies sur tulle, d'un excellent goût, et dont il compose lui-même les dessins.

Mlles BEAUGUILLOT, à Caen (Calvados),

Pour broderies sur tulle, d'un très-bon goût.

On doit à ces demoiselles l'invention d'un procédé ingénieux pour faire le *picot* avec les fils mêmes du tulle.

Mme ARMAND, à Paris, rue du Petit-Lion-Saint-Sauveur, n.º 19,

Pour broderies diverses et robes de bal.

Mentions honorables.

Sont mentionnés honorablement,

Mme veuve BRUN et M. Paul HOURDEQUIN, à Paris, rue Saint-Denis, n.º 274,

Pour broderies sur mousseline et sur tulle.

Mme veuve *Brun* a déjà été mentionnée honorablement en 1823.

MM. BERTRAND et VIDIL, à Saint-Nicolas
(Meurthe),

Pour broderies diverses bien exécutées;

M. MOUTON, à Paris, rue de Cléry, n.° 2,

Pour mêmes produits que ci-dessus;

M. DELASALLE, à Paris, rue de Richelieu, n.° 93,

Pour broderies sur tulle de coton et de soie;

M. JOLIS, à Paris, boulevard des Invalides, n.° 27,

Pour broderies et dessins de broderies.

———

Sont cités avec éloge, Citations.

M. GLEIZAL, à Paris, rue Dauphine, n.° 32,

Pour blondes et broderies diverses;

Mme SERAIS, à Paris, rue des Filles-Saint-Thomas, n.° 1,

Pour broderies de dessins variés;

M. ALAVOINE fils, à Saint-Quentin (Aisne),

Pour broderies sur tulle;

MM.^{mes} ROUX et FEQUEUX, à Paris, rue Vivienne, n.° 7,

Pour robes de bal élégamment brodées;

M. Jean-Antoine MEYER, à Gap (Hautes-Alpes),

Pour broderies au crochet sur mousseline ;

MM.^{mes} BAZIRE sœurs, à Caen (Calvados),

Pour picot à la main et non cousu ;

M. POPELIN, à Paris, rue Beaurepaire, n.° 22,

Pour broderies sur tulle, imitant le point d'Angleterre, et broderies sur cachemire ;

M. MÉGRET, à Paris, rue Neuve-des-Petits-Champs, n.° 50,

Pour robes brodées en plumes.

CHAPITRE IX.

FLEURS ARTIFICIELLES.

L'ITALIE était autrefois exclusivement en possession de l'art de fabriquer les fleurs. C'est de là que nous est venu cet art plein d'agrément et de charme; mais c'est en France, à Paris surtout, qu'il a été porté à ce haut point de perfection où nous le voyons parvenu.

Aujourd'hui, et depuis long-temps, nos fleurs artificielles sont sans rivales sur les marchés étrangers; partout on les recherche pour la décoration des appartemens et des temples; partout elles jouissent du rare privilége d'être pour les dames un objet de parure que le goût ne cesse de conseiller et que la mode respecte même dans ses caprices les plus bizarres.

Un genre de fabrication ancien, complet dans ses procédés, et qui occupe une population nombreuse, ne comporte plus guère de perfectionnemens notables; nous avons eu déjà l'occasion d'en faire la remarque. Il n'est donc pas surprenant que chaque exposition présente à nos yeux des fleurs constamment belles, mais qui n'effacent point en mérite celles que l'on a déjà vues. Les seules variations que l'exposition de 1827 ait donné lieu de remarquer dans cet art consistent dans la substitution de certaine matière première à d'autres. Ces substitutions sont quelquefois heureuses, en ce sens qu'elles peuvent ajouter aux moyens d'imitation que déjà l'on possède.

Médaille de bronze.

M. ISNARD DE SAINTE-LORETTE, à Paris, boulevard Poissonnière, n.° 6,

A exposé des fleurs faites en fanon de baleine, suivant le procédé que l'on doit à M. *Achille de Bernardière*, et dont il a été rendu compte dans le rapport du jury central de 1823. L'égalité parfaite de cette substance, la finesse que l'on parvient à lui donner en la dédoublant, enfin la netteté avec laquelle elle se découpe, la rendent très-propre à représenter ces pétales légères que le plus léger souffle fait mouvoir. Dans le blanc surtout elle fait parfaitement illusion.

Une médaille de bronze a été décernée à M. *Isnard de Sainte-Lorette.*

Mentions honorables.

Sont mentionnés honorablement :

MM. DENEVERS et ROUYER, à Paris, rue Saint-Denis, n.° 280.

Ils ont exposé des fleurs en papyrus, qui ne laissaient rien à désirer pour la légèreté, la grâce et l'éclat.

Mme SANA, à Paris, rue Saint-Sauveur.

Cette dame a exposé plusieurs tiges de roses exécutées avec les étoffes dont on fait habituellement usage. Toutes ces fleurs avaient été copiées sur la nature, avec une fidélité scrupuleuse et un goût exquis : jamais l'imitation n'a été portée plus loin.

Sont citées avec éloge :

Mme veuve BERTRAND, à Paris, rue des Mathurins-Saint-Jacques, n.° 10,

Pour fleurs exécutées avec le tissu réticulaire d'un végétal de l'Inde.

La brillante exécution de ces fleurs atteste une main très-habile ; l'étoffe employée a toute la souplesse et toute la légèreté desirables.

Mme MONBARBON, à Paris, rue Saint-Honoré, n.° 289,

Pour fleurs en cire très-bien exécutées.

CHAPITRE X.

COUVERTURES.

La fabrication des couvertures présente peu de variations depuis l'exposition de 1823. Cette partie de notre industrie est toujours très-satisfaisante par la qualité distinguée de ses produits, ainsi que par leur importance.

Rappel de médailles d'argent.

MM. BACOT et compagnie, à Paris, rue Saint-Victor,

Ont exposé des couvertures en laine, en coton et en bourre de soie, parfaitement fabriquées et d'un excellent choix de matières.

Cette maison jouit, à juste titre, de la confiance publique. En 1823 elle reçut une médaille d'argent dont elle se montre toujours digne.

MM. JACQUET, DEMAY et compagnie, à Orléans (Loiret),

Obtinrent en 1823 une médaille d'argent qu'ils continuent à bien mériter. Ils ont exposé des couvertures de laine et des couvertures de coton d'une fabrication très-soignée.

Sont mentionnés honorablement, pour couvertures
en laine et en coton bien fabriquées,

M. Barthélemy GILLES, à Paris, rue Saint-
Victor, n.° 116;

M. POUPINEL aîné et compagnie, à Paris,
rue Galande, n.° 57;

M. MASSET, à Paris, rue du Petit-Pont, n.°24;

MM. LENOIR et MAUGER, à Seignelay (Yonne);

M. GRANIER, à Montpellier (Hérault);

MM. BELIN et GERARD, à Moulins (Allier);

M. Pierre DUPONT, à Laons (Eure-et-Loir);

M. Jean-Louis DESCHAMPS, de la même ville;

M. Étienne HATEY, de la même ville;

M. Joseph HAVARD, de la même ville;

MM. Pierre-Antoine-Nicolas MAUGIN, de la
même ville;

M. Pierre DEMENEGUERET père, de la même
ville;

M. Pierre DEMENEGUERET fils, de la même
ville;

M. Louis-François RACINE, de la même ville.

CHAPITRE XI.

BONNETERIE.

—

SECTION PREMIÈRE.

Bonneterie ordinaire.

LA bonneterie ordinaire continue à pourvoir convenablement aux besoins de la consommation intérieure ; mais elle n'offre pas de perfectionnement notable depuis la dernière exposition.

Le jury central est porté à penser qu'un plus fréquent emploi de la soie naturellement blanche, ou de la soie sina, donnerait à notre bonneterie une vogue qu'elle n'a point encore à l'étranger. C'est à cette soie que la bonneterie anglaise doit la faveur dont elle jouit dans les Amériques.

———

Rappel d'une médaille d'argent.

M. REINE, à Paris, rue Notre-Dame-des-Champs, n.° 16,

A exposé une grande variété de produits de bonneterie en laine mérinos vigogne, en cachemire et en poil de chien ; ces derniers articles sont annoncés comme propres à soulager les douleurs causées par la goutte. M. *Reine* a exposé aussi des échantillons de laine lisse filée, teinte en diverses couleurs, et provenant d'une filature qui lui appartient.

En 1819 ce fabricant reçut une médaille d'argent dont il continue à se rendre digne.

M. Maurel, à Laroque (Ariége),

A exposé des bonnets simples et doubles, en laine mérinos. Ces articles étaient bien traités, et de prix modiques. Les bonnets simples coûtent 16 à 24 francs la douzaine ; et les doubles, 20 à 28 francs.

Une médaille de bronze est décernée à M. *Maurel.*

M. John Détruissart, à Caén (Calvados),

A exposé des bas de coton, superfins et de qualités secondaires, établis dans de très-bonnes conditions et à des prix modérés.

Une médaille de bronze est décernée à ce fabricant.

M. Jean Tur et compagnie, à Nîmes (Gard),

Fut mentionné honorablement à l'exposition de 1819. Alors il occupait 80 métiers, et aujourd'hui son établissement en comprend 370.

Des bas et des bonnets en bourre de soie, d'autres en soie dite cachemire, des gants en mêmes matières, présentés à l'exposition par M. *Tur,* ont prouvé que sa fabrication est aussi soignée que considérable.

Une médaille de bronze lui est décernée.

Sont mentionnés honorablement :

M. Quevinot, à Valençay (Indre),

Pour bas en laine et gilets tricotés, de qualité très-recommandable.

M. Houdouard - Detrey, à Paris, rue du Petit-Bourbon,

Déjà mentionné honorablement en 1823.

Il a exposé des bas de fil superfins dont les prix présentent une réduction sensible sur les bas de mêmes qualités qu'il confectionnait en 1823.

MM. Salles frères, au Vigan (Gard),

Cités en 1823.

Ils ont exposé des bas de coton bien fabriqués et à bas prix.

M. Fabre, au Vigan (Gard),

Déjà mentionné honorablement en 1823.

Il a exposé des bas en filoselle noir au prix de 22 francs la douzaine.

M. Jacoby-Lesourd, à Tours (Indre-et-Loire),

Cité en 1823.

Il a exposé des bas en bourre de soie très-bien fabriqués.

M. Duchaussoy, à Troyes (Aube),

Déjà mentionné honorablement en 1819.

Il a présenté divers produits de bonneterie en coton, d'une fabrication très-soignée.

M. Roux, à Paris, rue Neuve-des-Petits-
Champs,

Déjà mentionné honorablement en 1823.
Il a exposé des bas brodés avec beaucoup de goût
et d'élégance.

M. Joseph Paulin, à Roquecourbe (Tarn),

Pour bonnets en laine mérinos, de bonne fabrication.

M. Besnard de la Garde, à Tours (Indre-
et-Loire),

Pour bonneterie bien fabriquée, en bourre de soie
et en filoselle.

M. Tallard fils, à Moulins (Allier),

Cité en 1823.
Il a exposé des bas très-bien faits, en laine du
pays.

M. André Fabre, à Prats-de-Mello (Pyrénées-
Orientales),

Pour bonnets écarlates et blancs bien confectionnés, en laine mérinos.

M. Louis-Hipoplyte Beaunier, au Vigan
(Gard),

Pour bas de soie brodés à jour.

    Sont cités avec éloge ,

M. COLOMBET, à Lyon (Rhône),
   Pour ceintures et bourses en soie,

Et M. Jean-Baptiste CHARBONNEL , à Lasalle
   (Hautes-Alpes),
   Pour bonneterie en laine et drap dit *cuir-laine.*

————

M. DETREY père, à Besançon (Doubs),

   A exposé des produits de bonneterie, tant en fil
qu'en soie, qui, n'ayant point été soumis à l'examen
du jury local, n'ont pu participer aux récompenses du
concours. En 1823 M. *Detrey* père a obtenu la
médaille d'argent.

SECTION II.

Bonneterie orientale.

   LA bonneterie à l'usage des Orientaux continue à
être fabriquée en France avec une perfection qui la
fait souvent préférer à celle de Tunis. Cet article
donne lieu, depuis long-temps, à une exportation assez
importante. L'usage qui commence à s'en répandre
en France promet un débouché de plus à nos laines
indigènes.

   MM. BENOIST-MÉRAT et DESFRANCS, à Orléans (Loiret),

   Ont présenté à l'exposition des bonnets dits *casquets*

de Tunis, écarlates, blancs, de grandeurs diverses et de prix variés.

Leur établissement, qui existe depuis l'année 1758 fut honoré, dès sa naissance, du titre de manufacture royale, en même temps que le fondateur, M. *Mishel*, recevait du roi Louis XV des lettres de noblesse.

La manufacture occupe quinze à dix-huit cents ouvriers ; elle exporte annuellement, quand les circonstances sont favorables, vingt mille douzaines de bonnets, représentant une valeur de cinq à six cent mille francs. Les ateliers de cordage et de filage, le moulin à foulon, enfin toutes les machines nécessaires aux diverses préparations que la laine doit recevoir, s'y trouvent réunis dans une même enceinte, de sorte qu'elle ne dépend que d'elle-même. Le tricot des bonnets est fait dans les campagnes par des femmes et par des enfans.

En 1819 MM. *Benoist - Mérat* et *Desfrancs* reçurent une médaille d'argent qui a déjà été rappelée en 1823 ; ils sont de plus en plus dignes de cette récompense.

MM. Benoît DELOYNES, HALLIER, DUJONC-QUOY et compagnie, à Orléans (Loiret),

Rappel d'une médaille d'argent.

Ont exposé des produits de bonneterie orientale et des bonnets en pure laine de vigogne. Ces messieurs font exécuter dans leur usine la teinture des laines qu'ils emploient ; aussi leurs produits sont-ils en général distingués par de belles couleurs.

En 1823 ils reçurent une médaille d'argent ; cette distinction est toujours bien méritée par eux.

M. TROTRY-LATOUCHE, à Paris, boulevard de l'Hôpital, n.° 14,

Qui obtint une médaille de bronze en 1823, a exposé des bonnets de Tunis qui, sous le rapport de la couleur et celui de la fabrication, ne laissent rien à desirer. Il y a joint des ceintures en tricot, dites *anti-rhumatismales*, formées avec une laine dans laquelle on a laissé une partie du suint.

M. *Trotry-Latouche* est un fabricant distingué par son intelligence et ses connaissances manufacturières. Une médaille d'argent lui est décernée.

CHAPITRE XII.

FEUTRE ET CHAPELLERIE.

SECTION PREMIÈRE.

Feutre.

M. Thomas DOBRÉE, à Nantes (Loire-Infé- Médaille
rieure), de bronze.

A exposé des feuilles d'un feutre particulier qu'il fabrique avec des poils d'animaux liés par un enduit résineux.

Ce feutre est employé avec succès pour le doublage intermédiaire des navires, c'est-à-dire comme enveloppe entre la carène et le doublage en cuivre. L'usage qui en est fait par la marine royale en a déjà prouvé la bonté.

Une médaille de bronze est décernée à M. *Dobrée.*

M. DUBREUIL fils, à Aubusson (Creuse), Mention
honorable.

Est mentionné honorablement, pour gilets fabriqués en feutre d'un genre nouveau.

SECTION II.

Chapellerie en feutre.

Mentions honorables. Sont mentionnés honorablement,

M. Pierre GANCEL, à Châtelaudren (Côtes-du-Nord),

Pour chapeaux en laine et poil de veau bien fabriqués et d'un prix minime;

M. Épiphane LENOIR, à Lannion (Côtes-du-Nord),

Pour chapeaux en laine bien fabriqués et à bas prix;

M. GIROUX, à Paris, rue des Ménétriers, n.° 7.

Pour chapeaux en feutre bien confectionnés.

Citations. Sont cités avec éloge,

M. SAVORNIN, à Paris, rue Beaubourg, n.° 43.

Pour chapeaux élastiques très-légers et d'une bonne fabrication;

MM. WANSBROUGH et compagnie, à Paris, allée des Veuves, n.° 13.

Pour chapeaux imperméables;

MM. Drulon - Miergue et compagnie, à Anduze (Gard), Citations.

Pour chapeaux en feutre couverts d'un tissu de soie dit imperméable.

MM. Davilla et Dabbé, à Paris, rue Sainte-Avoye, n.° 59,

Pour chapeaux couverts d'un tissu de soie dit imperméable.

Section III.

Chapeaux de paille.

Les espérances que l'exposition de 1823 avait fait concevoir relativement à la fabrication des chapeaux de paille sont aujourd'hui en partie réalisées. Les départemens de l'Ain et de l'Isère semblent avoir rivalisé d'efforts pour l'importation de ce genre d'industrie, que des essais en général peu satisfaisans tendaient à faire regarder comme n'étant pas susceptible de prospérer en France.

On connaît maintenant fort bien l'espèce de blé dont la paille sert à la fabrication des chapeaux fins d'Italie. Tout le secret de la culture de cette plante, à laquelle on donne en Toscane le nom de *marzola* ou *marzolo*, consiste à en faire avorter la végétation; mais la perte du grain en est bien compensée par le produit de la paille. Ce précieux graminée peut être recueilli dans les terrains montagneux et stériles.

**Médaille
d'argent.**

M. DUPRÉ, à Lagnieux (Ain),

Qui fut mentionné honorablement en 1823, a exposé une suite de chapeaux de paille façon d'Italie, dans des qualités. très-diverses. Les plus communs sont de 2 francs la pièce, et les plus fins, de 200 fr. Chaque sorte a bien un degré de finesse et de moelleux correspondant à son prix, et toutes sont remarquables par une confection soignée.

M. *Dupré* occupe actuellement quinze cents ouvriers, au lieu de cinq cents qu'il occupait en 1823. Sa fabrication, qui n'était que de huit à dix mille chapeaux, a été portée à cinquante et à soixante mille. On peut juger par-là du développement qu'il a donné à son entreprise.

M. *Dupré* a exposé aussi des échantillons de la paille qu'il emploie. Pour en obtenir la quantité nécessaire au *maximum* de fabrication indiqué ci-dessus, il a fallu semer 1360 boisseaux de blé, ce qui revient à 2 boisseaux 1/10 pour cent chapeaux.

Les prix de fabrication sont aux prix de vente comme six est à onze.

Une médaille d'argent est décernée à M. *Dupré.*

**Médaille
de bronze.**

MM. PECHERAND, DUBOIS et compagnie, à Moirans (Isère),

Ont exposé plusieurs chapeaux de paille imitant les chapeaux de Florence et présentant des degrés divers de finesse.

Cette fabrique est nouvellement créée; elle occupe déjà six cents ouvriers, et l'on peut prévoir, par les succès qu'elle obtient, qu'elle acquerra bientôt une importance majeure.

Une médaille de bronze est décernée à MM. *Peche-raud, Dubois* et compagnie.

Section IV.

Chapeaux tressés en soie, en coton et en lin.

MM.^{mes} Manceaux, à Paris, rue Chapon, n.° 13.

Rappel d'une médaille d'argent.

Ont exposé des chapeaux tressés en soie, imitant la paille d'Italie et produisant une illusion complète par la nuance ainsi que par la finesse et la confection du tissu; d'autres, tressés en coton, et qui, par leur blancheur, imitent parfaitement la paille de riz; enfin des bourses, des ceintures, des sacs et même des gilets tressés en soie.

Tous ces produits, aussi agréables qu'ils sont variés, prouvent que MM.^{mes} *Manceaux* méritent de plus en plus la médaille d'argent qui leur a été décernée à l'exposition de 1823.

M. Milcent-Scherkenbick, à Paris, rue des Francs-Bourgeois, n.° 21.

Mention honorable.

Est mentionné honorablement pour chapeaux dits imperméables, tressés en soie et en lin, de diverses couleurs.

La même distinction avait été accordée en 1823 à ce fabricant.

CHAPITRE XIII.

TAPIS, TAPISSERIES, TENTURES, PAPIERS PEINTS.

SECTION PREMIÈRE.

Tapis et Tapisseries.

L'usage constamment suivi aux expositions précédentes, de passer sous silence les produits des manufactures royales, nous interdit de faire ici mention des tapisseries et des tapis qui ont été exposés par la manufacture des Gobelins et par celle de Beauvais. Ces établissemens concourent avec zèle à augmenter la richesse des expositions; mais ils s'abstiennent d'entrer dans une lice où leur position particulière leur donnerait de trop grands avantages.

Rappel
de
médaille
d'argent.

M. SALLANDROUZE-LAMORNAIX, à Aubusson (Creuse), et à Paris, rue des Vieilles-Audriettes, n.° 3.

A exposé trois tapis, dont un de quarante pieds de longueur, et deux de dimensions beaucoup moins grandes, qui lui ont été commandés par l'intendance de la maison du Roi. L'éclat et l'harmonie des couleurs, le choix des matières, la perfection du travail, ont prouvé que ce fabricant justifiait le choix qui avait été fait de lui pour l'exécution de ces beaux ouvrages.

D'autres tapis de grande et moyenne dimension, ras et veloutés, genre français et dessins turcs, exposés aussi par M. *Sallandrouze-Lamornaix*, répondaient parfaitement au mérite des pièces principales.

M. *Sallandrouze-Lamornaix* a succédé à M. *Sallandrouze* son père, qui, en société avec M. *Rogier*, obtint une médaille d'argent à l'exposition de 1802. Cette médaille fut rappelée aux expositions de 1819 et de 1823; et elle est toujours bien méritée par M. *Sallandrouze-Lamornaix.*

M. Théodore ROGIER, à Aubusson (Creuse), et à Paris, rue Notre-Dame-des-Victoires, n.° 16,

A exposé un grand et beau tapis velouté, à points noués, de 7 mètres 15 centim. [22 pieds] de côté; un autre également très-grand, dans le genre turc; un joli tapis de grandeur moyenne, à dessin cachemire, et d'autres pièces d'un goût varié. Tous ces produits se distinguaient par le vif éclat des couleurs, l'excellence des matières et la richesse des compositions.

M. *Théodore Rogier* travaille aussi d'après les excellentes traditions de la maison *Rogier* et *Sallandrouze*, comme fils et successeur de M. *Rogier*. Le jury central rappelle en sa faveur, comme il l'a déjà fait pour M. *Sallandrouze*, la médaille d'argent que la maison mère obtint à l'exposition de 1802.

MM. ROZE-ABRAHAM frères, à Tours (Indre-et-Loire),

Déjà nommés au sujet des draps, ont exposé des tapis ras et veloutés d'un bon effet pour consommation courante. On doit à ces messieurs l'introduction en France des tapis haute laine, à l'instar des tapis anglais. Cet article est compris au nombre de ceux qui leur valent en 1827 le rappel de la médaille d'argent décernée en 1819.

MM. Jobert-Lucas et Louis Ternaux, à Reims (Marne),

Dont nous avons déjà parlé en traitant des flanelles et des draps légers, ont exposé des tapis d'appartement et des tapis de foyer en moquettes, remarquables par une heureuse harmonie de couleurs, une grande richesse de dessins et une netteté parfaite d'exécution. Ils ont présenté aussi quelques tapis de foyer à points noués, article nouveau de leur fabrication et dans lequel ils n'obtiennent pas moins de succès que dans ceux dont ils s'occupent depuis long-temps.

Les moquettes et les tapis à points noués sont compris dans la belle série de produits qui a fait décerner une nouvelle médaille d'argent à MM. *Jobert-Lucas* et *Louis Ternaux.*

M. Caron-Langlois fils, à Beauvais (Oise),

Déjà nommé au sujet des toiles, a exposé des tapis point de Hongrie, qui ont été pris en considération par le jury dans l'appréciation qu'il a faite de l'industrie de ce fabricant distingué en lui décernant une médaille d'argent.

M. Henry aîné, à Soissons (Aisne),

A exposé des tapisseries pour meubles, tissées en fond laine broché de soie. Ces produits sont exécutés par mécanique, avec régulateur; on y remarque un fini précieux d'exécution.

M. *Henry*, qui lui-même a créé son établissement, occupe soixante ouvriers.

Une médaille d'argent lui est décernée.

M. Henri LAURENT, à Amiens (Somme),

A exposé des tapis moquettes, à verges rondes, dont les dessins sont habilement ménagés par des tranchées. De très-beaux velours d'Utrecht ont aussi été exposés par M. *Laurent.*

En 1823 ce fabricant reçut une médaille de bronze dont il se montre toujours digne.

Rappel de médailles de bronze.

M. Jean PETIT, à Aubusson (Creuse),

A exposé des tapis ras dont les riches dessins et la bonne exécution font honneur à ses ateliers.

Ce fabricant obtint en 1823 une médaille de bronze qu'il continue à bien mériter (1).

M. BELLANGER-PAGÉ, à Tours (Indre-et-Loire),

A exposé des tapis de petites dimensions et des couvertures fabriqués avec des poils de chevreau.

Ces produits ont été vus avec intérêt par le jury central, en ce qu'ils sont donnés à très-bas prix, et qu'ils offrent l'emploi d'une substance dont on ne faisait jusqu'ici que fort peu d'usage.

Médaille de bronze.

------

(1) Le nom de M. *Jean Petit* a été omis, par erreur, sur l'état publié par le Moniteur du 5 octobre 1827.

Ils ont mérité une médaille de bronze à M. *Bellanger-Pagé*.

MM. BRUNET frères, à Autun (Saone-et-Loire),

Ont exposé des tapis et des couvertures en poil de bœuf, présentant des dessins à feuillage et autres, d'un bon effet.

L'établissement de MM. *Brunet* frères fut mentionné honorablement à l'exposition de 1823, sous la raison *Jeannin, Brunet* et *Chouveau*. Les nouveaux propriétaires en ont augmenté l'importance et perfectionné les produits. En conséquence, une médaille de bronze est décernée à MM. *Brunet* frères.

———

Sont mentionnés honorablement :

M. DUQUENNOY-DELEPOULLE, à Turcoing (Nord),

Pour tapis en moquettes, à verges rondes, de divers dessins.

Cette fabrique n'est établie que depuis trois ans; mais déjà elle occupe cent vingt ouvriers, et paraît devoir acquérir une plus grande importance.

M.ˡˡᵉ GERARD, à Paris, rue du Marché-Saint-Honoré, n.° 2,

Pour ouvrages en tapisserie, faits à la main en petits points, et qui dénotent une grande habileté.

Mlle *Gérard* a déjà été mentionnée honorablement en 1823.

Mlle LALOUETTE, à Paris, rue Saint-Honoré, n.° 337,

Pour ouvrages en tapisserie, faits à la main, et présentant des dessins à-la-fois riches et de bon goût.

M. GRELLET, à Paris, rue de l'Oursine, n.° 11,

Pour tapis en étoupe, filasse et laine, à rayures et compartimens imitant l'effet de la laine.

—————

Sont cités avec éloge,

MM. DALIGER et MARTIN, à Paris, passage de l'Opéra, n.° 24.

Pour ouvrages en tapisserie sur gros de Naples et autres étoffes,

Et M. BLOT, rue Sainte-Marguerite-Saint-Germain, n.° 19,

Pour tapis dits de chanvre indien, variés de dessins et de grandeurs.

—————

M. VAYSON, à Abbeville (Somme), et à Paris, rue d'Anjou-Saint-Honoré, n.° 29,

A présenté de très-beaux tapis que le jury regrette

vivement de ne pouvoir admettre au concours, M. *Vaysson* ne les ayant pas soumis à l'examen préalable du jury local.

SECTION II.

Velours peints.

Rappel
d'une
médaille
d'argent.

M. et Mlle VAUCHELET, sous la raison VAUCHELET fils et sœur, à Paris, rue Charlot, n.° 19,

Sont depuis long-temps connus pour les belles peintures qu'ils exécutent sur velours. A cet article de fabrication, qui est chez eux un héritage de famille, ils ont joint des stores en taffetas imprimé, dont l'effet est fort agréable, et l'idée première très-ingénieuse.

En 1823, M. et Mlle *Vauchelet* reçurent une médaille d'argent qu'ils continuent à bien mériter.

Citation.

M. GOBERT, à Paris, rue Servandoni, n.° 13,

Est cité avec éloge, pour velours peints à l'aide de couleurs préparées à l'eau.

Une semblable distinction a déjà été accordée à M. *Gobert* en 1823.

SECTION III.

Velours imitant la peinture.

Rappel
d'une
médaille
d'argent.

M. GRÉGOIRE, à Paris, rue de Charonne, n.° 47,

A exposé des velours chinés résultant d'un procédé dont lui seul est en possession.

Par ce procédé, l'ordonnance des tableaux que l'on veut obtenir est entièrement disposée d'avance par la teinture des fils qui doivent composer la chaîne du tissu; le tissage ne fait ensuite que placer successivement ces fils dans la position qu'ils doivent occuper.

M. *Grégoire* a aussi exposé des tissus, dits circulaires, qui ne font pas moins d'honneur à ses connaissances manufacturières que ses velours imitant la peinture.

A l'exposition de 1806, cet habile artiste reçut une médaille d'argent qui a été rappelée en 1819 et en 1823, et qui est toujours bien méritée.

Section IV.

Tapisseries et Tapis cirés; autres produits.

MM. Atramblé, Briot et compagnie, rue de Richelieu, n.° 89,

Médaille de bronze.

Ont exposé des tapisseries et des tapis cirés, fabriqués suivant le système adopté par M. *Chenavard,* qui a fondé leur établissement.

Dignes en tout point d'un prédécesseur aussi distingué, ils savent habilement varier leurs produits, et les ornemens qu'ils adoptent sont toujours choisis avec goût. On voit souvent sortir de leurs ateliers des panneaux, pour décors d'appartement, dont le bas prix rend encore plus sensible le mérite des peintures qui y sont mécaniquement appliquées.

Ces messieurs occupent cent quarante ouvriers. La toile dont ils se servent est fabriquée par eux-mêmes. Cette toile, qui n'admet pas de coutures, est tissée sur des largeurs de 2, 3 et 4 mètres 50 cent. ; bientôt elle sera même obtenue de 6 mètres 50 centim., au moyen d'un métier de jauge convenable, dont l'établissement va s'enrichir.

Des stores transparens, pour croisées, représentant des vitraux gothiques et des paysages, ont aussi été exposés par MM. *Atramblé, Briot et compagnie*. L'effet en est agréable, et ils ont toute la solidité que comporte la légèreté d'une étoffe destinée à tempérer, mais non à éteindre, la vivacité des rayons solaires. Cet article paraît appelé à obtenir un grand succès, particulièrement dans les pays méridionaux.

Une médaille de bronze est décernée à MM. *Atramblé, Briot et compagnie*.

Médaille de bronze.

MM. VERNET frères, à Bordeaux (Gironde), et à Paris, rue de Richelieu, n.° 60,

Ont exposé des tapis de pied, peints, fabriqués dans le même système que ceux dont il a été fait mention ci-dessus. Ces tapis sont solides, et cependant flexibles ; ils ne se gercent point, et les reliefs qu'ils présentent résistent bien, quoiqu'ils soient très-saillans, aux frottemens des pieds et des meubles. Lorsqu'ils sont salis ou ternis, on les nettoie facilement et on leur rend tout leur éclat à l'aide d'une éponge humide et d'un peu de savon. Ils coûtent de 4 francs 75 cent. à 7 francs 60 cent. le mètre carré.

Les tapis peints sont en Angleterre d'un usage presque général. Le bon marché auquel on les livre la fera probablement aussi admettre en France.

MM. *Vernet* occupent quatre-vingts ouvriers ; leur entreprise paraît susceptible de beaucoup d'extension.

Une médaille de bronze leur est décernée.

Section V.

Papiers peints.

M. Jacquemart, successeur de **Révillon**, rue de la Paix, n.° 1,

Conserve la supériorité qu'il s'est depuis long-temps acquise dans la fabrication des papiers peints imitant de riches étoffes. Ses ornemens dorés présentent d'heureux effets de lumière et d'ombre, par l'art avec lequel il sait opposer l'or mat à l'or brillant. Ses papiers moirés, dont les ondulations s'obtiennent au moyen d'une couleur brune qui paraît à travers une poussière de laine, ont aussi été vus avec beaucoup de satisfaction par le jury.

À l'exposition de 1806 M. *Jacquemart* obtint une médaille d'argent; cette distinction, déjà rappelée en 1819 et 1823, continue à être bien méritée.

M. Baudouin, successeur de **M. Gohin**, à Paris, rue Neuve-des-Mathurins, n.° 18,

A exposé un plafond octogone, dont les moulures étaient profilées très-purement et raccordées avec beaucoup de justesse; plus un panneau de tenture bleu, recouvert d'un tulle d'argent drapé. Cet ornement, à-la-fois riche et de bon goût, présentait des effets heureux, et d'autant plus remarquables que les clairs et les demi-teintes sont obtenus à l'aide d'une seule planche.

M. *Baudouin* est le premier qui ait eu l'idée d'employer les détenus à la fabrication des papiers peints. Il rend service à l'humanité, en même temps qu'il obtient une grande économie sur la main-d'œuvre.

Une médaille de bronze lui est décernée.

Mention honorable.

M. MADER, à Paris, rue de Charonne, n.° 174,

Est mentionné honorablement pour beaux papiers peints.

Citations.

Sont cités avec éloge pour mêmes produits,

MM. DÉGUETTE et MAGNIER, à Paris, rue de Ménil-Montant, n.° 25,

Et M. LAFORGUE, à Toulouse (Haute-Garonne).

Ce fabricant a présenté un papier fond bleu avec rosaces imitant la nacre.

CHAPITRE XIV.

TEINTURE, APPRÊT ET BLANCHIMENT.

LA teinture, depuis la dernière exposition, ne s'est point enrichie de procédés entièrement nouveaux ; mais il s'en faut de beaucoup néanmoins qu'elle soit restée stationnaire.

Plusieurs perfectionnemens se font remarquer dans la teinture et dans l'apprêt des étoffes légères, en laine et en coton.

Un parti plus avantageux a été tiré de la lack-lack, matière qui nous vient de l'Inde, de l'orseille, dont la fabrication en France s'élève à plusieurs millions ; et l'usage plus répandu de ces deux matières a réduit notre consommation en indigo et en cochenille, produits exotiques, dont les prix sont toujours très-élevés.

Ces améliorations ont eu pour résultat d'opérer dans les prix de la teinture une baisse considérable, indépendante de celle que les matières colorantes ont elles-mêmes éprouvée.

Le jury central est convaincu que dans aucun autre pays on n'est encore parvenu à faire mieux et à plus bas prix cette immense variété de couleurs que réclame chez nous l'inconstance des goûts et de la mode, et qui s'appliquent aux étoffes légères.

Quelques-unes de ces couleurs, il est vrai, ne durent guère plus que la mode qui en détermine l'emploi, et leur peu de solidité a nui au débit de ces mêmes étoffes. Il serait donc important de chercher à les rendre moins fugaces.

Les essais qui avaient été commencés, il y a quelques années, pour combiner d'une manière intime la belle couleur bleue du prussiate de fer avec le drap, ont été continués avec succès. Tout fait espérer qu'ils recevront bientôt une grande et utile application.

SECTION PREMIÈRE

Teinture.

Rappel d'une médaille d'argent.

M. BEAUVISAGE et compagnie, à Paris, rue de Bretonvilliers, île Saint-Louis,

Est placé en première ligne parmi nos plus habiles teinturiers. Personne ne réussit mieux que lui à donner aux tissus de cachemire l'éclat qu'ils sont susceptibles d'avoir, en les séparant du duvet qui les recouvre. Tout récemment il a introduit une amélioration notable dans l'apprêt des tissus mérinos, par l'heureuse application qu'il y a faite de la vapeur.

Diverses étoffes teintes présentées à l'exposition par M. *Beauvisage* prouvaient toute l'excellence de ses procédés de teinture.

Cet estimable manufacturier obtint en 1819 une médaille d'argent dont il se montre digne de plus en plus.

Médaille d'argent.

M. SOUCHON, pharmacien, à Lyon (Rhône),

A obtenu en 1823 une médaille de bronze pour ses recherches relativement à la teinture du drap par le prussiate de fer. De nouveaux efforts, entrepris avec zèle et suivis avec la plus louable persévérance , l'ont conduit à donner à ses procédés plus de perfection, et à en rendre l'application facile dans les fabriques.

Comme résultats de ses intéressans travaux, M. *Souchon* a exposé deux demi-pièces de drap, d'un très-beau bleu. Il y a joint un habit fait avec le même drap, qui a été porté pendant quatre ans, sans que la couleur ait rien perdu de son intensité, même dans les parties qui étaient les plus exposées au frottement.

La chambre consultative des manufactures de la ville d'Elbeuf a déclaré que le procédé de teinture de M. *Souchon* peut être appliqué avec le plus grand avantage aux draps communs, particulièrement aux draps de troupes.

Si, comme l'annonce M. *Souchon*, ce procédé est susceptible d'application en fabrique; si, avec la matière colorante qu'il emploie, il parvient à conserver aux draps fins toute leur douceur, il aura rendu un grand service à l'industrie, attendu que sa couleur est aussi belle et aussi solide à l'air que celle qui est obtenue de l'indigo, et qu'elle est d'un prix infiniment moins élevé.

Une médaille d'argent est décernée à M. *Souchon*. Le jury n'eût pas hésité à lui donner la médaille d'or si son procédé de teinture en bleu par le prussiate de fer avait passé à l'épreuve qui lui reste encore à subir, celle du travail en grand dans les fabriques de drap.

Médaille de bronze.

M. Louis JACQUET, teinturier, à Saint-Denis, et à Paris, rue des Marmouzets, n.° 5,

A exposé des étoffes de coton présentant une grande variété de couleurs légères et agréables. Ces couleurs ont, en général, toute la solidité désirable; elles résistent bien à l'action des acides et à celle des alcalis.

Une médaille de bronze est décernée à M. *Jacquet.*

Mentions honorables.

Sont mentionnés honorablement,

M. Jean-Baptiste MAUREL, à Lyon (Rhône),

Pour teinture sur soie d'un beau noir-bleu;

M. VAUCELLE-DUFONTENAY, à Tours (Indre-et-Loire);

Pour teinture en noir, très-solide, sur tissus.

Et M. PERDEREAU-MONDÉ, à Tours (Indre-et-Loire),

Pour fourrures, dites *anatis*, teintes en diverses couleurs, sans que la peau, qui est très-mince, ait été altérée par les préparations qu'elle a reçues.

SECTION II.

Apprêt et Blanchiment.

Rappel d'une médaille d'argent.

M. CARON-MOTEL, à Beauvais (Oise),

Est devenu propriétaire de l'établissement qui a été créé par M. *Caron-Langlois*, son frère, et dont les produits ont été jugés dignes de la médaille d'argent aux expositions de 1819 et 1823.

Des toiles blanchies exposées par M. *Caron-Motel* ont prouvé que l'établissement n'a point dégénéré entre ses mains. Les blancs de lait qu'il obtient sont unis, éclatans, d'un bon apprêt, et ne craignent point la comparaison avec les blancs de Courtray, si renommés par leur beauté.

Un diplôme est accordé à M. *Caron-Motel* pour le rappel de la médaille d'argent qui fut décernée à M. son frère.

CHAPITRE XV.

IMPRESSIONS SUR ÉTOFFES.

SECTION PREMIÈRE.

Impressions sur Étoffes de laine.

Les impressions sur étoffes de laine sont obtenues par deux méthodes.

Par la première, les couleurs, épaissies à l'amidon, sont appliquées sur des draps légers, blancs ou déjà teints, au moyen de planches en cuivre. En passant le tout sous des cylindres fortement échauffés, la couleur pénètre entièrement le tissu, et le dessin se reproduit très-distinctement à l'envers.

La seconde méthode est celle des fabricans de toiles peintes. Elle consiste aussi à imprimer des draps légers déjà teints en entier, ou dans lesquels des blancs ont été réservés pendant la teinture, ou enfin dont les fonds ont été en partie enlevés par des altérans. C'est sur ces parties teintes ou blanches qu'on applique, à l'aide de planches en bois, et à diverses reprises, une ou plusieurs couleurs, qu'on fixe ensuite en soumettant les étoffes à l'action de la vapeur.

Rappel d'une médaille d'argent. **M. LEFEBVRE-JACQUET, à Beauvais (Oise),**

Qui a mérité en 1823 une médaille d'argent pour ses tapis imprimés à la manière des indiennes, continue à se rendre digne de cette distinction. Un diplôme de rappel lui est accordé.

M. CARON-LANGLOIS fils, à Beauvais (Oise),

Déjà cité deux fois pour ses toiles et ses tapis point de Hongrie, fabrique aussi des tapis imprimés à la manière des toiles peintes. Ces tapis sont cotés, pour les prix, depuis 17 jusqu'à 85 francs; M. *Caron-Langlois* en confectionne, terme moyen, 200 par mois. Dans le nombre de ceux qui ont paru à l'exposition, le jury en a surtout distingué un pour piano, dont les ornemens sont ombrés, et que l'on peut citer comme ce qui a été fait de mieux en ce genre.

Les foulards en fil tors, imprimés sur deux faces, sont un article que M. *Caron-Langlois* fabrique seul aujourd'hui. Ces foulards peuvent concourir avantageusement avec ceux de soie; les couleurs en sont plus solides, et le tissu beaucoup plus durable. Ils se vendent depuis 48 jusqu'à 120 francs la douzaine.

Nous avons déjà annoncé qu'une médaille d'argent a été décernée à M. *Caron-Langlois* pour l'ensemble de ses produits.

SECTION II.

Impressions sur étoffes de soie.

M. NÉRON jeune, à Rouen (Seine-Inférieure),

A exposé des foulards façon des Indes, très-beaux, très-solides, et dont il obtient un grand débit.

En 1823, étant en société avec M. *Kurtz*, M. *Néron* reçut une médaille d'argent dont il continue à se rendre digne, et pour laquelle un diplôme de rappel lui est accordé (1).

SECTION III.

Impressions sur étoffes de coton.

LES procédés qui constituent l'art d'imprimer les étoffes, en général, sont de deux sortes; savoir: 1.º les procédés mécaniques, tels que la gravure des planches et des cylindres, et l'application des mordans et des couleurs sur les étoffes; 2.º les procédés chimiques, qui consistent dans la composition des couleurs et des mordans.

L'art a fait peu de nouvelles découvertes depuis quatre ans dans cette dernière partie; mais un perfectionnement essentiel a été obtenu dans la partie mécanique, par l'introduction du procédé de gravure à la molette, procédé extrêmement prompt, économique, d'un grand avantage pour les dessins continus, à points groupés et à larges palmes, et qui réduit la gravure d'un cylindre à 300 ou 400 francs, tandis que la même gravure exécutée au poinçon coûte de 500 à 700 francs.

Plusieurs établissemens sont spécialement consacrés à l'exécution de ce genre de gravure, importé d'Angleterre, et nos principales fabriques d'indienne sont pourvues des machines nécessaires pour le mettre elles-mêmes en pratique.

______

(1) Le nom de M. *Néron* a été omis par erreur sur l'état inséré dans le *Moniteur* du 5 octobre 1827.

On est parvenu à fixer, avec solidité, le vert, le bleu, le jaune, et plusieurs autres couleurs, sur toute espèce de tissu. Notre beau rouge d'Andrinople ne laisse plus rien à desirer ; il est maintenant hors de toute comparaison.

Le débit des toiles de coton imprimées a souffert un peu par la concurrence de divers tissus ; mais le bon goût des dessins, la solidité, la variété et l'heureuse harmonie des couleurs, continuent d'assurer le succès de ces étoffes, tant au dedans qu'au dehors du royaume. Elles sont devenues d'un grand usage pour l'ameublement. Des exportations considérables en ont été faites de 1824 à 1826, notamment pour l'Amérique du sud, et le succès constant des dépôts établis en Belgique et en Allemagne prouve qu'elles ne redoutent aucune comparaison avec celles qui sont fabriquées à l'étranger.

MM. HAUSSMANN frères, à Logelbach (Haut-Rhin),

Rappel d'une médaille d'or

Cités plus haut relativement au coton filé, ont encore accru l'ancienne réputation de leur maison par l'importance de leur fabrication, la perfection et la variété de leurs produits. Ces messieurs occupent 2860 ouvriers dans leurs divers travaux, dont 900 pour les indiennes seulement. Nous avons déjà dit que la médaille d'or qui leur fut décernée en 1819, et confirmée en 1823, est rappelée de nouveau pour l'ensemble de leurs produits.

Rappel
d'une
médaille
d'or.

MM. Jean HOFER et compagnie, à Mulhausen (Haut-Rhin),

Obtinrent en 1819, une médaille d'or dont ils se montrent toujours dignes, et qui est rappelée pour la perfection et le bon goût des indiennes qu'ils ont présentées. Ces messieurs ont une fabrique importante ; ils occupent 1200 ouvriers.

Médaille
d'or.

MM. JAVAL frères et compagnie, à Saint-Denis (Seine), et à Paris, rue du Sentier, n.° 18,

Ont exposé des mousselines et des calicots imprimés, d'une netteté parfaite, d'une grande franchise de couleur et d'un excellent goût de dessin.

Cette maison, que la masse de ses capitaux engagés place au premier rang, ne date que de 1820; mais dès le principe elle a été formée sur les meilleurs modèles, et elle s'est développée avec une rapidité presque sans exemple. On y trouve la réunion la plus complète des procédés les plus perfectionnés; elle est une des premières qni aient fait usage des rouleaux gravés à la molette, et pour cet objet les propriétaires ont transporté d'Angleterre en France tout un atelier de gravure.

MM. *Javal* occupent constamment 500 ouvriers; ils impriment annuellement 40,000 à 50,000 pièces tant calicots que mousselines. Pour l'écoulement de leurs produits, ils ont établi des dépôts dans les principales villes de France et de la Belgique, en Italie et en Amérique. En 1826, ils en ont chargé un bâtiment qu'eux-mêmes avaient armé et expédié en long cours.

MM. *Javal* n'ont jamais fait mystère de leurs procédés de fabrication; leur manufacture est ouverte à tous ceux de leurs confrères qui veulent la visiter. Le jury leur décerne une médaille d'or.

MM. ZIEGLER, GREUTER et compagnie, à Guebwiller (Haut-Rhin),

Rappel
de médailles
d'argent.

Ont constamment suivi ou devancé les progrès qu'a faits l'art de fabriquer les indiennes. Cette maison est une de celles qui font le mieux le rouge d'Andrinople; les châles qui en proviennent sont remarquables par la beauté des fonds, la richesse des dessins et la modicité des prix; elle fait des exportations considérables en Amérique et même en Angleterre. Les vastes ateliers qu'elle renferme réunissent toutes les fabrications relatives à l'industrie des toiles peintes; 3000 ouvriers y sont employés.

MM. *Ziegler, Greuter* et compagnie reçurent en 1819 une médaille d'argent dont ils se montrent de plus en plus dignes.

MM. BARBET (Henri) et compagnie, à Deville-lès-Rouen (Seine-Inférieure),

Ont fait une étude particulière des procédés chimiques et des procédés mécaniques dont se compose la fabrication des toiles peintes, et c'est à ces messieurs que l'on en doit la première application dans le département de la Seine-Inférieure. Leurs produits sont d'une exécution très-soignée. En 1819 ils reçurent une médaille d'argent dont ils continuent à se rendre dignes.

Nouvelle
médaille
d'argent.

M. THIERY-MIEG, à Mulhausen (Haut-Rhin).

Obtint en 1823 une médaille d'argent, pour la beauté de ses impressions; les nouveaux efforts qu'il a faits, depuis cette époque, pour perfectionner le rouge d'Andrinople, le succès qu'il a obtenu dans l'application de cette riche couleur aux étoffes pour meubles, la qualité supérieure de ses fonds unis, la grande masse de produits qu'il livre annuellement au commerce, déterminent le jury à lui décerner une nouvelle médaille d'argent.

Médailles
de bronze.

Chacun des fabricans ci-après dénommés reçoit une médaille de bronze :

MM. REBER-MIEG et compagnie, à Mulhausen (Haut-Rhin).

Ils ont présenté de beaux châles imprimés en rouge d'Andrinople.

MM. BASGLE (E.) et compagnie, à Versailles (Seine-et-Oise).

Leurs piqués imprimés pour gilets et pour pantalons luttent avec avantage contre ceux d'Angleterre, et ont fait diminuer, jusqu'à un certain point, l'importation de cet article.

M. PIMONT aîné, à Rouen (Seine-Inférieure).

Il a exposé des foulards, des châles et des indiennes pour meubles, qui réunissent le mérite d'une bonne exécution à celui de la modicité des prix.

M. Pimont (Prosper), à Darnetal (Seine - Inférieure).

Médaille de bronze.

Il a présenté des produits de même nature que les précédens, et d'un égal mérite.

Section IV.

Impressions sur lin.

MM. Savart frères, à Valenciennes (Nord),

Mention honorable.

Ont exposé des mouchoirs de batiste imprimés, qui réunissent l'élégance des dessins à la solidité de la teinture. Ces messieurs occupent 80 ouvriers ; la majeure partie de leurs produits est expédiée en Asie. Le jury décide qu'ils seront mentionnés honorablement.

CHAPITRE XVI.

CUIRS ET PEAUX.

La préparation des cuirs et des peaux est faite aujourd'hui en France à l'aide de procédés qui sont généralement en harmonie avec nos connaissances chimiques; aussi ne voit-on plus que rarement livrer à la consommation des articles défectueux de ce genre.

Nous aurions tout lieu d'être satisfaits de la situation de notre industrie, sous ce rapport, si nos fabricans trouvaient encore à l'extérieur le débouché de leurs produits; mais les prohibitions ou les droits de douane excessifs que plusieurs pays voisins leur opposent restreignent de beaucoup le champ qui s'ouvrait autrefois librement à leurs spéculations.

Ce résultat n'est point particulier à l'art dont il s'agit en ce moment, et ce n'est pas non plus uniquement en France que les conséquences en sont ressenties. Il est, ainsi que déjà nous l'avons fait observer, une suite inévitable de la civilisation, qui porte chaque peuple de l'Europe à se ménager des moyens de travail, en pourvoyant lui-même à ses propres besoins.

SECTION PREMIÈRE.

Tannage.

Chacun des fabricans dont les noms suivent a reçu un diplôme pour le rappel d'une médaille de bronze précédemment obtenue. Tous continuent à jouir de la confiance du commerce, par la bonne confection de leurs cuirs.

M. PRAILLY père, à Provins (Seine-et-Marne),

Mme SIMONNEAU, à Étampes (Seine-et-Oise),

M. SALLERON (Jean-Charles), à Longjumeau (Seine-et-Oise).

Rappel de médailles de bronze décernées en 1823.

MM. SOUCIN et LAVOCAT frères, à Troyes (Aube),

Nouvelle médaille de bronze.

Qui obtinrent en 1823 une médaille de bronze, ont présenté un cuir fort, à la jusée, qui ne laisse rien à desirer, et dont le genre de fabrication convient à tous les pays. L'établissement de ces messieurs jouit de la meilleure réputation; et se montre à l'exposition de 1827 d'une manière plus avantageuse encore qu'à celle de 1823. Le jury leur décerne une nouvelle médaille de bronze.

M. LEGLÂTRE, à Saint-Brieuc (Côtes-du-Nord),

Médaille de bronze.

A présenté de très-beaux cuirs de bœuf, de vache et de veau. Son établissement comprend trente cuves, vingt fosses et plusieurs séchoirs; les procédés les plus perfectionnés y sont mis en pratique.

Une médaille de bronze est décernée à M. *Leglâtre.*

M. Tournal, pharmacien chimiste, à Narbonne (Aude),

S'est livré à des recherches intéressantes dans la vue de prévenir la disette de l'écorce de chêne en la remplaçant par une autre substance propre au tannage.

Le *statice*, plante très-commune sur les bords de la mer en Provence et dans le Languedoc, a paru à M. *Tournal* posséder la propriété tannante à un degré supérieur ; il en a fait l'essai d'abord sur deux peaux de bœuf, l'une indigène, l'autre de Buenos-Ayres, ensuite sur un grand nombre de peaux de cheval et de peaux de chèvre, et il a remarqué que l'effet obtenu était toujours beaucoup plus prompt que celui qui fût résulté de l'écorce de chêne.

Si les cuirs et les peaux préparés par le *statice* obtiennent dans le commerce le succès que de premières expériences font espérer, M. *Tournal* aura introduit dans le tannage une amélioration qui en diminuera beaucoup les frais. Il aura aussi rendu à l'agriculture un service important, en empêchant le déboisement des forêts dans plusieurs pays où le combustible est rare, et en mettant à profit une plante qui croît spontanément en masses considérables sur des terrains peu propres à tout autre genre de culture.

Une mention honorable est accordée à M. *Tournal.*

La même distinction est accordée à chacun des fabricans ci-après dénommés :

MM. Lignières fils aîné et compagnie, à Toulouse (Haute-Garonne),

Pour cuirs de bœuf, de vache et de veau, bien

confectionnés. Ces messieurs ont été déjà mentionnés honorablement en 1823.

M. Lemarchand, à Guingamp (Côtes-du-Nord),

Pour mêmes produits que ci-dessus.

MM. Giraud et fils, à Aniane (Hérault),

Pour mêmes produits que ci-dessus.

M. Godin-Rigault (François - Charles), à Étampes (Seine-et-Oise),

Pour mêmes produits que ci-dessus.

M. Destoup, à Toulouse (Haute-Garonne),

Pour cuirs à la Garouille, bien préparés.

M. Dario, de la même ville,

Pour mêmes produits que ci-dessus.

M. Gagneux, de la même ville,

Il a présenté des cuirs pour brides et pour semelles bien confectionnés.

MM. Roques frères, à Clermont (Hérault),

Pour peaux de mouton bien tannées.

M. Durand (Pierre), de la même ville,

Pour semblables produits.

Citation.

M. Brès, à Limoges (Haute-Vienne);

Est cité avec éloge, pour sumac indigène ou redoux réduit en poudre, qu'il livre au commerce à 20 francs le quintal métrique, tandis que celui de Sicile coûte de 25 à 28 francs les 50 kilogrammes. Ce sumac est recueilli par M. *Brès* sur les montagnes du Quercy.

SECTION II.

Corroyage.

Rappel d'une médaille d'argent.

MM. PELLETEREAU frères, à Château-Renault (Indre-et-Loire),

Ont obtenu en 1823 une médaille d'argent qu'ils continuent à mériter par les cuirs corroyés de bonne qualité qu'ils livrent en grande abondance au commerce.

———

Rappel de médailles de bronze.

Un diplôme portant rappel d'une médaille de bronze obtenue en 1823 est accordé à

MM. VASLIN et PIÉDOR, à Château-Renault (Indre-et-Loire),

Qui ont exposé des cuirs corroyés bien préparés,

Et à M. LARGUÈSE cadet., à Montpellier (Hérault),

Qui a exposé du cuir fort pour semelles, plus une peau de veau rousse tannée à l'écorce de chêne vert et corroyée avec de l'huile de poisson.

M. Delacre-Snaude, à Dunkerque (Nord),

A exposé des tiges de bottes inattaquables par l'eau de la mer, et dont il est fait un grand usage par les marins employés au cabotage et à la pêche.

Une médaille de bronze est décernée à M. *Delacre Snaude.*

Médaille de bronze.

Sont mentionnés honorablement, pour la bonne qualité de leurs cuirs,

Mentions honorables.

M. Hulin-Pelgé, à Tours (Indre-et-Loire);

M.me Foucault et fils, à Nantes (Loire-Inférieure);

M. Turlin, à Clermont (Puy-de-Dôme);

Et M. Tiret (Pierre-George), à Rennes (Ille-et-Vilaine).

Section III.

Peausserie.

M. Guérineau fils aîné, à Poitiers (Vienne),

Rappel d'une médaille de bronze.

A présenté des peaux de lièvre apprêtées avec une rare perfection. L'heureuse application que la médecine a faite de ces peaux, en les employant comme moyen curatif contre les douleurs rhumatismales, y attache un intérêt particulier.

En 1823, M. *Guérineau* obtint, pour la préparation des peaux d'oie, une médaille de bronze dont il se montre de plus en plus digne.

Médaille de bronze.

M. TREMPÉ aîné, à la Villette, près Paris,

A exposé des peaux de chevreau en mégie, teintes en différentes couleurs. Il réussit très-bien à imiter la couleur bronzée des Anglais, et sa fabrication est en général satisfaisante.

Une médaille de bronze est décernée à M. *Trempé.*

Mentions honorables.

Sont mentionnés honorablement:

M. TREMPÉ, jeune, à la Villette, près Paris,

Pour peaux de chevreau teintes en couleurs fines, à l'imitation des peaux anglaises,

Et MM. MOUROT et GIERKENS, à Paris, rue Beaubourg, n.° 55,

Pour produits du même genre que ci-dessus.

Citation.

Mme veuve SUSSE-AUBÉ et M. DESPRÉAUX, à Paris, rue Sainte-Anne, n.° 59,

Sont cités avec éloge pour peaux gaufrées d'une préparation satisfaisante. Cet article, que la mode avait depuis long-temps frappé d'une sorte de défaveur, est rajeuni et peut redevenir en vogue par les dessins de bon goût et les couleurs éclatantes dont Mme *Susse-Aubé* et M. *Despréaux* savent l'embellir.

SECTION IV.

Parcheminerie.

M. LANSOT jeune, à Coutances (Manche),

Qui a déjà été mentionné honorablement en 1819 et en 1823, continue à mériter cette distinction pour les parchemins de bonne qualité qu'il fabrique.

SECTION V.

Chamoiserie, Mégisserie et Ganterie.

CES trois genres d'industrie sont souvent exercés dans le même établissement ; c'est pourquoi nous croyons pouvoir les réunir dans une seule section. On n'y remarque point de variations depuis l'année 1823 ; mais il faut observer que le degré de perfection où ils étaient alors parvenus ne pourrait être que difficilement dépassé.

M. John WALKER, à Paris, rue de Richelieu, n.° 38,

Qui obtint une médaille d'argent à l'exposition de 1823, est toujours très-digne de cette récompense. Il a présenté un bel assortiment de gants et une foule d'autres articles, tels que bretelles, jarretières, ceintures, &c., pour lesquels sa fabrique est depuis long-temps renommée.

Rappel d'une médaille d'argent.

MM. NOIROT et FERRET, à Niort (Deux-Sèvres),

Ont présenté différens articles de chamoiserie qui prouvent que leur industrie se soutient bien au rang où elle a paru à l'exposition de 1823. La médaille d'argent que ces messieurs ont alors obtenue est rappelée par un diplôme.

—————

Rappel d'une médaille de bronze.

M. VALLET-D'ARTOIS, à Paris, rue Saint-Denis, n.° 220,

Qui obtint une médaille de bronze en 1823, continue à la mériter par la belle qualité de sa ganterie. Un diplôme de rappel lui est accordé.

Médaille de bronze.

MM. NATHAN et BEER, à Lunéville (Meurthe),

Ont exposé un assortiment très-beau de gants de diverses sortes. Ces messieurs réussissent très-bien dans les sortes de ganteries qui sont en faveur à l'étranger, de sorte qu'ils font un commerce d'exportation considérable.

Une médaille de bronze leur est décernée.

—————

Sont mentionnés honorablement :

Mentions honorables.

MM. CHRISTIN aîné père et fils, à Niort (Deux-Sèvres),

Déjà mentionnés honorablement en 1823. Beaux articles de ganterie et de chamoiserie.

M. Laydet fils aîné, de la même ville,

Déjà mentionné honorablement en 1823. Chamoiserie et ganterie de bonne qualité.

M. Lucet, de la même ville,

Déjà mentionné honorablement en 1823. Chamoiserie et ganterie fort bien confectionnées.

MM. Nathan frères, à Lunéville (Meurthe).

Fabrique importante de gants pour le commerce extérieur. On y occupe six cents ouvriers.

MM. Tréfousse jeune et Lazare, à Lunéville (Meurthe),

Fabrique travaillant dans le même genre que la précédente. On y occupe cinq cent soixante ouvriers.

MM. Giraudeau et Mangou, à Niort (Deux-Sèvres).

Très-beaux produits de mégisserie, ganterie et chamoiserie.

Ces messieurs ont exposé en outre un dégras perfectionné, article important dont il sera parlé plus bas.

M. Spiegelhalter, à Paris, rue de Richelieu, n.° 37.

Très-beaux produits de ganterie et de culotterie, entre lesquels on remarquait un pantalon de peau de daim d'un travail admirable et d'une excellente matière.

M. GAMPÉ, à Paris, rue Saint - Honoré, n.° 74,

Articles de ganterie et de culotterie qui indiquent une fabrication soignée.

SECTION VI.

Maroquins.

MM. SAULER père et fils, à Choisy-le-Roi (Seine),

Ont été honorés de la médaille d'or à l'exposition de 1801, et cette récompense a été confirmée en 1802, 1806, 1819 et 1823. Leur fabrique de maroquins est aussi distinguée par la qualité de ses produits que par son ancienneté. Un nouveau diplôme de rappel est accordé à ces messieurs.

M. SCHMUCK, à Paris, rue Censier, n.° 21,

Obtint une médaille d'argent qui fut confirmée en 1823, et qui est toujours très-bien méritée. Ses maroquins sont fort estimés dans le commerce.

M. GEORGER, à Strasbourg (Bas-Rhin),

Obtint en 1823 la médaille d'argent, sous la raison de commerce *Embser* et *Georger*. Cette distinction est confirmée à l'égard de sa nouvelle maison, qui est la seule dans laquelle on fabrique bien le maroquin bronzé.

——————

M. OURY, à Toulouse (Haute-Garonne),

Déjà mentionné honorablement en 1819 et en 1823, obtient encore la même distinction pour des maroquins de bonne qualité.

——————

Sont cités avec éloge, pour produits de qualités convenables,

MM. SABATHIER et BOUINEAU, à Toulouse (Haute-Garonne),

Déjà cités en 1823, sous la raison de commerce *Roussilhe, Sabathier* et *Bouineau,*

Et M. BURDALET, à Carcassonne (Aude).

SECTION VII.

Cuirs vernis.

LES trois fabricans dont les noms suivent ont présenté des cuirs vernis de qualités très-satisfaisantes. Ils obtiennent les récompenses ci-après indiquées :

M. LALOGE, chemin de ronde, à Belleville (Seine).

Rappel d'une médaille de bronze décernée en 1823.

Mentions
honorables.

M. JACMART, à Paris, rue de Beaune, n.° 4.

Mention honorable.

M. ROUSSEL, à Paris, rue de Montmorency, n.° 26.

Mention honorable.

SECTION VIII.

Chaussure.

§. I.

Botterie et Cordonnerie.

Rappel
d'une
médaille
de bronze.

M. DUFORT fils, à Paris, rue Saint-Honoré, n.° 130,

Qui obtint une médaille de bronze en 1823, pour la fabrication des cuirs factices, des embouchoirs en cuir et divers articles remarquables de chaussure, s'est acquis de nouveaux droits à cette distinction, par les efforts qu'il a faits pour améliorer la qualité de ces divers produits.

Mentions
honorables.

M. SAKOSKI, à Paris, Palais-Royal,

Est auteur d'un procédé ingénieux pour donner le dernier apprêt aux cuirs forts, de bœuf ou de vache, tannés à la jusée. Il a inventé plusieurs mécanismes relatifs à la chaussure, entre autres un découpoir servant à découper et à cintrer les semelles, tous objets dénotant une étude particulière de la profession qu'il exerce.

M. *Sakoski* est mentionné honorablement pour l'ensemble de ses produits.

M. CHAUVEAU, à Paris, rue de Richelieu, n.° 52,

Est mentionné honorablement pour la préparation qu'il donne à la chaussure à l'effet de la rendre imperméable. On doit savoir gré à M. *Chauveau* des efforts qu'il fait pour relever une industrie trop négligée, que la société d'encouragement a jugée digne de sa sollicitude et que la cupidité est parvenue à décréditer.

§. II.

Soques.

L'invention des soques a pu paraître, dans l'origine, une chose presque insignifiante; ce n'était, en effet, qu'une modification des claques et des patins d'autrefois : mais les perfectionnemens successifs apportés à cette chaussure l'ont rendue vraiment populaire, et lui donnent aujourd'hui une certaine importance, principalement sous le rapport de la santé.

M. DUPORT, à Paris, rue Saint-Honoré, n.° 248,

Cité avec éloge en 1823, est mentionné honorablement. C'est à ce fabricant qu'est due l'invention de la brisure qui rend les soques d'un usage commode.

CHAPITRE XVII.

TISSUS IMPERMÉABLES.

Rappel d'une médaille de bronze.

M. Desquinemare, à Paris, rue Meslay, n.° 42,

Obtint à l'exposition de 1802 [an X] une médaille de bronze pour la fabrication des toiles imperméables. Depuis il n'a pas cessé de faire d'utiles applications de ses procédés.

Un diplôme de rappel lui est accordé.

Médaille de bronze.

M. Champion, à Paris, rue Grenetat, n.° 6,

Qui fut mentionné honorablement en 1823, s'est exercé particulièrement, et avec beaucoup de succès, à la composition des vernis transparens. Comme application de ses procédés, M. *Champion* a présenté à l'exposition une nombreuse série d'articles, tels que des taffetas diaphanes, flexibles, inodores, qu'il appelle *hygiéniques* parce que la médecine en fait un fréquent usage. Il a exposé aussi des cordes à puits dont il garantit la durée, au moyen de la préparation qu'il leur donne; des essais de typographie et de lithographie sur soie, percale et papiers enduits; des papiers d'emballage, de l'huile siccative pour la peinture, &c.

Cet ensemble de produits intéressans prouve que

M. *Champion* est doué de beaucoup d'intelligence et d'activité.

Le jury lui décerne une médaille de bronze.

MM. GUIBERT et HUNOUT, à Paris, rue Saint-Jacques, n.° 55,

Qui furent mentionnés honorablement en 1823, méritent toujours cette distinction, pour les toiles humidifuges qu'ils préparent. Ces toiles peuvent, dans quelques circonstances, remplacer avec avantage l'ardoise et la tuile.

M. JACQUOT-STOFFELS, à Paris, rue des Anglais, n.° 4,

Est cité avec éloge pour étoffes imperméables, parmi lesquelles on a distingué une capote en satin, dont l'apprêt ne laissait rien à désirer, et dans laquelle la soie avait conservé son éclat et sa force.

CHAPITRE XVIII.

PAPETERIE.

SECTION PREMIÈRE.

Fabrication du Papier.

S'IL est un art qui, depuis la dernière exposition, se soit ressenti du mouvement progressif imprimé à l'industrie française, c'est certainement l'art de fabriquer le papier. Depuis le magnifique vélin, destiné à multiplier les chefs-d'œuvre de la gravure et de la typographie, jusqu'au modeste papier qui tire son nom de l'usage que l'on en fait dans les écoles, une amélioration manifeste de qualité constate un progrès général dans les procédés de fabrication.

Dès la dernière exposition plusieurs de nos papeteries se distinguaient par un collage supérieur à celui d'autrefois; aujourd'hui cet avantage est encore beaucoup plus sensible, et il est aussi généralement obtenu.

Le collage à la cuve a été tenté avec plus ou moins de succès dans quelques usines. La pratique de cette méthode n'est pas encore dégagée de toute incertitude, et peut-être un mode plus avantageux est-il déjà découvert; mais on ne peut méconnaître l'utile influence de ces essais, et l'on doit beaucoup à la société d'encouragement, qui les a provoqués.

L'usage de faire macérer le chiffon pour le réduire en pâte est maintenant abandonné dans toutes les bonnes fabriques, pour les papiers qui doivent être collés fortement.

Quelques personnes ont paru craindre que la préférence donnée au linge de coton sur celui de lin, dans les ménages, n'eût sur la fabrication du papier des conséquences nuisibles, et ne la fît rétrograder vers son point de départ. On sait en effet que le papier de coton est bien inférieur à celui de lin. Mais on trouvera aisément le moyen d'employer le lin et le chanvre écrus, et de leur donner la blancheur du linge usé.

L'emploi de la filasse écrue a déjà été essayé en Angleterre.

Les avantages du blanchiment par le chlore ont été confirmés par l'expérience. L'usage habituel de ce procédé se fait reconnaître à la blancheur que l'on remarque dans la plupart des papiers du commerce.

Mais la plus importante des innovations introduites depuis quinze ans dans la fabrication des papiers est l'emploi de la machine inventée en l'an VII par *Robert*, et perfectionnée ensuite par M. *Saint-Léger Didot*.

En 1823 ce mode de fabrication n'était usité en grand que dans une seule fabrique, celle de MM. *Berthe* et *Grevenich*, à Sorel près Dreux; l'exposition de 1827 a signalé trois fabriques du premier ordre travaillant en ce genre et donnant les plus beaux produits.

Les anciens compagnons papetiers étaient dans l'usage de mettre en interdit une fabrique dont ils étaient mécontens. Le propriétaire était obligé de se racheter à prix d'argent, pour éviter leur désertion. L'établissement des machines, en rendant les maîtres plus indépendans de leurs ouvriers, a beaucoup contribué à la réforme de çet abus, qui paraissait un mal incurable, et dont tout fait espérer l'entière destruction. Ce sera un éminent service rendu par les arts mécaniques à la papeterie, et même à l'ordre social.

M. François - Michel MONTGOLFIER, à Annonay (Ardèche),

Et M. CAUSON, de la même ville,

Ont envoyé, l'un et l'autre, de magnifiques papiers à l'exposition. Malheureusement la formalité de présentation préalable au jury local n'avait pas été observée. Le jury central déclare que sans cette circonstance il eût décerné la médaille d'or à MM. *Montgolfier* et *Causon.*

Médaille d'or.

M. SAINT-LÉGER DIDOT, à Jendheure (Meuse),

Obtint une médaille d'argent à l'exposition de 1819. En 1823 il n'exposa que des modèles et des dessins de ses machines à fabriquer le papier; mais ses ingénieuses conceptions sont actuellement réalisées en grand. Il a établi dans la terre de Jendheure, appartenant à M. le duc de Reggio, et sous la protection de son excellence, une papeterie mécanique dont l'organisation répond à l'idée avantageuse qu'il a donnée de ses talens. Avec deux machines, le papier se trouve immédiatement fabriqué, satiné et séché. Une autre papeterie mécanique, appartenant à M. *Didot* (*Firmin*), a été montée au Mesnil (Eure-et-Loir) par M. *Saint-Léger Didot.*

Les papiers envoyés à l'exposition par M. *Saint-Léger Didot* sont généralement bien fabriqués et d'un beau blanc. L'espèce dite *coquille fine* est superbe et d'un beau collage en pâte. Le papier dit *écolier* est parfaitement apprêté ; la pâte en est fine ; la plume coule bien dessus, et l'encre ne traverse pas.

Une médaille d'or est décernée à M. *Saint-Léger Didot.*

MM. Horne fils, à Hallines (Pas-de-Calais),

Rappel d'une médaille d'or.

Ont envoyé à l'exposition de très-beaux produits de leur papeterie. Les papiers de formats *grand-aigle, colombier* et *grand-jésus*, à la fabrication desquels ils se livrent de préférence, ont surtout été distingués à raison de leur qualité supérieure.

Le jury décerne à MM. *Horne* fils un diplôme portant rappel d'une médaille d'or qui fut décernée à M. *Jeffery Horne*, leur père, auquel le jury spécial du Pas-de-Calais a déclaré qu'ils avaient succédé.

MM. Berthe et Grevenich, à Sorel (Eure-et-Loir),

Nouvelle médaille d'argent.

Ont fait des progrès remarquables depuis l'exposition de 1823, où ils obtinrent une médaille d'argent. Leur fabrique existe depuis neuf à dix ans ; elle est la première, en France, où l'on ait obtenu le papier à l'aide de procédés mécaniques (auparavant on n'avait fait que des essais). L'organisation en est parfaite ; on y trouve réunis tous les moyens de succès, notamment le collage à la cuve. Enfin elle est tenue au courant de toutes les améliorations.

La fabrication de MM. *Berthe* et *Grevenich* comprend toutes les sortes de papier; elle excède, en quantité, celle qui pourrait être obtenue de vingt-cinq cuves dans les papeteries ordinaires.

Une nouvelle médaille d'argent est décernée à MM. *Berthe* et *Grevenich.*

M. Charles WISE, à Hallines (Pas-de-Calais),

Médailles d'argent.

Fabrique avec beaucoup de succès des papiers à l'imitation de ceux de Hollande et d'Angleterre. Ses papiers à écrire sont très-soignés; les rives en sont bien terminées et sans la moindre ondulation, ce qui indique un séchage uniforme.

M. *Wise* emploie cent ouvriers; ses produits sont fort estimés dans le commerce.

Une médaille d'argent lui est décernée.

**MM. Jean-Nicolas CLAVAUD et GEORGEON,
au Moulin de Bourisson (Charente).**

Obtinrent, en 1819, une médaille de bronze qui fut rappelée en 1823. Leurs progrès depuis cette dernière époque sont sensibles, par l'importance nouvelle qu'ils ont donnée à leur fabrication et par le plus grand nombre d'articles qu'elle embrasse. En 1823 ils n'avaient que trois cuves en activité et n'occupaient que cinquante ouvriers; aujourd'hui, le nombre de leurs ouvriers est de deux cent cinquante, et celui de leurs cuves est de onze.

Ces messieurs s'attachent particulièrement à l'imitation des papiers anglais, soit pour les apprêts, soit pour les nuances.

Une médaille d'argent leur est décernée.

MM. Henri LACOURADE et compagnie, au Moulin de Lacourade (Charente),

Ont envoyé à l'exposition des papiers bien confectionnés, bien collés, très-blancs, exempts de rides sur les bords. Par ces produits distingués, MM *Lacourade* et compagnie se montrent de plus en plus dignes de la médaille de bronze qui leur fut décernée en 1819, et qui a déjà été rappelée en 1823.

Des médailles de bronze sont décernées aux fabricans dont les noms suivent :

MM. le comte DE LIGNEVILLE et FERRY-MILON, dont l'établissement, situé à Souche-d'Anould (Vosges), est connu sous la raison de commerce *Ferry-Milon.*

Le nombre de leurs ouvriers, qui était de quatre-vingt-quatorze en 1823, s'est élevé depuis à cent soixante; ils ont six cuves en activité.

Ces messieurs s'attachent particulièrement à la confection des papiers fins et superfins, destinés aux impressions de luxe. En 1823 ils furent mentionnés honorablement.

M. ROULHAC aîné, à Limoges (H.^{te}-Vienne).

Ce fabricant occupe deux cents ouvriers et tient dix cuves en activité. Son établissement est dans la voie des grandes améliorations.

Sont mentionnés honorablement :

M. François Chapoulaud, à Limoges (Haute-Vienne),

Qui, le premier, dans la Haute-Vienne, a entrepris le collage à la cuve, et qui a puissamment contribué aux progrès des papeteries dans ce pays.

M. Disnematin de Salles, à Limoges (Haute-Vienne),

Qui a présenté de bons papiers d'impression et autres.

M. Pierre Pouyat, de la même ville.

Produits du même genre que ci-dessus.

MM. Paul Dallet et Chelle, à Chamallières (Puy-de-Dôme).

Papiers communs, non blanchis, bien collés et sans ondés sur les rives.

M. Molin, à Ambert (Puy-de-Dôme).

Papiers d'impression d'un beau blanc, et dont la pâte est bien fondue.

Sont cités avec éloge,

M. Theullier, à Nantheuil (Dordogne),

Pour papiers bien collés ;

MM. GRENARD et compagnie, à Prouzel Citations.
(Somme),

Pour papiers bien collés et bons parchemins artificiels ;

Et M. CHAPPUIS, à Saint-Claude (Jura),

Déjà cité en 1823.
Papier de bonne qualité.

SECTION II.

Papier de fantaisie.

M. ANGRAND, à Paris, rue Meslay, n.° 61 ;

Rappel
d'une
médaille
de bronze.

A présenté des papiers gaufrés, marbrés, maro-
quinés, &c., dont il a porté la fabrication à un degré
supérieur de perfection. Ce genre d'industrie est susceptible d'applications nombreuses. Il exige des
avances assez considérables, vu la nécessité de renou-
veler souvent les dessins, et par conséquent de multiplier les planches.

En 1823 une médaille de bronze a été décernée à
M. Angrand ; cette distinction est toujours très-bien
méritée.

Sont mentionnés honorablement les fabricans dont
les noms suivent, pour papiers marbrés faits avec
soin, bien glacés, et d'une grande variété de couleurs
et de dessins,

Mentions
honorables.

M. BREFFORT, à Paris, rue Transnonain,
n.° 12,

Déjà mentionné honorablement en 1823 ;

Mme veuve SUSSE-AUBÉ, à Paris, rue Sainte-Anne, n.° 59,

Déjà mentionnée honorablement en 1823 ;

MM. FICHTEMBERG et compagnie, à Paris, rue des Trois-Bornes, n.° 20 ;

M. Adolphe MOSNER, à Paris, rue du Foin-Saint-Jacques, n.° 15 ;

M. DESFEUILLES, à Nancy (Meurthe).

SECTION III.

Papier à gargousse.

M. DÉSÉTABLES, à Vire (Calvados),

Dont la papeterie est une des plus intéressantes et des plus avancées que la France possède, aurait pu concourir avec avantage pour ses papiers coloriés et blancs, qui jouissent d'une réputation bonne et bien méritée ; mais ce fabricant s'est contenté d'envoyer à l'exposition du papier à gargousse, produit nouveau, d'un grand intérêt, en ce qu'il peut être substitué au parchemin dans la composition des gargousses de la marine.

Ce papier, qui est composé avec des rognures de buffle et de peaux chamoisées, a été fabriqué d'après les indications données par M. *Mérimée* ; il est d'une ténacité qui surpasse celle des papiers du même genre que l'on obtient en Angleterre.

Une mention honorable est décernée à M. *Désétables.*

CHAPITRE XIX.

SUBSTANCES MINÉRALES.

SECTION PREMIÈRE.

Marbres.

Il est aujourd'hui bien avéré que les carrières de France peuvent fournir non-seulement les marbres propres aux différens travaux de la sculpture et de l'architecture, mais encore tous ceux qui s'emploient dans l'art du marbrier. Sous ce rapport, nous n'avons rien à envier à nos voisins, et il est à croire qu'il ne manque à nos exploitations qu'une plus grande activité pour faire entrer nos marbres dans le commerce d'exportation. Déjà nos marbriers commencent à connaître les ressources qu'offre notre territoire : aussi les entreprises de cette nature se sont-elles multipliées dans nos départemens du nord et du midi depuis la dernière exposition ; mais elles ont besoin d'être protégées contre la concurrence des marbres étrangers, et doivent exciter particulièrement la sollicitude du Gouvernement.

De l'aveu des minéralogistes et de nos plus habiles statuaires, les marbres blancs des Pyrénées sont au moins égaux, en beauté et en qualité, aux plus beaux marbres de Carrare ; ils présentent une très-grande analogie avec les marbres de Paros, et quelques-uns avec le pentélique. Les marbres de couleur du Languedoc et des Pyrénées égalent ceux de l'Espagne et de l'Italie, par la variété, la vivacité des couleurs et la finesse du grain. A cet égard, l'admiration générale du public s'est hautement prononcée pour les beaux assortimens de marbres indigènes que plusieurs exploitans ont présentés cette année à l'exposition.

§. I.

Exploitation des Marbres.

Médaille d'or.

MM. Pugens et compagnie, à Toulouse (Haute-Garonne),

Ont exposé un bloc de marbre blanc statuaire de Sost (Hautes-Pyrénées), deux cheminées et trente-quatre échantillons ou tables de marbre de couleur qui présentaient les couleurs les plus variées et des accidens fortement prononcés. Parmi ces produits, on a particulièrement remarqué la matière des deux cheminées, l'une en marbre brèche *Caroline*, l'autre en marbre vert rubanné; et des tables de brèche africaine, bleu turquin, vert sanguin, beyrède, &c., &c.

La compagnie *Pugens* a ouvert, dans les départemens de la Haute-Garonne, des Hautes-Pyrénées et de l'Ariége, plus de trente carrières, dont la majeure partie s'exploite avec activité; on y emploie un grand nombre d'ouvriers. Les beaux marbres de couleur des Pyrénées qui décorent le palais de la Bourse de Paris proviennent de ces extractions.

Le jury a décerné à MM. *Pugens* et compagnie une médaille d'or.

M. Layerle-Capel, à Toulouse (Haute-Garonne).

Médailles d'argent.

On est redevable à cet exposant de plusieurs découvertes de carrières de marbre dans la haute chaîne des Pyrénées, dont il a visité toutes les montagnes. Parmi les produits qu'il a envoyés, on a remarqué un bloc de marbre statuaire de Saint-Béat, divers marbres de couleur désignés sous les noms de brèche des Pleides, brèche de Barbazan, brèche de la Penne Saint-Martin, et un grand nombre d'échantillons dont les nuances et les accidens sont très-variés.

En considération des services rendus par M. *Layerle-Capel*, et des sacrifices qu'il a faits pour découvrir et mettre en activité nos carrières de marbres, le jury lui a accordé une médaille d'argent.

MM. Thomas-Dequesne et de Couchy, à Paris, rue du Faubourg Saint-Martin, n.° 142.

C'est à MM. *Thomas-Dequesne* et *de Couchy* qu'appartiennent les carrières de marbre de Caunes, qui fournissent les plus belles espèces de griottes, improprement connues sous le nom de griottes d'Italie. On a pu juger de la beauté de ce marbre par la table qu'ils ont présentée à l'exposition et par la cheminée qui fait partie des produits de l'atelier de marbrerie de M. *Dubuc*. Les autres marbres exposés par MM. *Thomas-Dequesne* et *de Couchy* sont également remarquables par leur homogénéité et leur poli.

Le jury leur a décerné une médaille d'argent.

M. GAUDY, à Boulogne-sur-mer (Pas-de-Calais),

A exposé une cheminée à consoles de marbre gris clair du Boulonnais, dit *marbre Bourbon*, une autre cheminée de marbre Henriette, deux tables rondes, deux tranches et un petit modèle en marbre de la colonne de Boulogne.

M. *Gaudy* exploite les carrières du Boulonnais, dont les produits sont désignés sous les noms de marbre Bourbon et marbre Henriette. Indépendamment des matières provenant de ses propres extractions, il travaille aussi les marbres des autres exploitations du Boulonnais. Les produits de son établissement s'expédient principalement à Paris, à Lille, et même en Belgique et en Hollande. Ces exportations sont dues en grande partie à l'activité et à l'intelligence de M. *Gaudy.* Le jury lui a accordé une médaille d'argent.

M. Félix BOUDON, à Chassal près Saint-Claude (Jura).

Les carrières de Chassal, mises en exploitation vers le milieu du siècle dernier, furent abandonnées pendant la révolution. Il y a peu de temps que M. *Félix Boudon* a entrepris de les rouvrir. Ses essais ont obtenu un plein succès. Ces exploitations dans un pays où l'aridité du sol ne laisse d'autres ressources que l'industrie doivent exciter un intérêt particulier : déjà elles trouvent des débouchés en Suisse et en Franche-Comté.

Les deux cheminées exposées par M. *Boudon* sont

d'un marbre fort agréable, qui présente une certaine analogie avec les plus belles brocatelles d'Espagne.

Une médaille d'argent a été décernée à M. *Félix Boudou.*

MM. MAUREL-COURRENT et compagnie, à Belesta (Ariége) et à Mérial (Aude),

Médailles de bronze.

Ont exposé sept échantillons de marbre provenant des carrières des départemens de l'Aude et de l'A-riége. Ils sont en général de belle qualité.

La difficulté des communications n'a pas permis jusqu'à présent de donner beaucoup d'extension à ces exploitations; l'extraction et le transport des grandes masses présentent des difficultés : mais MM. *Maurel-Courrent* ont construit à Belesta, pour le sciage des marbres, un moulin à douze lames, lequel est mis en mouvement par les eaux de l'Hers; et tout fait espérer qu'ils donneront plus d'extension à cet établissement.

Le jury leur a accordé une médaille de bronze.

M. GRIMES, à Caunes (Aude),

A présenté une table de marbre de Caunes, gris nuancé de rouge sanguin, et un cadre contenant neuf échantillons de marbre dont les caractères ont beaucoup d'analogie avec ceux qu'ont exposés MM. *Pugeus* et *Layerle-Capel.*

Ces produits trouveront un emploi très-avantageux dans les ouvrages de marbrerie.

Une médaille de bronze a été accordée à M. *Grimes.*

M. GIRAUD, à Paris, rue des Morts, n.° 14.

Une table d'échantillons de marbre a été présentée par M. *Giraud*. Ces marbres proviennent des carrières qu'il possède dans les environs d'Amput, département du Var; ils sont d'une belle qualité, et, d'après un rapport de M. *Penchaud*, architecte du département des Bouches-du-Rhône, ils se présentent en fortes masses propres à être employées dans les travaux de l'architecture.

Le jury a décerné une médaille de bronze à M. *Giraud*.

La Société anonyme de Moncy-Notre-Dame (Ardennes).

Les carrières de Moncy-Notre-Dame fournissent des marbres noirs à veines blanches, des marbres à fond gris bleu, avec des taches ou jaspures spathiques blanches; des marbres gris noirâtre et d'autres marbres gris contenant une grande quantité de fragmens madréporiques.

La société de Moncy a exposé une cheminée et diverses tranches de ces marbres, pour lesquels il lui a été accordé une médaille de bronze.

M. BELLOT DE LA DIGNE, à Belesta (Ariége).

Des échantillons de marbre gris clair et gris foncé ont été présentés par M. *Bellot de la Digne*, qui a entrepris récemment des exploitations dans le département de l'Ariége. Son établissement naissant n'a encore donné que peu de produits : ils sont d'une qualité satisfaisante, et le jury a décidé qu'il en serait fait mention honorable.

M. GUION *dit* DESMOULINS, à Coutances (Manche).

Les marbres présentés par M. *Guion-Desmoulins* sont bien exploités et de bonne qualité. Ils sont employés dans les constructions des départemens de la Normandie ; on en fait des cheminées dont le prix est très-modéré.

Le jury a arrêté qu'il serait fait mention honorable des deux tables de marbre exposées par M. *Guion-Desmoulins*.

M. le comte DE LA FRUGLAYE, membre de la chambre des députés.

On doit aux recherches et aux sacrifices de M. le comte *de la Fruglaye* la connaissance des belles roches granitiques, porphyritiques, serpentineuses, &c. du département du Finistère. Le piédestal de la statue de Henri IV qui est dans le cabinet du Roi est d'une belle roche d'emphotides ; il a été offert à Sa Majesté par M. *de la Fruglaye*.

En regrettant qu'il n'ait pas rempli auprès du jury de son département les formalités prescrites par l'ordonnance du Roi du 4 octobre 1826, et que par ce motif M. *de la Fruglaye* soit hors de concours pour les divers marbres et roches qu'il a exposés, le jury a décidé qu'il serait cité honorablement pour les recherches auxquelles il s'est livré.

Le jury exprime le même regret à l'égard de M. *Étienne Quivy*, de Maubeuge (Nord), qui a exposé un grand vase ou baptistère en marbre provenant de ses exploitations. Ce vase a été particulièrement remarqué et aurait donné à M. *Quivy* des droits à la médaille d'argent.

Le jury aurait également desiré pouvoir décerner une médaille de bronze à M. *François Caillon*, de Pau (Basses-Pyrénées), pour les beaux échantillons de marbre qu'il a envoyés à l'exposition, mais qui n'avaient pas été préalablement admis par le jury départemental.

§. II.

Marbrerie.

Médaille d'argent.

MM. VALLIN père et fils, à Paris, rue Moreau, n.° 3,

Ont exposé une table incrustée dont les parties se composent des roches et des pierres les plus dures, quatre coupes d'albâtre oriental, deux autres coupes de marbre blanc et vert antique, et deux cheminées dont les marbres ont été fournis par la compagnie *Pugens*.

Les travaux de MM. *Vallin* ne se bornent pas à la simple marbrerie. M. le comte *de Choiseul-Gouffier*, qui avait rapporté en France de nombreuses collections de granites, porphyres, siénites, albâtres, marbres et autres pierres précieuses, fit choix de MM. *Vallin* pour les travailler. Ils inventèrent à cet effet un instrument au moyen duquel ils évident les vases et les colonnes de manière à en retirer le noyau entier. C'est par ce procédé que deux superbes colonnes de porphyre, appartenant à lord *Seymours*, ont été réduites à des proportions égales, et qu'elles ont produit en les évidant, l'une quatre, l'autre trois colonnes de moindres épaisseurs.

En travaux de marbrerie proprement dite, MM. *Vallin* ont exécuté les piédestaux des statues de Louis XIII, à la place Royale, et de Louis XIV, à la place des Victoires, ainsi qu'un grand nombre d'autres ouvrages remarquables.

Le jury leur a décerné une médaille d'argent.

————

M. DUBUC, à Paris, rue de Popincourt, n.° 68.

Médaille
de bronze.

Diverses cheminées en marbres de couleur de France et une cheminée ornée de sculptures en marbre blanc statuaire d'Italie ont été présentées par M. *Dubuc*. Cet habile marbrier travaille avec un soin extrême; il a exécuté, pour l'église royale de Saint-Denis, un autel funéraire dont toutes les parties sont ajustées et jointes avec une grande perfection.

Le jury a décerné à M. *Dubuc* une médaille de bronze.

————

M. LABIOIS, à Paris, rue Amelot, n.° 12.

Mention
honorable.

Une cheminée et deux fontaines en marbre ont été exposées par M. *Labiois*. La cheminée et l'une des fontaines proviennent des carrières de Bourgogne; la

seconde est en marbre Henriette de Boulogne. L'exécution de ces produits est très-satisfaisante, et le jury
a décidé qu'il en serait fait mention honorable.

S. III.

Mosaïques et Marqueteries en marbre, &c.

Mentions
honorables.

M. QUINET, à Paris, rue Jean-Pain-Mollet,
n.º 27,

A exposé deux tables de marbre avec des incrusta-
tions en mosaïque, et deux coupes de malachite montées en bronze doré. Les assemblages des diverses
parties qui composent ces tables sont faits avec beaucoup de soin ; elles ont fixé l'attention du jury, qui a
accordé à M. *Quinet* une mention honorable.

M. MERILLON, à Paris, rue de Sèvres, n.º 11,

A présenté une table composée d'un grand nombre
d'échantillons de marbres et de roches de toute espèce.
Le travail en est fait avec un soin remarquable.

Le jury a décidé qu'il serait fait mention honorable
de M. *Merillon.*

M. BELLONI, directeur de la manufacture
royale de mosaïque de Paris,

A exposé de magnifiques produits sortis de ses ateliers ; ils rivalisent avec tout ce que les anciens et les
modernes ont exécuté de plus parfait en ce genre.
Tous ces objets, dont le travail est d'un fini et d'une
délicatesse admirables, ont fait regretter au jury que
l'établissement de M. *Belloni* étant un établissement

royal, il n'ait pu être admis à concourir aux récompenses accordées par Sa Majesté.

SECTION II.

Albâtre gypseux.

MM. Lebreton , Nouel et compagnie , à Paris , rue de Choiseul , n.° 4,

Mention honorable.

Propriétaires des carrières de Thorigny, près de Meaux, ont exposé une cheminée, des vases et des pendules en albâtre gypseux naturel, et des coupes et dallages en albâtre marmorisé d'après le procédé de *Tissot.* La matière est belle et d'un fort bon effet dans l'ameublement.

MM. *Lebreton , Nouel* et compagnie s'occupent avec succès de la marmorisation de l'albâtre. Le maître-autel de la chapelle des prêtres de la congrégation de Saint-Lazare, rue de Sèvres, est exécuté en albâtre marmorisé.

Le jury a arrêté qu'il serait fait mention honorable de MM. *Lebreton , Nouel* et compagnie.

SECTION III.

Jais ou *Jayet.*

M. Victor Berger , à la Bastille-sur-l'Hers (Ariége);

Médailles de bronze.

M. Escot, de la même ville.

L'exploitation du jais ou jayet était autrefois le motif d'une industrie particulière à plusieurs de nos départe-

14.

mens qui en faisaient exclusivement le commerce;
mais la fabrication des émaux et des verres noirs, qui
présentent la même intensité de couleur et qui ont
plus de dureté que le jayet, a fait successivement tom-
ber toutes les exploitations de cette substance.

MM. *Victor Berger* et *Escot* ont cherché à remettre
en activité cette branche d'industrie; les produits qu'ils
ont présentés sont bien travaillés, et le jury a décerné
à chacun d'eux une médaille de bronze.

Section IV.

Bitume minéral [*Asphalte*].

L'ASPHALTE ou bitume minéral était employé par
les anciens dans leurs constructions souterraines, et
nous trouvons dans divers auteurs l'usage qu'on en
faisait en plusieurs contrées comme enduit.

Ce n'est guère que depuis vingt-cinq ans au plus
qu'on a commencé à employer le bitume dans nos
constructions; mais le succès qu'on a obtenu en a
promptement répandu l'usage, et nous le voyons
aujourd'hui également employé dans les édifices publics et dans les travaux particuliers. A la dernière
exposition, M. *Dournay*, concessionnaire des mines
de lignite et d'asphalte de Lobsann, dans le Bas-Rhin,
présenta des produits de son exploitation pour lesquels il obtint une médaille de bronze. Nos architectes
ont fait un emploi avantageux de ce bitume. A l'exposition de 1827, deux exposans se sont présentés:
M. *Payen* et MM. *Pillot* et *Eyquem*.

M. PAYEN, à Paris, rue des Jeûneurs, n.° 14.   Médaille d'argent.

M. *Payen*, chimiste manufacturier, a cherché à répandre généralement l'usage du bitume, en formant un établissement dans lequel on le prépare suivant les divers emplois auxquels on le destine.

1.° Le mastic bitumineux, qui sert avec succès pour cimenter les briques, carreaux et dalles, dans la construction des citernes, pièces d'eau et autres lieux destinés à recevoir l'eau ou accessibles à l'humidité.

2.° Le brai goudron minéral. Ce bitume s'applique utilement sur les bois et cordages de la marine.

3.° Le bitume siccatif, dont l'usage est très-avantageux, pour enduire les boiseries placées contre des murs humides, et les bois ou parquets des salles basses.

4.° L'huile essentielle minérale extraite du bitume. Elle s'emploie avec économie dans les peintures de couleur foncée qui doivent être particulièrement exposées à l'action de l'air : elle remplace aussi l'essence de térébenthine.

En combinant ces trois dernières substances avec des huiles fixes et des oxides métalliques, M. *Payen* fabrique des couleurs pour enduire les grilles de fer, les bois de jardin, les portes de clôture, &c. Leur prix présente une économie de moitié, comparé à celui des peintures à l'huile.

Les produits chimiques exposés par ce fabricant sont l'objet d'un article particulier. Une médaille d'argent a été accordée à M. *Payen*, pour l'ensemble de ses produits.

Médaille de bronze.

MM. PILLOT et EYQUEM, à Paris, rue Hauteville, n.° 17,

Ont présenté un assortiment d'échantillons d'application de bitume minéral, pour le revêtissement des terrasses. Le travail en est fait avec soin, et nos architectes emploient journellement les produits de MM. *Pillot* et *Eyquem*, qui ont varié leurs applications de bitume en y introduisant des cailloux de diverses couleurs.

Le jury a décerné une médaille de bronze à MM. *Pillot* et *Eyquem*.

SECTION V.

Pierres à fusil [*Silex pyromaques*].

Mention honorable.

M. le maire de la commune de Meusnes (Loir-et-Cher).

ON sait que la France a fourni long-temps des pierres à fusil aux étrangers, et que la fabrication en était même tellement restée secrète qu'on ignorait généralement la manière dont on taillait ces pierres. L'exportation en est aujourd'hui prohibée : aussi diverses exploitations se sont-elles successivement établies en Angleterre, en Tyrol, en Portugal, en Galicie, en Pologne, &c.

Les principales fabriques de France sont celles de Meusnes, Saint-Aignan, Noyers, Aussi (département de Loir-et-Cher); pour les pierres blondes, jaunes et grises; de Lye, département de l'Indre; de Mayssac, département de l'Ardèche, pour les pierres

rouges et jaunes ; de Cerilly, département de l'Yonne,
pour les pierres rouges et noires ; de la Roche-Guyon
et de Bougival, département de Seine-et-Oise, pour
les pierres noires.

M. le maire de Meusnes a présenté pour les
exploitans de sa commune un tableau de pierres à fusil
d'une belle fabrication et d'excellente qualité. Aux
précédentes expositions il avait été fait mention honorable des produits de la commune de Meusnes ; le jury
déclare que ceux qui ont été exposés en 1827 méritent également cette distinction, et il les mentionne
honorablement.

SECTION VI.

Pierres lithographiques.

M. DOMET DE MONT, à Dôle (Jura).

Médaille
d'argent.

Les pierres employées jusqu'aujourd'hui, pour les
presses lithographiques ont été tirées de la Bavière.
Plusieurs essais ont été tentés pour en obtenir des
carrières de France ; ils ont eu des résultats plus ou
moins heureux.

M. *Domet de Mont*, à Dôle, s'est particulièrement
occupé de la recherche des pierres lithographiques. Il
en a exposé deux qui ont été essayées par M. *Motte*,
l'un de nos plus habiles artistes en ce genre ; elles ont
parfaitement résisté à la pression, et les dessins ont été
rendus avec exactitude. Cependant l'examen attentif
que M. *Motte* a fait de ces pierres lui a fait découvrir
quelques petites parties dont la présence peut rendre
inégale l'action du procédé lithographique : toutefois
il a reconnu que ces pierres sont de bonne qualité.

Les rapides progrès qu'a faits la lithographie, depuis quelques années, doivent faire desirer qu'on puisse trouver en France les pierres que l'on y emploie. Le tribut que nous payons à l'étranger pour leur importation est évalué à une somme de 600,000 à 700,000 fr. On ne saurait donc trop encourager les recherches qui tendent à nous en affranchir.

Des objectifs achromatiques, dont il sera question dans une autre division de ce rapport, ont aussi été exposés par M. *Domet de Mont.* Le jury lui décerne une médaille d'argent pour l'ensemble de ses travaux.

CHAPITRE XX.

ARTS MÉTALLURGIQUES.

L'INDUSTRIE manufacturière qui emploie les métaux, dit M. *Héron de Villefosse*, dans son rapport au nom de la commission chargée de l'examen des produits métallurgiques (1), s'exerce annuellement en France sur 2,207,284 quintaux métriques de matières premières valant 243,856,825 francs.

Ces faits prouvent que depuis la dernière exposition des produits de l'industrie, qui eut lieu en 1823, la consommation des métaux, expression assez fidèle de l'activité des ateliers métallurgiques, s'est généralement accrue en France.

Nous regrettons de ne pouvoir reproduire les détails du travail de M. *Héron de Villefosse*, et les nombreuses recherches auxquelles il s'est livré pour faire connaître l'état comparatif de l'accroissement des diverses branches de notre industrie, en ce qui concerne les arts métallurgiques, depuis les expositions de 1819 et de 1823. Ce rapport ayant été inséré

___

(1) *Des Métaux en France.* Rapport fait au jury central de l'exposition des produits de l'industrie française de l'année 1827, sur les objets relatifs à la métallurgie, par *A. M. Héron de Villefosse*, membre de ce jury, conseiller d'état, inspecteur divisionnaire au corps royal des mines, membre de l'académie des sciences, &c. Paris, M.*me Hazard*, 1827.

dans les Annales des mines (1), nous y renvoyons le
lecteur.

SECTION PREMIÈRE.

Plomb.

LES produits en plomb qui ont été présentés à
l'exposition consistaient en feuilles de plomb laminé,
en feuilles de plomb coulé, en tuyaux de plomb
étirés à la filière sans soudure.

Le plomb laminé et le plomb étiré en tuyaux sont
les produits de trois grands ateliers dans le département de la Seine. Le plomb coulé provient d'une manufacture qui existe également à Paris.

Rappel
d'une
médaille
de bronze.

M. LENOBLE, à Paris, rue des Coquilles, n.° 2.

Depuis neuf ans, M. *Lenoble*, fabrique des tuyaux
étirés sans soudure et à la filière, par le moyen d'une
machine à vapeur, sur des mandrins en fer de
12 pieds de longueur [3^m 897], dont le diamètre
varie depuis 4 pouces jusqu'à 4 lignes [0^m 108 à
0^m 009]. Il livre aussi au commerce du plomb laminé
en tables de toute épaisseur.

La flexibilité des tuyaux que fabrique M. *Lenoble*
est attestée par le fréquent usage qu'on en fait à Paris
pour la distribution du gaz d'éclairage. Les produits
qu'il a présentés à l'exposition ont prouvé au jury
central que ce fabricant n'a pas cessé de mériter la
distinction qui lui avait été accordée en 1823, et

---

(1) Tome II, 2.e série, année 1817.

qu'il justifie de plus en plus la décision qui lui a fait
décerner une médaille de bronze.

M. Partarrieu, au nom de l'ancienne manufacture de plomb laminé, à Paris, rue
Béthizy, n.° 1.

L'ancienne manufacture de plomb laminé, qui avait
obtenu à l'exposition de 1819 une médaille de
bronze, sous le nom de M. *Boucher*, a exposé cette
année quatre rouleaux de plomb en sables, dont
l'épaisseur varie entre 0^m 0005 et 0^m 0015 [un quart et
trois quarts de ligne]. La même fabrique fournit des
tuyaux qui n'ont que trois lignes de diamètre avec
un huitième de ligne d'épaisseur, et des feuilles dites
plomb à tabac. Ces produits sont très-estimés dans le
commerce.

Le jury déclare que cette manufacture est toujours
digne de la récompense qui lui a été précédemment
décernée.

La société anonyme pour la manutention du
plomb, à Clichy-la-Garenne près Paris,

A exposé des tuyaux étirés sans soudure de 40 pieds
de longueur [12^m 993], un corps de pompe avec un
tuyau d'aspiration adhérent, et des tables de plomb laminé. Les tuyaux présentent divers diamètres intérieurs
qui varient entre 4 pouces et 3 lignes.

Le corps de pompe est un tube de 5 pieds de long,
qui a 4 pouces de diamètre intérieur, avec une épaisseur de 6 lignes, et qui porte un tuyau d'aspiration
de 15 lignes de diamètre, de 2 lignes d'épaisseur, et

de 30 pieds de long. Tout cet appareil est exécuté sans aucune soudure. Cette manufacture, qui n'existe que depuis quatre ans, emploie une machine à vapeur de la force de vingt chevaux; elle se recommande par la belle exécution de ses produits.

Le jury lui a décerné une médaille de bronze.

Mention honorable.

MM. VOISIN et compagnie, à Paris, rue Neuve-Saint-Augustin, n.° 32.

Douze rouleaux de plomb coulé en feuilles de diverses épaisseurs ont été exposés par MM. *Voisin et* compagnie.

La flexibilité et l'homogénéité de ces feuilles prouvent la bonne qualité du métal que cette fabrique livre au commerce; leur épaisseur, parfaitement uniforme, atteste une fabrication très-soignée.

Le jury a décidé qu'il en serait fait mention honorable.

SECTION II.

Cuivres.

L'EXPOSITION offre onze envois de cuivre, provenant des départemens de la Haute-Garonne, de la Nièvre, de l'Isère et de la Seine.

On y a remarqué du cuivre laminé en feuilles de grandes dimensions, des planches de même métal; des fonds de chaudière emboutis au martinet, des feuilles de doublage, des clous et des tringles pour le service de la marine. Ces produits proviennent de trois grands établissemens, l'un dans le département de la Nièvre;

à Imphy; l'autre dans le département de la Haute-Garonne, à Toulouse; et le troisième, dans le département de l'Isère, à Pont-l'Évêque, près de Vienne.

Sept fabriques du département de la Seine ont exposé du cuivre rouge laminé, des lingots et des barres de cuivre préparés pour les divers besoins des arts, des cylindres propres à la gravure et au guillochage, et une grande variété d'ustensiles et d'objets d'économie domestique.

L'accroissement d'emploi du cuivre laminé est remarquable, et les états de douane de l'année 1826 prouvent que depuis 1822 l'exportation est plus que quadruple de ce qu'elle était alors.

MM. Debladis, Auriacombe, Guérin jeune et Bronzac, à Imphy, département de la Nièvre,

Nouvelle médaille d'or.

Ont exposé des planches de cuivre rouge, des fonds de chaudières, des feuilles de doublage, des clous et barreaux de cuivre.

Parmi ces produits, on a remarqué principalement :

1.° Une planche de cuivre rouge, dont la longueur est de . . . . 5^{m} 012;
la largeur, de 2. 205;
l'épaisseur, de 0. 004;
le poids, de 391 kil. 75.

2.° Un fond de chaudière en cuivre, dont le diamètre est de . . . . 2^{m} 44;
le relevé, ou la profondeur, de . . . . 0. 11.
le poids, de 394 kil. 5.

Dans les ateliers d'Imphy, on emploie annuelle-
ment. . . . .   8,500 q. m.
de cuivre neuf, et en vieux cuivre. . . .   2,000.

$$\text{TOTAL. . . . . . .}\quad 10,500.$$

On y fabrique chaque année environ 10,000 quintaux métriques de cuivre, tant laminé que martelé, en
planches, feuilles de doublage, fonds de chaudières,
barres rondes, plates, carrées, et clous.

Sur cette quantité, l'on vend,

1.° A la marine royale. . . . .   3,000 q. m.

2.° A la marine marchande et au
commerce de chaudronnerie de
France.   5,500

3.° A la Suisse et à la Hollande, par
exportation.   1,500

$$\text{TOTAL. . . . . . .}\quad 10,000$$

Ces résultats attestent que la fabrication a fait de
nouveaux progrès depuis la précédente exposition,
et le jury a décerné une médaille d'or à MM. *Diba-
dis, Auriacombe, Guérin jeune et Bronzac,* qui en 1823
avaient obtenu le rappel d'une semblable récompense
accordée en 1819 à l'établissement d'Imphy.

**Médaille
d'or.**   MM. FRÉREJEAN et fils, à Lyon (Rhône) et
à Pont-l'Évêque (Isère),

Les produits en cuivre rouge de la manufacture de
MM. *Frèrejean* et fils, située à Pont-l'Évêque, près

de Vienne, département de l'Isère, consistent en fonds de chaudières pour alambics et pour brasseries, planches pour le doublage des vaisseaux et pour le commerce, barreaux et clous de cuivre pour la marine, coupes du même métal, et feuilles pour le plaqué. Leur établissement, dont les produits furent distingués en 1806 par une médaille d'argent, n'avait pas figuré dans les expositions depuis cette époque; il reparaît aujourd'hui d'une manière brillante.

La manufacture de Pont-l'Évêque, placée sur un cours d'eau avantageux, reçoit le mouvement de quatorze roues hydrauliques, de la force de cent soixante chevaux. Elle fabrique par année 6300 quintaux métriques qui se répandent dans le commerce, savoir :

1.° En France,

Cuivre pour la fabrication d'acétate dit *verdet*..................... 800.

Cuivre pour la marine marchande..................... 600.

Cuivre à l'état de chaudières et baquets de difficile exécution, ... 1,500.

Cuivre à l'état de planches, ... 1,200. 4,850 q. m.

Cuivre raffiné pour les fondeurs et fabricans de boutons .... 500.

Cuivre en grenaille, employé dans l'établissement même pour la fabrication du laiton .... 250.

2.° En Espagne et en Amérique,

Cuivre pour le doublage des

____

À reporter ... 4,850.

Report...... 4,850 q.ᵐ

vaisseaux étrangers qui s'exécute
à Marseille.................... 500.

   3.° En Italie,

Pour doublage et chaudronnerie... 400.

   4.° En Suisse,

En planches et chaudronnerie.... 400.

   5.° Aux Antilles, à la Jamaïque. 150.

} 1,450.

TOTAL......... 6,300.

Parmi les produits de la manufacture de Pont-l'É-
vêque que réunissait l'exposition, on a remarqué,

   1.° Une planche de cuivre dont la longueur est
de.. 5ᵐ 001;
la largeur, de........................... 2. 162.
l'épaisseur, de.......................... 0. 002.
   Le poids est de 230 kilogrammes.

   2.° Un grand fond plat de chaudière d'alambic,
pour la distillation des cannes à sucre, objet destiné
à l'Amérique, où l'Angleterre seule était en possession
d'en fournir de semblables.

       Diamètre............ 2ᵐ 094.
       Hauteur ou relevé..... 0. 165.
Le poids est de 286 kil.

   3.° Deux fonds de chaudières hémisphériques, qui
ont chacun

       Diamètre............ 1ᵐ 354.
       Relevé ou profondeur... 0. 685.
L'un pèse 121 kil. 5; l'autre, 120 kil. 8.

MM. *Frèrejean* et fils exercent en outre leur industrie sur le cuivre jaune ou laiton, et ils y emploient
les 250 quintaux métriques de cuivre en grenaille
qu'ils réservent pour cet objet.

Le jury a décerné à ces fabricans une médaille d'or.

M. Mazarin, à Toulouse (Haute-Garonne), Médailles de bronze.

A présenté du cuivre rouge eu chaudières et en
feuilles. Parmi ces produits on a remarqué une
planche de cuivre très-bien exécutée, dont la longueur est de 21^{m}65, et la largeur, de 10^{m}82.

Le jury lui a décerné une médaille de bronze.

MM. Cartier fils et Adolphe Guérin, à
Paris, rue des Cinq-Diamans, n.° 20,

Ont exposé vingt échantillons de cuivre, d'étain et
d'alliages métalliques préparés pour divers besoins
des arts. Leur fabrique, située à Conflans-Sainte-
Honorine, près Paris, n'est établie que depuis l'exposition de 1823. Ils affinent des étains bruts du Mexique et des cuivres bruts du Pérou et de Syrie; ils préparent le bronze, le laiton et le métal de cloche. Ils
traitent au laminoir le cuivre rouge pour le plaqué
d'or et d'argent; ils préparent aussi le cuivre rouge pour
l'*argue* (cuivre destiné à être doublé d'or, puis étiré à
la filière pour les besoins de la passementerie). Parmi
les produits de cette fabrique on a remarqué de beaux
échantillons de planches à graver.

Le jury a vu avec intérêt les matières exposées

par MM. *Cartier* fils et *Guérin*, et leur a décerné une médaille de bronze.

M. THIÉBAUT aîné, à Paris, rue du Ponceau, n.° 32.

Des cylindres ou rouleaux en cuivre jaune, employés pour l'impression des toiles peintes, des rouleaux en cuivre rouge, nommés *rouleaux anglais*, pour la même destination, ont été présentés par M. *Thiébaut* aîné.

Ses ateliers occupent soixante-six ouvriers, tant fondeurs que mécaniciens. Il approvisionne de rouleaux les fabriques de Suisse, d'Alsace, de Normandie, et quelques fabriques d'Allemagne.

Il vend aujourd'hui pour le prix de 700 francs un rouleau de cuivre allié qui valait 1200 francs il y a dix ans. Le prix des rouleaux de cuivre rouge est de 6 francs 60 centimes le kilogramme, tandis que la livre anglaise des mêmes produits coûte à Manchester 2 schellings 4 pences, ou 2 francs 90 centimes, ce qui fait pour le kilogramme 6 francs 38 centimes. Il en résulte que la différence entre le prix français à Paris et le prix anglais à Manchester n'est que de 22 centimes.

Ces détails montrent assez que l'industrie a fait de notables progrès dans les ateliers de M. *Thiébaut* aîné, qui fut mentionné honorablement en 1823, et auquel le jury a décerné pour ses produits exposés en 1827 une médaille de bronze.

Le jury a arrêté qu'il serait fait mention honorable des fabricans dont les noms suivent :

MM. SOLAZZO et LETELLIER, à Paris, rue du Regard-Saint-Germain, n.° 30,

Pour un cylindre en cuivre gravé d'après le procédé de la molette roulante.

M. PARQUIN, à Paris, rue Popincourt, n.° 66,

Pour divers ustensiles en cuivre exécutés sur des mandrins en bois composés de pièces mobiles. Ce procédé est plus facile et moins dispendieux que celui de la retreinte, et le prix de la façon est diminué des trois quarts.

M. CASSÉ fils, à Paris, rue de la Chaussée-d'Antin, n.° 46,

Pour deux bustes en cuivre rouge très-mince et re-poussé au marteau.

M. BILLON, à Paris, rue Neuve-Saint-Martin, n.° 55,

Pour divers objets de chaudronnerie en cuivre, parmi lesquels on distingue une bassinoire à courant d'air, qui est d'une seule pièce de retreinte, et plusieurs moules d'une exécution difficile.

Le jury a décidé également que les fabricans dont les noms suivent seraient cités au rapport :

M. Delbeuf, à Paris, rue Dauphine, n.° 16,

Pour divers articles de chaudronnerie bien exécutés.

M. Égrot, à Paris, rue de la Grande-Truanderie, n.° 37,

Pour des brocs et un appareil en cuivre.

Section III.

Laiton.

Mention honorable. MM. Frèrejean et fils, à Pont-l'Évêque (Isère).

En parlant des cuivres exposés par MM. *Frèrejean* et fils, nous avons annoncé que ces fabricans emploient annuellement 250 quintaux métriques de cuivre en grenaille, qu'ils convertissent en laiton ou cuivre jaune. Ils ont présenté deux feuilles de ces derniers produits.

La longueur de chacune de ces feuilles est de 1ᵐ 31; la largeur, de .... o. 66; et le poids, de 8 kilogrammes.

Leur belle exécution a été remarquée par le jury, qui a accordé à MM. *Frèrejean* et fils une mention honorable.

Section IV.

Zinc.

Le zinc, ce métal que l'on regardait, il y a vingt ans, comme imparfait et non malléable, est aujourd'hui fréquemment employé dans les arts et dans les constructions publiques et particulières ; plusieurs édifices sont couverts en zinc à Saint-Lô, à Cherbourg, à Bourbon-Vendée, à Rouen. Jusqu'à présent c'est des pays étrangers que les fabriques françaises tirent cette matière premiè·e, quoique dans plusieurs départemens, par exemple dans le Finistère et dans l'Isère, on se propose de mettre à profit les dépôts naturels de zinc sulfuré ou *blende* qui s'y trouvent en abondance.

Deux envois figurent à l'exposition.

M. AVERTY, à Paris, rue Neuve-des-Mathurins, n.° 10,

Médaille de bronze.

A exposé un modèle de toiture en zinc, un modèle de mangeoire de chevaux, et divers ustensiles. Le métal provient de l'usine de M. *Mosselman*, à Dalcanville, qui a obtenu à l'exposition de 1823 une médaille d'argent.

M. *Averty* a exécuté dans ces dernières années les toitures de plusieurs édifices en zinc. Il fabrique des gouttières, des tuyaux, des couvertures d'auvent, des baignoires, &c.

Les objets exposés par ce fabricant ont été remarqués par le jury, qui lui a décerné une médaille de bronze.

MM. FRÈREJEAN et fils, à Pont-l'Évêque (Isère),

Mention honorable.

Déjà cités pour la fabrication du cuivre et du laiton. MM. *Frèrejean* et fils ont présenté à l'exposition quatre planches en zinc laminé, qui sont destinées au doublage des vaisseaux ; elles sont de mêmes dimensions que les planches de cuivre rouge que fournit cet établissement pour le même objet.

Deux de ces planches ont de longueur... 1^m 310
de largeur............................... o. 380.
Les deux autres ont de longueur 1. 633
de largeur................................ o. 488.
Les quatre ensemble pèsent 17 kil. 2.

Le jury a arrêté qu'il serait fait mention honorable de ces produits de la manufacture de MM. *Frèrejean et fils.*

SECTION V.

Étain.

LA consommation de l'étain s'est beaucoup accrue depuis l'exposition de 1823. On trouve une des principales causes de cet accroissement dans la plus grande activité des fabriques de fer-blanc, des manufactures de glaces ou de faïence, des ateliers d'étamage ou de teinture, et des fabriques de bronze ou d'ouvrages en étain.

———————

Médaille
de bronze.

Un seul fabricant a été remarqué à l'exposition.

M. CLANCAU, à Paris, rue du faubourg Saint-Antoine, n.° 3.

A présenté des planches d'étain laminées pour la gravure de la musique, une feuille d'étain pour glaces, et des feuilles minces d'étain poli, dites *pail-lons*, de diverses couleurs.

La feuille d'étain pour glaces a de longueur 4^m 144; de largeur . . . . 2 977. Elle est extrêmement mince, d'une égalité parfaite et sans aucune tache.

Cette fabrique emploie annuellement 800 quintaux métriques d'étain; elle occupe vingt-cinq ouvriers.

La belle qualité des produits exposés par M. *Clancau* a décidé le jury à lui décerner une médaille de bronze.

Section VI.

Bronze.

Parmi les nombreuses fabriques de bronze dont l'exposition a réuni les produits, on a distingué des candelabres, des lustres, des ornemens d'église, des surtouts de table, des pendules, qui font la matière d'un chapitre spécial de ce rapport; nous devons nous borner à considérer ici les ateliers dans lesquels on compose le bronze pour la fonte des cloches.

———

M. Hildebrand, à Paris, rue Saint-Martin, n.° 202,

Rappel d'une médaille de bronze.

A exposé deux grosses cloches, un modèle de ca-rillon, des sonnettes de table, et des globes sonores propres à remplacer les cymbales dans la musique mi-litaire. L'une de ces cloches est du poids de 9 quintaux métriques; l'autre en pèse 12. Dans l'espace d'une année, ce fabricant vient de fondre trente-deux cloches du poids total de 156 quintaux métriques 17; la plus forte en pèse 12, et la moindre, .. 25. Trois de ces cloches, pesant ensemble 25 quintaux métriques, sont destinées à l'Amérique.

M. *Hildebrand* fabrique en outre, par année, 150 grosses, c'est-à-dire 19,400 pièces, de timbres pour pendules; il en expédie un grand nombre dans les pays étrangers. Il a de plus perfectionné les sonnettes de table, en substituant aux peintures saillantes, qui nuisaient à la vibration, et qui d'ailleurs étaient peu durables, un damassé incrusté qui n'altère pas le son.

A l'exposition de 1823 M. *Hildebrand* avait obtenu une médaille de bronze; le jury déclare qu'il n'a pas cessé de mériter cette distinction.

———

Mention honorable.

M. Osmond-Dubois, à Paris, rue Saint-Martin, n.º 187,

Des cloches, des carillons, des sonnettes, des timbres de pendule, ont été exposés par M. *Osmond-Dubois*. On a remarqué entre autres produits un carillon composé de huit pièces qui forment une octave juste, sans avoir été retouchées. C'est dans les ateliers de ce fabricant que l'on a fondu, en 1825, les deux bourdons de l'église de Saint-Sulpice, à Paris.

Le jury a arrêté qu'il serait fait mention honorable de M. *Osmond-Dubois*.

———

Il a été décidé en outre que les fabricans dont les noms suivent seraient cités au rapport.

Citations.

M. Lenoble fils, à Paris, rue Aumaire, n.° 2,

Pour une cloche avec toute sa monture, très-bien exécutée.

M. Amant, à Paris, quai Pelletier, n.° 14,

Pour des timbres de pendule, des timbres harmoniques et des sonnettes dites à pompe.

Section VII.

Palladium.

M. Bréant, à Paris, quai Conti, n.° 11,

Rappel d'une médaille d'or.

Qui avait obtenu à la dernière exposition la médaille d'or et la décoration de la Légion d'honneur, pour les progrès et les découvertes qu'il a faites dans les arts métalliques, a continué ses importans travaux avec le plus grand succès. Cette année, il a présenté à l'exposition une coupe de palladium dont, en 1823, il avait fait voir des échantillons purifiés par ses procédés. On sait que ce métal est extrait du minerai de platine, dont mille parties n'en contiennent qu'une demie de palladium; d'où il suit que pour obtenir cette coupe, il a fallu opérer sur 31 quintaux métriques 25 de platine; elle a 45 centimètres [16 pouces] de diamètre sur 12 centimètres [5 pouces] de profondeur au relevé.

A cet ouvrage, unique dans son genre, M. *Bréant* a joint un lingot de palladium qui pèse plus d'un kilogramme, et divers échantillons du même métal.

Section VIII.

Platine.

Suivant le rapport de M. le baron *Héron de Ville-fosse* au jury central, on importa en France, en 1822,

Platine en lingots................ 37 kil. 40.

On exporta,

Platine purifié en lingots......... 61. 56.

Et de plus 4 kilog. 6 de minerai.

D'où résulte une différence, en faveur de l'exportation, de................ 24 kil. 16.

En 1826, d'après le terme moyen de quatre années, on importa en France, pour la consommation intérieure, déduction faite de l'exportation, 129 kilogrammes de platine en lingots; et ainsi l'on est porté à croire que l'industrie manufacturière emploie en France, par année moyenne, environ un quintal métrique 29 kilogrammes de platine à l'état métallique, valant, à raison de 27 fr. 50 cent. l'once ou 898 fr. 98 cent. le kilogramme, 115,968 fr. 42 cent.

Rappel d'une médaille d'or.

M. Bréant, à Paris, quai Conti, n.° 11,

Que nous venons de citer pour ses travaux sur le palladium, et qui avait présenté, en 1823, de beaux échantillons de sa fabrication de platine, a exposé, cette année, un grand assortiment de différens vases et ustensiles à l'usage du laboratoire, tels que des capsules, des creusets, des alambics, des siphons pour la décantation de l'acide sulfurique bouillant, du fil de platine, &c.

Le jury a décidé qu'il serait fait rappel de la médaille d'or décernée à ce savant en 1823.

MM. Cuoq , Couturier et compagnie, à
Paris, rue de Lulli, n.° 1.

On a particulièrement remarqué MM. *Cuoq, Couturier* et compagnie, qui obtinrent une médaille d'argent en 1819. Ils ont exposé un lingot de platine
purifié dégrossi au laminoir. Ce lingot, de 1 mètre 109
[41 pouces] sur 351 millimètres [13 pouces] de
longueur et 112 millimètres [5 lignes] d'épaisseur,
pèse 89 kilog. 0289 [181 livres 14 onces]; il vaut
80,000 francs. C'est un produit remarquable, qui
prouve que ces fabricans continuent avec succès le traitement du platine.

Le jury déclare que MM. *Cuoq, Couturier* et compagnie n'ont pas cessé de mériter la médaille d'argent
qu'ils avaient obtenue en 1819, et a décidé qu'il leur
en serait délivré un nouveau diplôme.

Un troisième fabricant a exposé du platine, M. *Bernauda,* orfèvre-bijoutier; nous en parlerons à l'article
de la bijouterie.

SECTION IX.

Fonte de fer.

DEPUIS la dernière exposition, la consommation
de la fonte de fer s'est accrue de 64,000 quintaux métriques. Aucun moyen d'améliorer les méthodes de
fabrication n'a été négligé, et nos usines rivalisent
aujourd'hui avec celles de l'Angleterre pour la bonne
qualité des produits.

MM. Manby et Wilson, à Charenton près Paris, et au Creusot (Saone-et-Loire),

Ont exposé, 1.° le moyeu d'une grande roue d'engrenage, laquelle doit avoir 16 pieds de diamètre et 16 pouces de largeur sur la circonférence garnie de dents. Ce moyeu pèse 35 quintaux métriques. L'exécution d'une telle pièce coulée en fonte de fer présentait de grandes difficultés, à cause de son poids et du nombre de noyaux qui la traversent en diverses directions.

2.° Le piston en fonte d'une machine soufflante, laquelle aura la force de cent chevaux; ce piston a 9 pieds de diamètre; il est traversé par une tige en fer forgé. La machine soufflante est déjà montée à l'usine à fer du Creusot; elle y procurera l'air à quatre hauts fourneaux alimentés par le coke, et elle fournira 12,000 pieds cubes d'air par minute.

Nous aurons occasion de revenir sur les établissemens de MM. *Manby* et *Wilson* en considérant le fer forgé; mais nous ne pouvons nous dispenser de remarquer ici que l'usine de Charenton, qui n'est en activité que depuis cinq ans, a fourni de grands attirails en fonte moulée aux principaux ateliers métallurgiques de la France; qu'elle fabrique, par année, trente à quarante machines à vapeur, qui représentent la force de mille à douze cents chevaux; qu'elle a fourni des bateaux à vapeur pour le service de plusieurs ports maritimes de la France; pour Cayenne et pour le Sénégal; qu'elle a établi le grand appareil calorifère de la Bourse de Paris, et que tout récemment on y a exécuté des machines à broyer qui sont déjà en activité à la manufacture royale des tabacs à Paris.

Le jury a décerné à MM. *Manby* et *Wilson* une médaille d'or, pour les grosses pièces de machines en fonte moulée.

MM. Risler frères et Dixon, à Cernay et à Mulhausen (Haut-Rhin).

A l'exposition de 1823, MM. *Risler* frères et *Dixon* obtinrent une médaille d'or pour une machine à éplucher le coton, et le jury, en faisant mention honorable de leurs produits en fonte de fer, déclara qu'ils auraient eu droit, pour ces derniers produits, à une médaille d'argent. Aujourd'hui ces fabricans ont exposé, entre autres produits de leur grand établissement, des pièces de machines en fer de fonte coulées en sable humide.

Le jury se fait un devoir de déclarer que MM. *Risler* frères et *Dixon* n'ont pas cessé de mériter la récompense qui leur avait été décernée à la précédente exposition, et qu'ils sont toujours dignes de la médaille d'or.

MM. Aubertot père et fils, à Vierzon (Cher),

Ont exposé une cheminée en fonte de fer qui a l'avantage de procurer beaucoup de chaleur et de préserver de la fumée. Ils ont présenté aussi une caisse d'oranger coulée d'une seule pièce, en fonte de fer. Dans l'envoi de MM. *Aubertot* on a remarqué encore trois rouages de mécanique, une tête de lion pour décoration de fontaine, de petits tuyaux et de petites marmites en fonte, et un balcon de même matière. Tous ces objets ont été coulés en fonte de première fusion, qui est susceptible d'être limée, forée, et même de recevoir le pas de vis. La modicité de leurs prix est remarquable.

MM. *Aubertot* père et fils avaient obtenu en 1823 une médaille d'argent; le jury a décidé que cette distinction serait rappelée.

Ces habiles fabricans ont aussi exposé des fers qui seront l'objet d'un article particulier.

Médaille d'argent.

MM. MARTIN et compagnie, à Fourchambault (Nièvre),

Ont présenté divers objets en fonte de fer, tels qu'une roue de char destiné au transport de la houille dans l'intérieur des mines; une boîte de roue en fonte douce, dont la surface intérieure est dure et polie; un rouleau de laminoir en fonte dure, et un lit en fonte de fer dont le fond est en fer plat et susceptible d'être tendu à volonté. Dans la fonderie de MM. *Martin* et compagnie on fabrique annuellement 10,000 quintaux métriques de pièces de mécanique en fonte moulée de seconde fusion. Sur cette quantité, on emploie 2500 quintaux métriques à la fabrication des laminoirs en fonte dure, pour fer, tôle et fer-blanc. Ces ouvrages ne le cèdent en rien à ceux qu'on fabrique ailleurs avec de la fonte anglaise.

Le jury a décerné à MM. *Martin* et compagnie une médaille d'argent.

Rappel d'une médaille de bronze.

MM. WADDINGTON frères, à Saint-Remi-sur-Avre (Eure-et-Loir).

Des pièces de machines qui consistent en une roue d'angle de 60 dents, un pignon de 29, et une poulie en fonte de fer, ont été présentés par MM. *Waddington* frères.

Le jury a reconnu que ces pièces ont été exécutées avec une grande précision, et a décidé qu'il serait fait rappel de la médaille de bronze décernée à ces fabricans en 1823.

M. MENTZER, à Paris, rue St-Victor, n.° 44,

A exposé une suite graduée de mortiers en fer poli, de diverses dimensions. Ce fabricant ne se borne pas à polir de petites pièces de fonte, dans l'exécution desquelles il réussit, ainsi qu'on l'a déjà remarqué aux deux précédentes expositions ; c'est lui qui a tourné et poli les plus grosses pièces d'un grand appareil qui a figuré à l'exposition de 1827, sous le nom de *chronogéomètre.*

En 1823 M. *Mentzer* avait obtenu une médaille de bronze ; cette distinction est toujours méritée.

MM. DUMAS père et fils, à Paris, rue de Charonne, n.° 47.

Ces fabricans ont fait de nouveaux efforts pour soutenir la supériorité de leurs produits en fonte de fer. Ils sont cités ici pour les objets de quincaillerie qu'ils ont exposés ; la bijouterie en fonte sera l'objet d'un article particulier. Le jury a décidé qu'il serait fait rappel de la médaille de bronze décernée en 1823 à MM. *Dumas* pour la totalité de leurs produits.

Mme veuve DIETRICH et fils, propriétaires des forges de Niederbronn (Haut-Rhin),

Ont présenté divers objets en fonte moulée de

première fusion, tels qu'ustensiles, poids, pièces de machines, médaillons, petites soucoupes et ornemens. Les échantillons sont produits tels qu'ils sortent des moules, sans avoir été réparés à la lime; la fonte est douce et de bonne qualité; l'exécution des pièces est satisfaisante.

Le jury a décerné à Mme veuve *Dietrich* et fils une médaille de bronze.

M. RATCLIFF, à Paris, rue Saint-Ambroise; n.° 5 *bis.*

Des pièces détachées à l'usage des mécaniciens ont été exposées par M. *Ratcliff.* Tous ces objets en fonte de fer de seconde fusion sont bien exécutés.

Cet habile fabricant a établi depuis quatre ans, à Paris, une fonderie qui était d'abord sous un petit hangar, et qui est aujourd'hui en état d'exécuter les pièces les plus difficiles, jusqu'au poids de 30 quintaux métriques. Il y a pratiqué avec succès l'art de fondre en sable vert ou humide, qui est le seul moyen d'obtenir des pièces de fonte semblables au modèle, et à beaucoup meilleur marché que par l'ancien procédé du moulage en sable d'étuve.

Le jury a décerné à M. *Ratcliff* une médaille de bronze.

M. BENOÎT, à Paris, rue Neuve-Popincourt; n.° 7.

Outre des objets en bronze et autres alliages métalliques, M. *Benoît* a exposé divers produits en fonte moulée, parmi lesquels on a remarqué un grand vase, exécuté d'après l'un de ceux que possède le Musée royal, deux vases Médicis de moindres dimensions, et une console de forme gothique. La belle collection de ces objets prouve qu'en France on emploie la fonte au moulage avec autant de succès que dans les pays les plus renommés pour ce genre d'industrie, et que l'on y sait produire non-seulement de petits ouvrages, mais encore de grandes pièces d'ornement.

Le jury a décerné à M. *Benoît* une médaille de bronze.

—————————

MM. Boigues et fils, à Fourchambault (Nièvre). Mention honorable.

MM. *Boigues* et fils, sur lesquels nous aurons à revenir à l'occasion des fers en barres provenant de leur usine de Fourchambault, ont exposé de la fonte de fer fabriquée au charbon de bois, dans l'usine de Feuillarde (Cher), et de la fonte de fer fabriquée en partie au coke, dans l'usine de Torteron, même département.

Le chef de bataillon d'artillerie directeur de la fonderie royale de Nevers atteste que cet établissement n'était approvisionné, à l'époque de l'exposition de 1827, que de fonte provenant des fourneaux de Feuillarde et de Torteron, et que ces fontes procurent de très-bonnes pièces d'artillerie.

MM. *Boigues* sont les premiers qui aient introduit l'emploi de la houille carbonisée dans les hauts fourneaux du Berry; c'est une amélioration d'une haute importance, pour une contrée qui est très-riche en minerais de fer et dont les ressources en bois s'épuisent.

Les établissemens de MM. *Boigues*, dans le seul

département du Cher, occupent, tant sur les minières que dans les bois, dans les usines et sur les routes, plus de mille ouvriers.

Le jury, qui aura à citer la médaille d'or décernée à MM. *Boigues* et fils pour les fers de leurs usines, fait mention honorable des produits en fonte de fer qu'ils ont présentés à l'exposition.

Mention honorable.

La Société anonyme des fonderies de Vizille (Isère.)

A présenté des échantillons de fonte brute de fer qui résultent de la fusion du minerai par le moyen de l'anthracite jointe à la houille carbonisée. Dans ce nouvel établissement, qui n'a été mis en activité qu'en 1826, on a tenté d'employer l'anthracite du lieu, sorte de houille sèche qui était regardée comme très-difficilement combustible. La compagnie des forges des départemens de la Loire et de l'Isère a déjà demandé 500 quintaux métriques de la fonte ainsi obtenue, pour l'affiner par le moyen de la houille. Les mêmes produits ont été essayés à Lyon, pour le moulage en pièces fines; mais on ne les a pas employés seuls, parce que, pour cet objet, ils sont un peu trop fluides. Récemment, avec cette fonte de première fusion, on a exécuté dans l'usine de Vizille des poêles ou fourneaux pour l'hôpital de Grenoble; et les entrepreneurs de l'établissement annoncent que cet essai a complétement réussi.

Le jury a arrêté qu'il serait fait mention honorable des produits des fonderies de Vizille.

Il a accordé la même distinction à

M. DE PRACOMTAL, propriétaire du fourneau de Tourbe-Rouge (Manche),

Pour des marmites et des chenets en fonte de fer, ouvrages d'une exécution satisfaisante.

———

Le jury a décidé en outre que les fabricans dont les noms suivent seraient cités au rapport :

MM. HUVELIN DE BAVILLIERS et compagnie, à Premery (Nièvre),

Pour un modèle de l'enveloppe d'un haut fourneau coulé en fonte de première fusion, d'après la description qui en a été publiée dans *les Annales des mines*, tome XIII, 1826, page 515.

M. Laurent THIEBAUT, à Paris, rue de Paradis-Poissonnière, n.° 12,

Pour un cylindre en fonte de fer dont l'enveloppe extérieure est en fonte dure, tandis que l'intérieur et par conséquent les tourillons sont en fonte douce.

M. DE LA ROCHE fils, à Paris, rue du Bac, n.° 58,

Pour des appareils de cheminée en fonte de fer.

 M. ANDRÉ, à Paris, quai de la Mégisserie,
n.º 48,

Pour des balcons et autres objets à l'usage des
bâtimens.

M. DUVAL, à la Gouberge (Eure),

Pour un lit en fonte de fer.

M. CALLA, à Paris, rue du faubourg Poissonnière, n.º 92,

Pour une borne en fonte de fer.

M. BARBEAU, à Paris, quai de la Mégisserie,
n.º 18,

Pour divers foyers en fonte de fer.

M. GILBERT, à Paris, rue du Croissant, n.º 9,

Pour des foyers et des chenets en fonte de fer.

M. MÉNÉTRIER, à Sellières (Jura),

M. HOUDAILLE, à Paris, rue Saint-Martin,
n.º 171,

M. MARCHAND, à Paris, rue Saint-Martin,
n.º 185,

Pour ouvrages de bijouterie en fonte de fer, d'une
très-belle exécution.

SECTION X.

Fer.

LA quantité de fer employée par l'industrie française a été presque doublée depuis quatre ans. Cet accroissement est dû en grande partie à la fabrication du fer affiné par le moyen de la houille et façonné au laminoir. On sait que ce procédé n'a commencé à s'introduire en France qu'en 1821, et ne s'y est complétement naturalisé que depuis l'exposition de 1823. Aujourd'hui la France possède environ quarante de ces établissemens, que l'on nommait *forges à l'anglaise*, et qui désormais pourront aussi être appelés *forges françaises*.

Onze envois de fers en barres, en verges et en rubans, de fers ronds et de fers diversement façonnés, ont été adressés à l'exposition. Une grande partie de ces produits provient d'établissemens qui n'ont été formés en France, ou mis en grande activité, que depuis 1823, et dans lesquels on convertit la fonte en fer par le moyen de la houille, avec le secours du laminoir. Tels sont les fers que présentent les forges de la Basse-Indre (Loire-Inférieure), de Fourchambault (Nièvre), de Moncey (Doubs), d'Abainville (Meuse), de Charenton (Seine) et du Creusot (Saône-et-Loire).

Les autres produits en fer forgé ont été obtenus par le moyen du charbon de bois et du marteau : tels sont des fers en verges, pour la clouterie, produits du département de l'Indre ; des bandes d'affûts de siége et du fer affiné par la méthode catalane, du département de Lot-et-Garonne ; des fers de différens échantillons, des départemens de la Haute-Vienne et du Bas-Rhin ; des fers en barres de petites dimensions, et une embature de roue percée à froid par le moyen d'une machine, produits du département du Cher.

Une grande partie des produits en fer que réunit l'exposition provient d'établissemens déjà cités au sujet des fontes moulées.

<table><tr><td>Médaille
d'or.</td><td>

MM. Boigues et fils, à Fourchambault, (Nièvre),

Exposent des fers en barres de diverses dimensions. Une partie de ces fers est employée à Nevers, dans la fabrication des chaînes-cables pour la marine ; d'autres sont corroyés sous différentes formes ; ce qui en atteste la bonne qualité. L'usine de Fourchambault fabrique annuellement, par le moyen de la houille et du laminoir, environ 55,000 quintaux métriques de fer ; c'est à peu près la huitième partie de la quantité qui est obtenue en France par ce nouveau procédé. Le prix modéré du fer de Fourchambault, qui est très-estimé dans le commerce, a contribué à faire baisser le prix de ce métal dans les forges françaises.

Le jury a décerné à MM. *Boigues* et fils, pour les fers de leur usine de Fourchambault, une médaille d'or.

</td></tr></table>

<table><tr><td>Rappel
d'une
médaille
d'argent.</td><td>

M. Thué, à Crozon (Indre).

Des fers en verges, pour la clouterie, ont été présentés par M. *Thué.* Ce fer est recherché par les clou-

</td></tr></table>

tiers, parce qu'il est doux et nerveux sans être pail-
leux, qu'il n'éprouve au feu qu'un faible déchet, et se
laisse forger sans être très-chaud.

M. *Thué* avait obtenu à l'exposition de 1823, une
médaille d'argent ; le jury déclare qu'il n'a pas cessé
de mériter cette distinction.

MM. MATHEY frères et GUENARD, aux forges de Moncey (Doubs),

Ont exposé du fer en barres et en rubans, affiné à
la houille et étiré au laminoir. Cet établissement est
une ancienne forge qui a été convertie en une forge
anglaise. En 1823, il avait exposé des échantillons
de fer affiné à la houille et forgé au marteau ; aujour-
d'hui le nouveau procédé est définitivement substitué à
l'ancien dans l'usine de Moncey. La qualité du fer est
estimée, parce qu'il provient d'excellente fonte tirée
de la Franche-Comté, où elle est obtenue par le
moyen du charbon de bois.

Cet établissement, qui appartient à M. le maréchal
duc *de Conegliano*, est le seul de ce genre dans une
contrée où l'introduction des nouveaux procédés peut
devenir très-avantageuse. Il lui avait été décerné une
médaille de bronze à l'exposition de 1823 ; le jury
déclare qu'il est de plus en plus digne de cette récompense, pour laquelle un diplôme de rappel est accordé
à MM. *Mathey* frères et *Guenard.*

M. MUEL-DOUBLAT, à Abainville (Meuse),

A présenté des échantillons de fer de fonderie, de
rubans de fer, et de fer rond, provenant de fonte ex-

cellente, qui est obtenue par le moyen du charbon de
bois, et qui est affinée à la houille. Ces fers sont
étirés au laminoir. Les dimensions et les formes de
ces produits en attestent la bonne qualité.

L'établissement de M. *Muel-Doublat* était une ancienne forge, qui a été convertie, depuis 1823, en
une forge à l'anglaise.

Le jury a décerné à ce fabricant une médaille de
bronze.

La Compagnie des forges de la Basse-Indre (Loire-Inférieure).

Dans cet établissement, formé depuis 1823, on
est parvenu à fabriquer un fer doux et malléable, en
affinant les fontes de Bretagne, dont auparavant on
n'obtenait qu'un fer aigre et cassant.

La compagnie de la Basse-Indre a exposé en 1827
du fer feuillard et du fer fort, fabriqué par le moyen
de la houille et du laminoir. Le jury lui a accordé pour
ces produits une médaille de bronze.

M. MICHEL jeune, aux forges de Corbançon (Indre),

A exposé du fer en barres de divers échantillons,
et du fer en verges de cinq lignes d'épaisseur, qui est
affiné au moyen du charbon de bois et forgé au marteau.
Ce fer, qui est d'une qualité supérieure, est recherché
par les carrossiers. Le même propriétaire possède dans
le département d'Indre-et-Loire un autre établissement
qui produit aussi d'excellent fer.

Les forges de M. *Michel* occupent habituellement trois cents ouvriers.

Le jury a décerné à ce fabricant une médaille de bronze.

MM. Gɪɢɴᴏᴜx et compagnie, aux forges de Grèze et de Cuzorn (Lot-et-Garonne).

Des échantillons de fer en barres ont été présentés par MM. *Gignoux* et compagnie. Dans l'usine de Grèze on affine au charbon de bois et l'on forge au marteau de la fonte qui provient d'un haut fourneau dépendant du même établissement. L'usine de Cuzorn est une forge catalane, c'est-à-dire, un atelier dans lequel on obtient directement du fer du minerai, par le moyen du charbon de bois et du marteau. MM. *Gignoux* et compagnie ont perfectionné ce procédé de fabrication, tant sous le rapport de la qualité des produits que relativement à l'économie du combustible.

Le jury a décerné à MM. *Gignoux* et compagnie une médaille de bronze.

————

MM. Mᴀɴʙʏ et Wɪʟsᴏɴ à Charenton près Paris, et aux forges du Creuzot (Saone-et-Loire),

Ont exposé des échantillons de fer entièrement fabriqués à la houille, depuis la fusion du minerai jusqu'à l'étirage des barres. Parmi les produits de cet établissement on a remarqué une portion de la route en fer laminé qui doit être établie de Saint-Étienne à Lyon. On s'occupe dans les ateliers de Charenton de

Médailles de bronze.

Mention honorable.

la construction d'un grand appareil à vapeur pour la
marine royale ; cet appareil comprend deux machines
de la force totale de cent soixante chevaux, et doit
être adapté à un bâtiment servant à remorquer un vais-
seau de ligne dans le port de Brest. MM. *Manby et
Wilson* ayant obtenu la médaille d'or pour leurs produits en fonte, le jury les mentionne encore honorablement pour les fers qu'ils ont présentés à l'exposition.

MM. Aubertot père et fils, à Vierzon (Cher).

Ont présenté des échantillons de fer forgé des plus
petites dimensions, et une embature de roue percée à
froid par le moyen d'une machine.

Le jury, qui a rappelé la médaille d'argent que
MM. *Aubertot* père et fils avaient obtenue pour leurs
fontes, a décidé qu'il serait fait aussi mention honorable de leurs produits en fers.

M.me veuve Dietrich et fils, aux forges de Niederbronn (Bas-Rhin),

Fabriquent des fers en barres et bandages, des fers
martinés de petites dimensions, des fers ronds, des
fers en verges crenelées, des essieux en fer fort, des
socs de charrue en fer métis, des fers en rubans pour
cercles, et du fer en verges de fenderie.

Ces grandes forges, les seules qui existent dans le
département du Bas-Rhin, occupent habituellement
neuf cents ouvriers, et trois à quatre cents bûcherons,
qui sont employés pendant six mois de l'année.

Déjà cités à l'occasion des fontes de fer, pour lesquelles ils ont obtenu une médaille de bronze,

Mme veuve *Dietrich* et fils sont encore mentionnés honorablement pour leurs produits en fer de diverses espèces.

Mentions honorables.

M. PARANT, à Limoges (Haute-Vienne),

A exposé différens échantillons de fer, tels que du fer feuillard, du fer en verges et du fer rond.

Ces produits sont bien exécutés, d'une qualité satisfaisante et d'un prix modéré. Le jury a décidé qu'il serait fait mention honorable de M. *Parant.*

SECTION XI.

Acier.

DEPUIS quatre ans la fabrication de l'acier s'est considérablement accrue en France. Vingt envois ont été faits par treize départemens. Parmi ces produits on distingue l'acier naturel, l'acier fondu et l'acier cémenté. L'acier naturel est raffiné pour des broches de filatures, coins, matrices et burins ; dans le département de la Côte-d'Or ; pour faulx et limes, dans le département de l'Ariége ; pour outils et armes blanches, dans le Bas-Rhin ; pour ressorts de voitures, dans le département de l'Isère et ailleurs ; pour limes, outils et coutellerie, dans le département de la Haute-Saone ; pour la fabrication des filières, dans le département de l'Orne.

L'acier fondu est employé dans le département du Bas-Rhin pour la fabrication des faulx, des limes et des ressorts. Le département de la Seine a présenté aussi de l'acier fondu qui provient des ateliers de Bercy et de Bougival.

Enfin les produits en acier qui ont été adressés à l'exposition par plusieurs autres départemens, tels que la Haute-Garonne, l'Aude, Indre-et-Loire et le Loiret, consistent en aciers cémentés et corroyés, qui sont propres à la fabrication des limes, des faulx, des outils et de la coutellerie.

Rappel de médailles d'or.

M. Ruffié fils, à Foix (Ariége),

A présenté différentes sortes d'acier. Ces produits sont fabriqués avec du fer provenant de trois feux de forges catalanes, qui fournissent annuellement 4000 quintaux métriques de fer brut, dont il résulte 3000 quintaux métriques de fer paré, d'acier étiré, corroyé et raffiné, pour toute sorte d'usages.

A l'exposition de 1823 ce fabricant avait obtenu une médaille d'or; depuis cette époque il a diminué les prix de ses produits en acier, dont il a cependant amélioré la qualité. Le jury se plaît à reconnaître qu'il mérite de plus en plus la récompense qui lui avait été décernée, et arrête qu'il lui en sera délivré un diplôme de rappel.

MM. Monmouceau père et fils et compagnie, à Orléans (Loiret).

De l'acier cémenté ainsi que des limes fabriquées avec cet acier ont été présentés par MM. *Monmouceau* père et fils et compagnie. Depuis l'année 1823 ces fabricans ont appliqué le procédé de la cémentation à de plus grandes quantités de fer; ils occupent aujourd'hui quatre-vingts ouvriers, et ont formé des ateliers d'apprentis qui font espérer un nouvel accroissement d'activité.

A l'exposition de 1819 il avait été décerné une médaille d'or aux produits de cette usine, sous le nom de MM. *Monmouceau* et *Dequenne* ; elle a été rappelée en 1823. Le jury a décidé qu'il serait délivré un nouveau diplôme de rappel de cette distinction, dont MM. *Monmouceau* père et fils se montrent toujours dignes.

MM. LECLERC et DEQUENNE, à Raveau, près la Charité (Nièvre).

Le jury a arrêté également qu'il serait fait un nouveau rappel, au nom de MM. *Leclerc* et *Dequenne*, de la médaille d'or obtenue par M. *Dequenne*, à Raveau, en 1819, et déjà rappelée en 1823. Les produits de cette fabrique consistaient en acier cémenté pour les besoins de la coutellerie, de la taillanderie et de l'aiguillerie. Ils ont été particulièrement remarqués par le jury.

MM. SIRODOT et compagnie, à la forge de Bèze (Côte-d'Or),

Ont exposé de l'acier naturel qu'ils fabriquent et raffinent pour broches de filatures, coins de monnaies, matrices, burins, crochets à tourner les métaux.

Ces produits sont généralement estimés dans le commerce, et le jury a déclaré qu'un nouveau di-

plôme serait délivré à MM. *Sirodot* et compagnie,
pour rappeler la médaille d'argent décernée à M. *Rochet* à l'exposition de 1819, et déjà rappelée en 1823,
sous le nom de MM. *Rochet, Sirodot* et compagnie.

Rappel
d'une
médaille
d'argent.

M. RIVALS-GINCLA, aux forges de Gincla (Aude).

Même rappel de la médaille d'argent obtenue en
1823 a été accordé à M. *Rivals-Gincla* pour l'acier
cémenté qu'il a présenté à l'exposition.

Médaille
d'argent.

MM. GAULTIER DE CLAUBRY et compagnie, à Bercy, près Paris,

Ont exposé de l'acier cémenté et de l'acier fondu,
ainsi que des objets fabriqués avec ces deux sortes
d'acier. L'usine de Bercy fut établie au commence-
ment de l'année 1825; et un coutelier renommé,
M. *Sir-Henry*, après avoir fabriqué divers instruments de
chirurgie avec l'acier fondu de Bercy, déclare qu'il ne
diffère point des meilleurs aciers fondus de France ou
d'Angleterre. Quant à l'acier cémenté de Bercy,
M. *Sir-Henry*, après en avoir fait des rasoirs et des couteaux de table, assimile ce produit aux meilleurs aciers
et aux étoffes d'Allemagne. Ce témoignage est confirmé par les essais spéciaux auxquels ont été soumises
les différentes sortes d'acier de Bercy qui ont été présentées à l'exposition.

Le jury a décerné à MM. *Gaultier de Claubry* et
compagnie une médaille d'argent.

M. Hue, à l'Aigle (Orne),

A présenté de l'acier qu'il prépare pour la fabrication des filières propres à l'étirage, soit des fils de fer ou de laiton, soit des fils d'acier de tous numéros jusqu'aux plus fins. Il emploie pour cet objet une composition métallique, qu'il met en œuvre par un procédé particulier. C'est ce que déclarent, par un certificat, les autorités de la ville de l'Aigle, qui ajoutent que les diverses tréfileries de cette ville préfèrent les filières de M. *Hue* à toutes celles que l'on fabrique, soit en France, soit à l'étranger. Un autre certificat du colonel directeur des travaux de précision de l'artillerie confirme ce témoignage sur le mérite des filières de M. *Hue.*

Le jury a décerné à cet habile fabricant une médaille d'argent.

M. Joseph Louis Falatieu, à la forge de Pont-du-Bois (Haute-Saone),

A exposé de l'acier naturel brut et raffiné de tous les échantillons que réclament les besoins des arts. Son établissement occupe cent quatre-vingts ouvriers.

Le jury a accordé à M. *Falatieu* une médaille de bronze.

La Fabrique d'acier d'Illkirch (Bas-Rhin).

Cette fabrique, qui fut établie en 1825 par une société anonyme d'actionnaires, a présenté de l'acier de cémentation façonné au martinet, des liures et

d'autres outils faits avec cet acier. La bonne qualité de
ces produits a été reconnue par le jury, qui a accordé
à la fabrique d'Illkirch une médaille de bronze.

M. VALOND, à Saint-Clair-sur-Galaure (Isère),

A exposé de l'acier naturel qui est propre à la fabrication des ressorts de voitures. Les échantillons de
ressorts qu'il a présentés attestent la bonne qualité de
cet acier, dont le prix est très-modéré.

Le jury a décerné une médaille de bronze à ce
fabricant.

MM. GARRIGOU, MASSENET et compagnie, à Toulouse (Haute-Garonne).

Ces fabricans, que nous aurons à signaler à l'occasion des faulx et des limes, pour lesquelles ils ont obtenu le rappel de la médaille d'or, ont présenté divers
échantillons d'acier cémenté, qui est propre, soit à la
coutellerie, soit à la fabrication des limes et des faulx.
Ils obtiennent annuellement dans leur établissement
8000 quintaux métriques d'acier cémenté.

Le jury fait mention honorable des aciers de
MM. *Garrigou, Massenet* et compagnie.

M. SAINT-BRIS, à Amboise (Indre-et-Loire).

Le jury mentionne honorablement aussi les aciers
cémentés exposés par M. *Saint-Bris*, qui a obtenu le
rappel de la médaille d'or pour les limes qu'il a présentées.

MM. Coulaux et compagnie, à Molsheim (Bas-Rhin),

Ont établi, depuis l'année 1823, dans leur forge de Boerenthal (Moselle), la fabrication de l'acier naturel brut, qu'ils raffinent ensuite tant à Boerenthal qu'à Molsheim. Dans ce dernier endroit ils emploient le fer et l'acier pour confectionner une grande quantité de faulx, de limes et d'outils divers, qui seront l'objet d'un article particulier.

Le jury a décidé qu'il serait fait mention honorable des aciers de MM. *Coulaux* et compagnie.

MM. Abat père et fils et compagnie, à Pamiers (Ariége);

Ont présenté de l'acier cémenté qui est employé dans la confection des objets de taillanderie, de quincaillerie, de coutellerie, &c. Ils ont aussi exposé des limes pour lesquelles il leur a été fait rappel de la médaille d'argent.

En ce qui concerne leurs produits en acier, le jury en fait mention honorable.

MM. Mouret de Barterans et de Velloreille, à Chenecey (Doubs).

Mention honorable est également faite des barreaux d'acier fin propres à l'étirage exposés par MM. *Mouret de Barterans* et *de Velloreille*, qui ont obtenu le rappel de la médaille d'argent pour leurs fils de fer, d'acier et de laiton.

MM. JAPY frères, à Beaucourt (Haut-Rhin).

Ces fabricans, dont il sera fait mention à l'occasion des outils divers, ont présenté de l'acier fondu et des enclumes ou tas fabriqués avec cet acier. Ces produits se font remarquer par un poli brillant.

Le jury a décidé qu'il serait fait mention honorable des aciers de MM. *Japy* frères.

MM. PASQUIER, GEIGER et compagnie, à Saint-Maur près Paris,

Ont présenté de l'acier en barres, dont ils ont entrepris la fabrication en 1825. Leurs premiers essais sont très-remarquables, et les produits qu'ils ont exposés ont fixé l'attention du jury, qui leur a accordé une mention honorable.

Le jury a décidé en outre que les fabricans dont les noms suivent seraient cités au rapport:

M. BOREY aîné, à Paris, rue du Faubourg Saint-Martin, n.° 70,

Pour des échantillons d'acier cémenté dont il se propose d'établir la fabrication en n'employant que des fers français.

M. LENORMAND, à Paris, rue Percée-Saint-André, n.° 11,

Pour des aciers travaillés par un procédé particulier, pour des burins et autres instrumens.

Le jury a regretté de ne pouvoir comprendre dans les récompenses MM. *Schmidt, Born* et compagnie, à Sarralbe (Moselle), qui ont exposé de l'acier corroyé de la meilleure qualité, mais qui n'ont pu être admis au concours, attendu qu'ils n'ont pas rempli la condition de l'examen préalable par le jury départemental.

SECTION XII.

Tôle.

MM. DEBLADIS, AURIACOMBE, GUÉRIN jeune et BRONZAC, à Imphy (Nièvre),

Mentions honorables.

Ont présenté des feuilles de tôle en fer forgé, un fond de fer embouti au marteau, une grande caisse à eau construite pour le service de la marine. Parmi ces produits on a remarqué, 1.° une feuille de tôle en fer forgé, dont la longeur est de......... 2^m 60; la largeur, de .... 1. 88; l'épaisseur, de .... 0. 004; et le poids, de 188 kilogrammes.

2.° Un fond de chaudière embouti, qui a de diamètre................................ 1^m 557; de relevé ou profondeur...................... 0. 130; et dont le poids est de 71 kilogrammes.

MM. *Debladis, Auriacombe, Guérin* jeune et *Bronzac* ont été cités relativement aux cuivres; le jury a décidé qu'il serait fait mention honorable de leurs produits en tôle.

Le jury a arrêté qu'il serait également fait mention

honorable des produits présentés par les fabricans dont les noms suivent :

M. FOUQUES fils, à Pont-Saint-Ours (Nièvre),

Pour des tôles et des fers noirs laminés de divers échantillons.

MM. DE BUYER oncle et neveu, à la Chaudeau et à Magnoncourt (Haute-Saone),

Pour des feuilles de fer noir laminées, d'une épaisseur très-régulière.

MM. LECLERC et DEQUENNE, à Raveau (Nièvre),

Pour de grandes feuilles de tôle, de fer et d'acier.

MM. SIRODOT et compagnie, à Bèze (Côte-d'Or),

Pour des tôles de grandes dimensions en fer et en acier.

SECTION XIII.

Fer-blanc.

LA fabrication du fer-blanc a suivi le mouvement d'amélioration imprimé à toutes les préparations métallurgiques. Cinq envois ont été faits à l'exposition, par les départemens des Vosges, de la Haute-Saone et de la Nièvre.

A côté des feuilles, le jury a fait mettre sous les yeux du public différens objets, tels que calottes hémisphériques et d'autres ouvrages exécutés avec les fer-blancs provenant de chacune des fabriques qui ont présenté leurs produits, afin de pouvoir comparer les résultats des essais.

M. FOUQUES fils, à Pont-Saint-Ours (Nièvre),

A présenté des fers-blancs de diverses dimensions. Dans cette manufacture on applique depuis long-temps les procédés connus sous le nom de méthode anglaise. On y fabrique annuellement environ 9000 quintaux métriques de tôle et de fer-blanc; ces produits ont été reconnus propres à toute espèce d'ouvrages.

Déjà cité à l'occasion des tôles, M. *Fouques* a été jugé de plus en plus digne de la médaille d'or qui lui avait été accordée à l'exposition de 1823, et le jury a décidé que, pour l'ensemble de ses produits, il lui en serait délivré un diplôme de rappel.

MM. DE BUYER oncle et neveu, à la Chaudeau (Haute-Saône),

Déjà cités relativement aux tôles, ont exposé des fers-blancs dont l'éclat est remarquable; et il résulte des essais opérés sur ces produits qu'ils réunissent toutes les qualités que l'on peut desirer. Depuis 1823 MM. *de Buyer* ont substitué dans leur établissement de la Chaudeau des laminoirs aux marteaux dont ils faisaient précédemment usage, de manière à compléter ainsi l'emploi de la méthode anglaise pour la fabrication de la tôle et du fer-blanc; en même temps ils ont achevé de construire et de mettre en activité une nou-

velle usine du même genre à Magnoncourt près
Saint-Loup. L'ensemble de ces manufactures livre annuellement au commerce 9000 caisses de fer-blanc.

Le jury a décerné à MM. *de Buyer* oncle et neveu
une médaille d'or pour leurs produits.

Mentions
honorables.

MM. DEBLADIS, AURIACOMBE, GUÉRIN jeune et BRONZAC, à Imphy (Nièvre).

Dix échantillons de fer-blanc, de diverses dimensions et qualités, ont été présentés par MM. *Debladis,
Auriacombe, Guérin* jeune et *Bronzac*, qui emploient
annuellement 5000 quintaux métriques de tôle de fer à
cette fabrication. Dans l'établissement d'Imphy on étame
le fer-blanc brillant avec de l'étain pur, et le fer-blanc
terne avec de l'étain ordinaire, auquel on ajoute o. 6
de plomb pour o. 4 d'étain. On y fait, par année,
10,000 caisses de fer-blanc; les essais ont fait reconnaître que ces produits présentent un étamage uni et
d'un blanc pur, que la matière s'étend bien sous le
marteau, et se prête à recevoir des formes variées,
sans se briser, se gercer ni se fendre.

En faisant mention honorable des fers-blancs présentés par MM. *Debladis, Auriacombe, Guérin* jeune et
Bronzac, le jury rappelle qu'il leur a été décerné une médaille d'or pour les cuivres; cette distinction s'applique
également à leurs produits en tôle et en fer-blanc.

M. le baron FALATIEU, à Bains (Vosges),

A exposé des fers-blancs de divers échantillons. La
fabrication des produits de cette usine s'élève annuel-

lement à 11,000 caisses. Ce fer-blanc est depuis long-temps connu dans le commerce; il s'étend bien sous le marteau; l'exécution en est régulière, et l'étamage d'un vif éclat.

Mentions honorables.

En faisant mention honorable, pour cette partie, des produits présentés par M. le baron *Falatieu*, le jury rappelle qu'il lui a décerné une médaille d'or pour les objets de tréfilerie.

MM. Bourcard, Vankobaïs et compagnie, à Pont-sur-l'Ognon (Haute-Saone).

Une mention honorable a été accordée aux fers-blancs présentés par MM. *Bourcard, Vankobais* et compagnie. Leur manufacture n'a été mise en activité que depuis un an, et déjà ses produits sont recherchés par les consommateurs.

Section XIV.

Tréfilerie.

Dix envois de fils et de cordes métalliques ont été faits à l'exposition par les départemens des Vosges, du Doubs, de l'Eure, de l'Orne, de la Nièvre, de l'Oise et de la Seine. Ces produits sont remarquables et attestent le degré de perfection auquel est arrivé ce genre d'industrie.

M. Mouchel fils, à l'Aigle (Orne),

Rappel d'une médaille d'or.

A présenté des fils métalliques de toutes sortes, soit en fer pur, soit en fer cuivré ou étamé, en laiton, en cuivre pur, en cuivre blanchi à l'argent. La régularité, la finesse et le poli des fils nommés *traits* de fer ou de cuivre, justifient la réputation dont jouit cette fabrique. Dans les fils fins, la longueur va jusqu'à 20,000 mètres. M. *Mouchel* prépare lui-même les filières qui lui procurent ces produits dignes d'éloges.

Le jury a reconnu que M. *Mouchel* n'a pas cessé de mériter la médaille d'or dont il avait été fait rappel en 1823, et il a décidé qu'un nouveau diplôme de rappel de cette récompense lui serait délivré pour la perfection incontestable des fils métalliques qu'il a exposés en 1827.

M. le baron FALATIEU, à la tréfilerie de la Pipée (Vosges),

Déjà cité au sujet des fers-blancs, a exposé des fils de fer de différens numéros, qui sont de très-bonne qualité. Ce fabricant a introduit d'importantes améliorations dans ses ateliers, en établissant, entre autres, le procédé indiqué dans le rapport de l'exposition de 1823, et qui consiste à substituer aux tenailles, qui laissaient dans le métal étiré l'empreinte d'une morsure nuisible, des cylindres ou bobines sur lesquels il s'applique sans être endommagé. La tréfilerie de la Pipée n'emploie que d'excellent fer, et fournit annuellement 2180 quintaux métriques de fils très-estimés dans le commerce.

Le jury a décerné à M. le baron *Falatieu* une médaille d'or pour les produits qu'il a exposés.

MM. Colliau et compagnie, à Toutevoye près Chantilly (Oise).

Médailles d'argent.

Des fils de fer et d'acier nommés *fils à cardes* et *fils carcasses* ont été exposés par MM. *Colliau* et compagnie. L'une des pièces de fil carcasse, du poids de 6 kilogrammes 25, a une longueur de 17,939 mètres; une autre pièce de fil à cardes, n.° 34, est longue de 3905 mètres et ne pèse que 6 grammes. Cet établissement, formé depuis 1824, fournit déjà, par année, 3000 quintaux métriques de fils métalliques aux principales fabriques de cardes dont les produits sont exposés.

Le jury a décerné à MM. *Colliau* et compagnie une médaille d'argent.

M. Mignard-Billinge, à Belleville (Seine).

Une médaille d'argent a été également accordée à M. *Mignard-Billinge*, qui a présenté une collection complète de verges et de fils en acier fondu, en laiton, et, en général, de métaux étirés à la filière. La beauté des ouvrages en acier fondu prouve que ce fabricant possède l'art de faire d'excellentes filières, puisqu'elles sont capables de façonner une matière si dure.

MM. Mouret de Barterans et de Velloreille, à Chenecey (Doubs).

Rappel d'une médaille d'argent.

Ont exposé des fils de fer, des fils d'acier et des fils recouverts de laiton. L'une des pièces, en fil à cardes, pèse 5 kilogrammes et a plus de 5000 mètres de longueur.

Les produits de l'usine de Chenecey sont très-remarquables, et le jury a décidé qu'il serait fait rappel de la médaille d'argent que MM. *Mouret de Barterans* et *de Velloreille* ont obtenue à l'exposition de 1823.

Médaille
de bronze.

M. ROUSSET, à Paris, rue Guérin-Boisseau, n.º 45.

Une mention honorable avait été accordée en 1823 aux cordes métalliques exposées par M. *Rousset.* Depuis cette époque il a perfectionné sa fabrication, et les facteurs d'instrumens de musique ne sont plus obligés, comme autrefois, de tirer ces cordes des pays étrangers.

Le jury a décerné à M. *Rousset* une médaille de bronze.

Mentions
honorables.

M. FOUQUET, à Rugles (Eure),

A exposé des fils de fer et des fils de laiton de diverses grosseurs, dont il est fait mention honorable. A l'article de la clouterie, nous aurons à revenir sur les produits de la fabrique de M. *Fouquet.*

Une mention honorable est également accordée aux fils d'acier présentés par

MM. LECLERC et DEQUENNE, à Raveau (Nièvre),

Qui ont déjà été cités pour la préparation de l'acier.

Le jury a décidé en outre que les fabricans dont les   Citations.
noms suivent seraient cités au rapport :

M. DUVAL, à la Gouberge (Eure),

Pour du fil de laiton bien fabriqué.

M. COURTIER, à Paris, rue de la Lingerie,
n.° 5,

Pour divers ouvrages en fil de fer, tels que peignes,
pendules, cottes de mailles et ressorts de sacs.

CHAPITRE XXI.

OUTILS, INSTRUMENS, OBJETS DIVERS EN FER ET EN ACIER.

SECTION PREMIÈRE.

Faulx.

CINQ départemens ont envoyé à l'exposition des faulx exécutées dans plusieurs manufactures avec l'acier qui y avait été fabriqué. Cette branche d'industrie est aujourd'hui très-florissante en France, et les perfectionnemens apportés dans la préparation de l'acier ont influé d'une manière avantageuse sur la qualité et le prix des faulx et faucilles.

Rappel d'une médaille d'or.

MM. GARRIGOU, MASSENET et compagnie, à Toulouse (Haute-Garonne),

Déjà cités pour les aciers. Ces fabricans ont présenté des faulx d'une excellente exécution : un son clair indique l'homogénéité de la matière ou *étoffe*; avec la dureté convenable, ces faulx conservent la ductilité qui est nécessaire pour que le métal s'étende bien sous le marteau qui l'affile. Cet établissement, le plus considérable que possède la France en ce genre, fait annuellement 120,000 faulx avec l'acier qui s'y prépare.

Une médaille d'or avait été décernée en 1819 à

MM. *Garrigou*, sans compagnie; elle fut rappelée
à l'exposition de 1823. Le jury a décidé qu'un nouveau
diplôme de rappel serait délivré au nom de MM. *Garrigou, Massenet* et compagnie, qui méritent de plus en
plus cette distinction.

M. BOUFFON, à Sauxillanges (Puy-de-Dôme),

Rappel de médailles de bronze.

Outre divers objets de quincaillerie, M. *Bouffon* a
exposé des faulx qui, dans les essais auxquels on les a
soumises, ont été reconnues de première qualité.

Le jury a décidé qu'il serait fait rappel de la médaille
de bronze décernée à M. *Bouffon* en 1823.

Le rappel de semblable médaille a été accordé à

M. BILLOD, à la Ferrière - sous - Jougue
(Doubs),

Pour des faulx fabriquées avec l'acier qu'il prépare
dans son établissement;

Et à

M. NICOD, à Fin-des-Gras (Doubs),

Pour des faulx et des instrumens aratoires fabriqués
avec des fers provenant des forges du Doubs et des
aciers de Styrie.

Une médaille de bronze a été accordée aux fabricans dont les noms suivent:

M. BOBILLIÈRE, à la Grand'Combe (Doubs),

Médaille de bronze.

Pour des faulx fabriquées avec des fers français et
des aciers de Styrie.

MM. BAVEREL et fils, à la Ferrière-sous-Jougue (Doubs),

Pour des faulx de bonne qualité.

M. RUFFIÉ fils, à Foix (Ariége),

Déjà cité relativement à l'acier, a donné plus d'extension à la fabrication des faulx : il confectionne dans ses ateliers environ 55,000 pièces par année. Ces produits, qui n'étaient d'abord connus que dans le midi, commencent à se répandre dans toute la France. Depuis l'exposition de 1823 leur prix a diminué de dix pour cent, et la qualité n'en est pas moins bonne.

Le jury a arrêté qu'il serait fait mention honorable des faulx de M. *Ruffié.*

MM. COULAUX aîné et compagnie, à Molsheim (Bas-Rhin),

Ont entrepris, depuis un an, de fabriquer des faulx d'acier fondu laminé, dont le dos est une pièce rapportée. Ils sont parvenus à traiter l'acier fondu de manière à pouvoir l'affiler au marteau et à froid. Les faulx qu'ils fabriquent ainsi offrent un tranchant très-vif qui se soutient plus long-temps que celui de l'acier ordinaire.

Déjà cités pour les aciers, MM. *Coulaux* aîné et compagnie le seront encore pour d'autres produits métallurgiques; le jury a décidé qu'il leur serait accordé une mention honorable pour les faulx qu'ils ont présentées.

Section II.

Limes.

Les limes qui ont été présentées à l'exposition ont été fabriquées en partie dans les usines mêmes où se prépare l'acier, et en partie dans les établissemens qui tirent leur acier du commerce.

M. Saint-Bris, à Amboise (Indre-et-Loire),

Rappel d'une médaille d'or.

Déjà cité au sujet de l'acier, a présenté des limes et râpes qui offrent diverses dimensions, depuis 8 centimètres jusqu'à 4 centimètres de longueur; des limes dites façon anglaise, d'autres dites façon de Nuremberg, et des carreaux dont la longueur varie de 5 à 16 pouces, et le poids de 3 à 10 livres. En 1826, il a été fabriqué dans sa manufacture 200,000 paquets de limes d'Allemagne, 50,000 douzaines de limes façon anglaise, 2000 paquets de limes dites de Nuremberg, 6000 carreaux. Cette masse de produits est la meilleure preuve de l'estime dont ces outils jouissent dans le commerce et dans les ateliers.

La fabrique de M. *Saint-Bris* n'a pas cessé de mériter la médaille d'or qui lui avait été décernée en 1819, et le jury déclare qu'il en est fait rappel pour les produits exposés en 1827.

Médaille
d'or.

M. MUSSEAU, à Paris, rue du Faubourg-Saint-Antoine, n.° 187,

A présenté des limes en acier fondu, dont la qualité ne laisse rien à desirer, et dont le prix est modéré. Ces produits sont recherchés dans le commerce. En 1823 il fut constaté que l'année précédente M. *Musseau* avait fabriqué 6760 douzaines de limes; depuis cette époque de nouveaux progrès ont eu lieu dans ses ateliers.

Le jury a décerné à ce fabricant une médaille d'or.

———

Rappel
d'une
médaille
d'argent.

MM. ABAT père et fils et compagnie, à Pamiers (Ariége),

Ont exposé des limes et des carreaux bien fabriqués et de bonne qualité. Ces produits, qui sont estimés dans les ateliers français, contribuent à les dispenser d'avoir recours aux limes tirées de l'Allemagne.

MM. *Abat* père et fils ont été cités pour la fabrication de l'acier; le jury déclare que les limes qu'ils ont présentées leur donnent toujours les mêmes droits à la médaille d'argent qui leur a été décernée à l'exposition de 1823.

Médaille
d'argent.

MM. DESSOYE et PAINTENDRE, à Brevannes (Haute-Marne).

Un assortiment complet de limes a été présenté par MM. *Dessoye* et *Paintendre*. Ces limes ont été reconnues de très-bonne qualité. En 1823 la fabrique de Brevannes n'occupait que sept ouvriers ; le nombre s'en est successivement accru jusqu'à quatre-vingts. Les aciers qui y sont employés sont tirés des manufactures de Rives (Isère), de Pont-du-Bois (Haute-Saone), de la Hutte (Vosges), de la Bérardière et de Trublaine (Loire), et de Bart près de Montbeliard (Doubs). Sur 494 quintaux métriques dont se compose la consommation de cette fabrique, il n'entre pas plus de deux quintaux d'aciers anglais.

Le jury a décerné à MM. *Dessoye* et *Painlendre* une médaille d'argent.

M. Schmidt, à Paris ; chaussée de Ménilmontant ; n.° 24,

Médaille
d'argent.

A exposé des limes fines en acier fondu. Ces produits, qui sont très-estimés dans le commerce, ont résisté aux essais les plus rigoureux.

Le jury a accordé une médaille d'argent à ce fabricant.

M. Pupil, à Paris, rue de l'Oursine, n.° 64.

Médaille
de bronze.

Les limes en acier fondu présentées par M. Pupil sont très-bien exécutées ; elles ont résisté aux divers essais qui ont été faits.

Le jury lui a décerné une médaille de bronze pour ses produits.

MM. Coulaux aîné et compagnie, à Molsheim (Bas-Rhin).

Mention
honorable.

Parmi les nombreux produits de la manufacture de Molsheim, on a remarqué des limes ordinaires de

Mentions
honorables.

toutes dimensions, et des limes d'acier fondu. MM. *Coulaux* aîné et compagnie ont donné un grand accroissement à leur fabrication de limes, dont le jury fait mention honorable.

M. RUFFIÉ fils, à Foix, (Ariége),

Déjà cité au sujet de l'acier et des faulx, fabrique des limes qui soutiennent avec avantage la concurrence avec les limes d'Allemagne.

Le jury a décidé qu'il serait fait mention honorable des limes présentées par M. *Ruffié*.

MM. GARRIGOU, MASSENET et compagnie, à Toulouse (Haute-Garonne),

Ont exposé des limes de divers échantillons, qui sont très-recherchées dans le commerce.

Déjà cités relativement aux aciers et aux faulx, ces fabricans sont mentionnés honorablement pour les limes.

MM. LECLERC et DEQUENNE, à Raveau (Nièvre),

Ont présenté des limes exécutées avec l'acier qu'ils préparent. La bonne qualité de ces produits soutient la réputation de leur fabrique.

Le jury leur a accordé une mention honorable.

MM. MONMOUCEAU père et fils et compagnie, à Orléans (Loiret),

Et M. Rivals-Gincla, aux forges de Gincla (Aude), Mentions honorables.

Ont exposé des limes et des râpes dont la forme est satisfaisante, la taille régulière, et la dureté capable de résister à des essais rigoureux.

Ces deux fabriques ont été déjà citées pour leurs produits en aciers ; le jury a décidé qu'il serait fait mention honorable des limes qu'elles ont présentées à l'exposition.

MM. Renette et compagnie, à Paris, rue de Popincourt, n.º 60,

Fabriquent des limes en acier fondu de toutes dimensions. Ces limes sont d'une forme convenable, d'une taille fine et régulière ; elles sont confectionnées au moyen de machines ingénieuses, très-utiles pour tailler avec précision et célérité non-seulement des limes très-fines pour tous les besoins de l'horlogerie, mais encore des limes de tous les échantillons en usage dans le commerce.

En faisant mention honorable des limes, le jury rappelle qu'il a décerné à M. *Renette* une médaille d'argent pour tous les produits qu'il a exposés, et qu'elle sera portée à l'article relatif aux armes à feu.

La Fabrique d'acier d'Illkirch (Bas-Rhin),

Dont il a été question à propos de l'acier, a présenté des limes en acier corroyé, d'autres en acier fondu, des râpes ordinaires, des limes et des râpes en paille. Le jury a arrêté qu'il serait fait mention honorable de ces produits.

Mentions honorables.

M. GOURJON DE LA PLANCHE, au Cholet (Nièvre),

A exposé des limes demi-rondes ainsi que des limes façon d'Allemagne, qui sont d'une qualité satisfaisante et d'une belle exécution.

Le jury a arrêté qu'il en serait fait mention honorable.

La même distinction a été accordée à

MM. GUENAN père et fils, à Thiers (Puy-de-Dôme),

Et à

M. ARMBRUSTER, à Paris, rue Frépillon,

Pour des limes et des râpes de bonne qualité.

Citation.

Le jury a décidé en outre la citation au rapport du nom de

M. PALLARÈS, à Boulieternère (Pyrénées-Orientales),

Pour des limes dont il a augmenté la dureté par un procédé qui lui est propre, mais sans avoir établi une fabrique.

SECTION III

Scies et Ressorts.

Cinq envois de scies ont été faits par quatre départemens. Ces produits consistent en scies laminées et *trempées*, c'est-à-dire, battues à froid, en scies martinées et demi-trempées, scies-ressorts, scies pour mécaniques, &c.

MM. PEUGEOT frères, CALAME et SALINS, à Hérimoncourt (Daubs),

Rappel d'une médaille d'argent.

Ont présenté, outre des scies de diverses dimensions, des buscs et des ressorts en acier laminé. L'usine d'Hérimoncourt fournit par an 14,000 douzaines de lames de scies, 6000 douzaines de buscs en acier, et 60 quintaux métriques d'acier laminé pour ressorts. Ces marchandises sont recherchées en Suisse et en Italie.

MM. *Peugeot* frères, *Calame* et *Salins* avaient obtenu une médaille d'argent à l'exposition de 1823; le jury déclare qu'ils sont de plus en plus dignes de cette distinction, dont il leur sera délivré un diplôme de rappel.

M. MONGIN aîné, à Paris, rue Galande, n.° 63;

Médaille d'argent.

A exposé des scies laminées et battues ensuite au marteau, des ressorts, des buscs d'acier, des scies de forme circulaire et des scies pour mécaniques, par le moyen desquelles on peut obtenir depuis quinze jusqu'à vingt-cinq feuilles de placage dans 27 millimètres [1 pouce] d'épaisseur. Parmi ces produits il se trouve un ressort de 16 mètres 25 [50 pieds] de longueur et de 12 centimètres [4 pouces 1/2] de largeur, qui est fabriqué en acier français, et dont la force élastique fait mouvoir un poids de 200 kilogrammes. Plusieurs certificats prouvent que M. *Mongin* fournit d'excellentes scies, non-seulement en France, mais encore en Allemagne, dans les villes de Hambourg et de Berlin.

Le jury a décerné une médaille d'argent à ce fabricant.

Mentions honorables.

MM. COULAUX aîné et compagnie, à Molsheim (Bas-Rhin).

Déjà cités pour de nombreux produits métallurgiques, MM. *Coulaux* aîné et compagnie sont encore mentionnés honorablement pour des scies de diverses espèces, des racles et des buscs. Dans cette belle réunion de produits on a remarqué une bande d'acier qui a été laminée à froid; elle a 750 pieds de longueur, et un point, ou un douzième de ligne, d'épaisseur. Une autre bande pour chaînes de montre est longue de 150 pieds, et n'a d'épaisseur qu'un demi-point.

MM. DE GUAITA et compagnie, à Zornhoff (Bas-Rhin),

Ont exposé des scies qu'ils fabriquent en grande quantité dans un établissement formé depuis l'exposition de 1823. Ces nouveaux ateliers rénferment quarante-deux feux de forge, et occupent deux cent quatre-vingts ouvriers. On y emploie des matières françaises, et les produits sont bien fabriqués.

Le jury a décidé qu'il serait fait mention honorable des scies présentées par MM. *de Guaita* et compagnie.

La même mention a été accordée à

Mention honorable.

M. Bouffon, à Sauxillanges (Puy-de-Dôme),

Déjà cité au sujet des faulx, pour des scies d'une belle exécution et d'une bonne qualité.

Section IV.

Aiguilles.

MM. Marchand et Vanhoutem, à l'Aigle (Orne),

Médaille de bronze.

Ont exposé des aiguilles percées et cannelées par un procédé mécanique qui produit une grande économie de temps et de main-d'œuvre; car une machine à canneler opère sur 18,000 aiguilles par jour, et une machine à percer sur 10,000, tandis qu'un ouvrier, dans une journée, ne peut faire la tête qu'à 1500 aiguilles.

Les produits de cet établissement, le seul qui existe en France, soutiennent la concurrence avec ceux des fabriques étrangères. Une médaille de bronze leur avait été accordée en 1823; le jury a décidé qu'une nouvelle médaille de bronze serait décernée à MM. *Marchand* et *Vanhoutem.*

Section V.

Cardes.

La fabrication des cardes s'est étendue depuis l'exposition de 1823; douze envois de plaques et de rubans de cardes pour la fabrication des étoffes ont été présentés par les départemens du Haut-Rhin, du Nord, de l'Eure, de l'Oise, de Seine-et-Oise et de la Seine.

M. SAULNIER, à Paris, rue Saint-Ambroise-Popincourt, n.º 5,

A exposé des plaques et des rubans de cardes fabriqués par le moyen de machines avec lesquelles un seul ouvrier fait autant d'ouvrage qu'en peuvent faire dix-huit par les procédés ordinaires. On reconnaît dans ces produits un choix convenable des cuirs, et une exécution bien remarquable qui les fait rechercher dans les manufactures de tissus. M. *Saulnier* a exposé d'autres objets également propres à la confection des étoffes.

Le jury lui a décerné une médaille d'argent.

M. METCALFE, à Meulan (Seine-et-Oise),

A présenté des plaques pour machines à carder le coton, ainsi que des échantillons de plaques et de rubans de cardes. Les cuirs sont d'une force proportionnée à la grosseur du fil de métal qui forme les dents des cardes.

Ces produits sont parfaitement confectionnés, et le jury a accordé une médaille d'argent à M. *Metcalfe*.

MM. SCRIVE frères, à Lille (Nord).

Une médaille de bronze avait été décernée en 1823 à MM. *Scrive* frères. Ils ont exposé en 1827 des plaques et des rubans de cardes fabriqués par le moyen d'une machine. La bonne exécution et le prix modéré de ces produits attestent des progrès dans un genre de fabrication qui contribue aussi essentiellement aux succès des manufactures de tissus.

Le jury a décerné une médaille d'argent à MM. *Scrive* frères.

Il est fait aussi mention honorable des produits présentés par les fabricans dont les noms suivent : Mentions honorables.

MM. RISLER frères et DIXON, à Cernay et à Mulhausen (Haut-Rhin).

Pour des plaques et des rubans de cardes à coton, exécutés par le moyen d'une machine. Ces manufacturiers ont été cités au sujet de la fonte de fer, et il leur a été fait rappel de la médaille d'or qu'ils avaient obtenue en 1823.

M. MANTEAU, à Paris, rue de Basfroid, n.° 25.

Pour des rubans et des plaques de cardes faites à la mécanique et à la main.

M. LAMBERT, à Paris, rue Fontaine-au-Roi, n.° 12.

Pour des cardes exécutées à la mécanique.

M. AUGER, à Saint-Denis près Paris,

Pour des plaques et des rubans de cardes fabriqués par le même moyen.

M. HARMEY, à Paris, rue de Pontoise, n.° 12,

Pour des plaques et des rubans de cardes exécutés à la main.

———————

Le jury a décidé en outre que les fabricans dont les noms suivent seraient cités au rapport :

M. ACHEZ-PORTIER, à Mouy (Oise),

Pour des plaques et des rubans de cardes exécutés à la mécanique.

MM. ESTLIN-VILLETTE et compagnie, à Lille (Nord),

Pour des plaques et des rubans de cardes faits par les mêmes procédés.

M. LECOMTE, à Évreux (Eure),

Pour une carde montée.

———————

Le jury a regretté que les cardes présentées par M. *Hache-Bourgeois*, de Louviers (Eure), n'aient pas été soumises à l'examen du jury d'admission ; cette circonstance les a exclues du concours. Les produits de l'importante fabrique de M. *Hache-Bourgeois* lui avaient fait décerner une médaille d'or à l'exposition de 1823.

Section VI.

Peignes ou Rots.

MM. Laverrière et Gentelet, à Lyon (Rhône);

Médaille d'or.

Ont présenté des peignes pour le tissage des étoffes de soie. L'un de ces peignes, composé de lames d'acier qui sont assemblées par le moyen d'une soudure, sans aucun fil de ligature, contient 156 dents par pouce courant; c'est moitié en sus de ce que contenait un semblable instrument exposé en 1823.

C'est avec un des peignes fabriqués par MM. *Laverrière* et *Gentelet* qu'a été exécuté le tableau tissé du testament de Louis XVI, d'après les procédés de M. *Maisiat.*

Le jury a décerné à ces fabricans une médaille d'or.

——————

M. Vuilquint, à Paris, rue de Charonne, n.° 159,

Médaille de bronze.

A exposé des peignes pour la préparation des laines à cachemire. Ces produits, qui sont bien exécutés, sont recherchés dans les manufactures de ce genre.

Le jury a accordé à M. *Vuilquint* une médaille de bronze.

Médaille de bronze.

MM. CHATELARD et PERRIN, à Lyon (Rhône),

Ont présenté des peignes d'acier qui ont été substitués avec avantage dans plusieurs fabriques de draps aux peignes de roseau ou de jonc nommés *rots*, comme étant plus durables, exécutés plus régulièrement et moins sujets à des variations ou accidens qui nuisent au tissage.

Une médaille de bronze a été accordée à MM. *Chatelard et Perrin.*

Mention honorable.

Le jury mentionne honorablement des peignes de tissage fabriqués à la mécanique par

MM. DEBERGUE et compagnie, à Paris, rue de l'Arbalète, n.º 24.

Citations.

Le jury a décidé que les fabricans dont les noms suivent seraient cités au rapport :

M.º LENAIN, à Paris, rue Saint-Antoine, n.º 126,

Pour des peignes de tissage fabriqués par le moyen d'une machine.

M. GAUTHERON, à Paris, rue Saint-Victor, n.º 90,

Pour des peignes propres à la fabrication des galons de voitures.

M. HARTMANN, à Paris, rue de Rochechouart,
n.° 61,

Pour des peignes en acier propres à la préparation des laines.

SECTION VII.

Alènes.

LES mêmes fabricans qui à l'exposition de 1823 obtinrent des récompenses ont été jugés dignes d'un rappel par la bonne qualité de leurs produits.

MM. BOILVIN frères, à Badonvilliers (Meurthe),

Rappel d'une médaille d'argent.

Ont exposé des alènes de diverses formes et dimensions. La modération de leurs prix leur permet de soutenir la concurrence avec les fabriques d'Allemagne, qui pendant long-temps furent seules en possession de fournir d'alènes les cordonniers et les selliers.

Le jury a décidé qu'il serait délivré à MM. *Boilvin* frères un diplôme de rappel de la médaille d'argent qui leur a été décernée en 1819.

M. THIRION, à Saint-Sauveur (Meurthe),

Rappel d'une médaille de bronze.

A présenté des alènes façon de Styrie, façon anglaise et façon d'Allemagne, fort bien confectionnées, et qui attestent les progrès qu'a faits ce genre de fabrication dans les ateliers du département de la Meurthe.

Il a été fait rappel de la médaille de bronze qui fut décernée en 1823 à M. *Thirion.*

SECTION VIII.

Toiles métalliques.

LA fabrication des toiles métalliques a éprouvé les plus heureux effets des perfectionnemens qui ont été apportés dans la préparation des métaux et dans les procédés de la tréfilerie. On emploie avec succès les toiles métalliques pour en faire des tamis qui remplacent ceux de crin dans les fonderies, les moulins à farine, les verreries, les fabriques de cristaux, dans les manufactures de poudre et de tabac. On s'en sert pour la construction des lampes à la *Davy,* pour la fabrication du papier mécanique, et pour une foule d'autres usages intéressans dans l'industrie et dans l'économie domestique.

Rappel d'une médaille d'or.

M. ROSWAG fils, à Schelestadt (Bas-Rhin),

A présenté des toiles et des gazes métalliques. Ces produits ont une longueur qui varie entre 30 et 150 pieds, sur une largeur de 12 à 60. Le tissu le plus fin contient, par pouce carré, 160 fils de métal sur chaque coté, par conséquent 25,600 mailles; à l'exposition de 1823 la pièce de tissu métallique la plus fine ne contenait que 16,384 mailles par pouce carré. Au lieu d'employer, comme autrefois, des fils de laiton tirés de l'Allemagne et des Pays-Bas, M. *Roswag* fait usage de fils préparés en France, dans le département de l'Orne.

Le jury a reconnu que M. *Roswag* est de plus en plus digne de la médaille d'or qui lui a été décernée en 1823, et il a décidé qu'elle serait rappelée dans un nouveau diplôme.

M. SAINT-PAUL, à Paris, boulevard des Filles-du-Calvaire, n.° 11,

A exposé des tissus métalliques de vingt - trois échantillons différens, en fil de fer et en fil de laiton. Tous ces produits ont été remarqués avec intérêt, entre autres un tissu de laiton, dit *basin fin*, dans lequel on compte, par pouce carré, 30 fils de chaîne et 40 fils de trame.

Les travaux de ce fabricant ont beaucoup contribué aux progrès que son art a faits en France, et le jury a arrêté qu'il serait fait rappel de la médaille d'argent qu'il a obtenue en 1823.

M. GAILLARD, à Paris, rue Saint-Denis, n.° 228.

Le rappel de la médaille d'argent accordée en 1819 à M. *Gaillard* a été également décidé par le jury, qui a reconnu que les produits de ce fabricant rivalisent avec ceux qui ont été présentés par M. *Saint-Paul*.

Rappel
d'une
médaille
de bronze.

M. PORLIER, à Paris, rue de la Bûcherie, n.° 10,

A exposé des formes à papier en fil de laiton, dont toutes les parties sont parfaitement confectionnées.

A l'exposition de 1823 M. *Porlier* avait obtenu une médaille de bronze; le jury a arrêté qu'il en serait fait rappel et qu'un nouveau diplôme lui en serait délivré.

Médailles
de bronze.

M. VALLIER, à Saint-Denis (Seine),

A présenté des toiles métalliques dont l'exécution est remarquable. L'une d'elles a cinq pieds de largeur, et ce fabricant peut donner à ses tissus une longueur indéterminée. Ses ateliers, établis en 1824, fournissent aujourd'hui de semblables tissus plusieurs fabricans de papier *continu*, qui auparavant tiraient ces objets d'Angleterre.

Le jury a décerné à M. *Vallier* une médaille de bronze.

MM. DENIMAL et MINISCLOUX, à Valenciennes (Nord).

Des toiles métalliques en fer et en laiton ont été présentées par MM. *Denimal* et *Miniscloux*. Leurs produits sont très-remarquables, particulièrement les gazes métalliques en fer et laiton avec des dessins variés. Les tissus en fil de fer pour moulins et bluteries ne sont pas moins bien exécutés. Quoique cette fabrique n'existe que depuis 1822, elle répand déjà d'abondans produits en France, en Hollande et en Prusse.

Le jury a accordé une médaille de bronze à MM. *Denimal* et *Miniscloux*.

Il a décidé aussi qu'il serait fait mention honorable des tissus métalliques exposés par

Mention honorable.

Mme HARTMANN, rue de Rochechouart, n.° 61.

SECTION IX.

Clouterie.

M. FOUQUET, à Rugles (Eure),

Médaille d'argent.

Déjà cité au sujet des tréfileries, a exposé des clous d'épingles dits *pointes de Paris*, des élastiques en laiton, des [illegible], longues épingles de laiton à tête ronde, et des épingles en fer.

Les travaux de M. *Fouquet* occupent 2500 ouvriers, dans un rayon de cinq lieues autour de la ville de l'Aigle. Les procédés de fabrication ont amené une grande économie dans la main-d'œuvre, qui a fait baisser le prix de ces produits, lesquels sont recherchés en France et chez l'étranger, notamment aux États-Unis d'Amérique, où ils soutiennent la concurrence avec ceux des manufactures anglaises.

Le jury a décerné une médaille d'argent à M. *Fouquet*.

M. SIROT, à Valenciennes (Nord),

A exposé un assortiment de clous fabriqués à froid par le moyen d'une machine. L'établissement de M. *Sirot* ne date que de 1825, et déjà il est monté de manière à pouvoir occuper 200 ouvriers, qui y préparent des clous en fer, en zinc et en cuivre de toutes dimensions. Les clous ainsi travaillés offrent une solidité supérieure à celle qu'on obtenait en les forgeant. Un seul ouvrier peut en frapper 8000 en un jour, sans éprouver le déchet qu'entraîne le travail de la forge.

Le jury a décerné à M. *Sirot* une médaille de bronze.

M. LEMIRE, à Clairvaux (Jura).

Des clous exécutés à froid, par des procédés mécaniques, et des clous dits *façon de fil de fer*, ont été exposés par M. *Lemire*. Pour cette dernière fabrication on met à profit du fer d'une qualité inférieure, par un procédé plus expéditif que l'étirage à la filière; l'économie qui en résulte a fait diminuer le prix de ces objets, qui s'emploient dans de nombreux travaux.

Une médaille de bronze a été décernée à M. *Lemire*.

M. THIRION, à Saint-Sauveur (Meurthe).

Déja cité relativement aux alènes, M. *Thirion* a exposé des clous de diverses dimensions pour les cordonniers.

Le jury a décidé qu'il en serait fait mention honorable.

M. GRUN, à Guebwiller (Haut-Rhin),

Mention honorable.

Que nous aurons occasion de rappeler pour les outils divers, a présenté des clous de différentes sortes, fabriqués au moyen d'une machine qui frappe les clous à froid.

Le jury a accordé une mention honorable à ces produits.

SECTION X.

Serrurerie.

M. HURET, à Paris, rue de Castiglione, n.º 3.

Rappel d'une médaille d'argent.

A l'exposition de 1823 M. *Huret* a obtenu le rappel d'une médaille d'argent qui lui avait été décernée en 1819 pour des serrures à combinaison dont la construction était très-remarquable; les nouveaux produits du même genre présentés par cet habile mécanicien attestent qu'il n'a pas cessé de mériter cette distinction, et le jury a décidé qu'il lui en serait délivré un nouveau diplôme.

* * *

M. TOUSSAINT, à Paris, rue Saint-Nicolas-d'Antin, n.º 17.

Rappel de médailles de bronze.

Parmi les ouvrages de serrurerie fabriqués par M. *Toussaint*, on a remarqué la parfaite exécution des serrures de la voiture du sacre, ainsi que des coffres-forts en fer.

Le jury a arrêté que la médaille de bronze accordée en 1819 à M. *Toussaint* serait rappelée.

M. LEYRIS, à Paris, rue d'Enfer, n.° 66.

Des châssis de fenêtre en tôle ont été exposés par M. *Leyris*. Ces produits avaient fait obtenir à leur auteur une médaille de bronze en 1819.

Le jury déclare que M. *Leyris* continue à mériter cette distinction.

M. DIDIÉE, à Paris, rue d'Enfer, n.° 32,

A exposé une machine à forer les métaux, de son invention. Cette machine agit perpendiculairement; elle est mise en mouvement par une roue à manivelles; son action se fait avec une grande vitesse, et les résultats qu'elle produit sont d'une précision bien supérieure à celle qu'on obtient au moyen des machines à vis de pression.

Le jury a reconnu que M. *Didiée* est de plus en plus digne de la médaille de bronze qui lui avait été décernée en 1823.

M. THIRY, à Metz (Moselle);

A exposé des serrures de sûreté, ainsi que divers autres ouvrages de serrurerie, qui se recommandent par le fini de l'exécution, et pour lesquels le jury lui a accordé une médaille de bronze.

M. BÉCASSE, à Paris, rotonde du Temple, n.°ˢ 24 et 25,

A présenté deux coffres-forts dont l'ouverture est combinée de manière à présenter des difficultés. L'on de ces coffres ne peut être ouvert que par la réunion de deux clefs, dont l'une doit entrer dans l'autre.

Une médaille de bronze a été décernée à M. *Bécasse.*

La même distinction a été accordée à

M. Lepaul, à Paris, rue de la Paix, n.º 2,

Pour deux grands coffres-forts en forme d'armoire, dont l'un est en fer ciselé, et divers autres ouvrages de serrurerie, qui prouvent l'habileté de ce mécanicien.

Le jury a décidé qu'il serait fait mention honorable des produits exposés par

M. Regnier, à Paris, rue de Sorbonne, n.º 4,

Qui a présenté une porte de caisse en fer et divers mécanismes à l'usage des sciences et des arts.

M. Jacquemart, à Paris, rue de la Paix, n.º 1,

Pour des châssis de fenêtre à tabatière exécutés en fer, et des baguettes de fer ou de cuivre destinées à remplacer les *petits bois* dans les vitrages.

M. Borel, à Gap (Hautes-Alpes).

Pour des espagnolettes de fenêtre à double crochet.

Médailles de bronze.

Mentions honorables.

Mention honorable.

M. DELAFORGE, à Paris, rue de Pontoise, n.° 10,

Pour une forge portative en fer.

Citations.

Le jury a arrêté en outre que les fabricans dont les noms suivent seraient cités au rapport :

M. LENSEIGNE, à Paris, rue et île Saint-Louis, n.° 25,

Pour des cadenas à combinaison.

M. DE TAVERNE, entrepreneur des travaux industriels de la maison de Bicêtre,

Pour divers ouvrages de serrurerie fabriqués dans cette maison.

MM. TITOT et CHATELUX, entrepreneurs des travaux des prisons de Haguenau,

Pour des serrures fabriquées dans ces établissemens.

SECTION XI.

Coutellerie.

LES ouvrages de coutellerie présentés à l'exposition étaient aussi nombreux que variés. Ces produits étaient en général remarquables par une bonne exécution.

Ce genre d'industrie a soutenu sa supériorité, et nos fabricans rivalisent avec ceux de l'Angleterre pour la coutellerie fine.

M. Sir-Henry, à Paris, place de l'École de médecine, n.º 6;

Médailles d'argent.

A exposé des instrumens de chirurgie et d'autres ouvrages de coutellerie fine. Ce fabricant emploie l'acier cémenté et l'acier fondu, qu'il tire du commerce, et qu'il prépare lui-même par une nouvelle fusion, dans sa fabrique située à Bougival, département de Seine-et-Oise. Les instrumens de chirurgie qui sortent de ses ateliers sont fabriqués avec une précision qui les fait rechercher de plus en plus en France, et à l'étranger.

Le jury a décerné à M. *Sir-Henry* une médaille d'argent.

M. Gavet, à Paris, rue Saint-Honoré, n.º 158.

La manufacture de coutellerie établie par M. *Gavet* à Chaumont (Haute-Marne) se distingue par ses produits. Il y a centralisé les moyens de fabrication que l'état des sciences métallurgiques lui a permis de mettre en usage. Soixante familles y trouvent l'existence, et sur une quantité de 100,000 couteaux à lames d'acier et 40,000 rasoirs qui sortent annuellement de ses ateliers, il s'en exporte environ la dixième partie à la Martinique, à la Guadeloupe et au

Brésil. Ces produits se répandent jusque dans les colonies anglaises, où M. *Gavet* est parvenu à les introduire en concurrence avec les objets de coutellerie qui sortent des fabriques de l'Angleterre.

Le jury a accordé une médaille d'argent à M. *Gavet*.

MM. *Sir-Henry* et *Gavet* avaient déjà obtenu des médailles d'argent à l'exposition de 1823.

Rappel de médailles d'argent.

M. PRADIER, à Paris, rue Bourg-l'Abbé, n.º 8,

Fait fabriquer des ouvrages de coutellerie tant à Châville près Versailles que dans la maison d'arrêt de Poïssy. Il sort par mois des ateliers de cette maison 1200 canifs à coulisse et 500 taille-plumes. M. *Pradier* s'est aussi appliqué à perfectionner les montures ou manches de ses produits.

Le jury a accordé à ce fabricant le rappel de la médaille d'argent qui lui avait été décernée en 1823.

MM. DUMAS et GIRARD, à Thiers (Puy-de-Dôme).

S'occupent principalement de la fabrication des rasoirs, dont ils font un grand commerce. Ces produits s'expédient dans le Levant, et sont d'une qualité supérieure et d'un prix modéré.

Une médaille d'argent avait été obtenue en 1823 par M. *Dumas*; le jury a décidé qu'il en serait fait rappel en faveur de MM. *Dumas* et *Girard*, et qu'un diplôme leur en serait délivré.

M. Bost-Membrun, à Saint-Remy (Puy-de-Dôme),

Rappel d'une médaille d'argent.

Fabrique des couteaux et d'autres objets de coutellerie dont l'exécution remarquable et la modération des prix donnent lieu à une exportation avantageuse.

Le jury a déclaré que M. *Bost-Membrun* mérite de plus en plus la médaille d'argent qui lui avait été décernée à l'exposition de 1823, et a décidé qu'il en serait fait rappel.

M. Gillet, à Paris, rue de Charenton; n.° 41,

Médailles d'argent.

S'applique avec succès à la fabrication des rasoirs en acier fondu. Il répand dans le commerce de 4000 à 5000 douzaines de rasoirs par mois, au prix de 10 fr. la douzaine, pour les rasoirs tout montés, et de 9 fr. pour les lames sans monture. Sa fabrique est une école où se forment de nombreux élèves.

Le jury a accordé une médaille d'argent à M. *Gillet.*

M. Taillandier-Aimard, à Thiers (Puy-de-Dôme),

A exposé principalement des ciseaux remarquables par leur bonne confection et la modération de leurs prix.

Le jury a décerné une médaille d'argent à ce fabricant.

Médaille d'argent.

M. CARDEILHAC, à Paris, rue du Roule, n.º 4,

A présenté des ouvrages de coutellerie fine, fabriqués avec l'acier de Damas préparé par M. *Bréant*.

Le jury a accordé une médaille d'argent à M. *Cardeilhac*.

Rappel de médailles de bronze.

M. SÉNÉCHAL, à Paris, rue du Petit-Lion-Saint-Sauveur, n.º 14,

A exposé de bons ciseaux et divers ouvrages de coutellerie tant fine que commune.

Ce fabricant avait obtenu à l'exposition de 1823 une médaille de bronze, qu'il n'a pas cessé de mériter; le jury a décidé qu'il lui en serait fait rappel.

M.me veuve CHARLES, à Paris, rue de Montesquieu, n.º 2,

A obtenu le rappel de la médaille de bronze qui lui avait été accordée en 1823, pour des rasoirs façon de Damas et des rasoirs à monture économique et bien confectionnés.

Le même rappel de la médaille de bronze a été prononcé en faveur des produits exposés par

M. BERGOUGNAN, à Paris, passage du Saumon, n.º 44,

Pour des rasoirs et autres produits de coutellerie bien fabriqués.

M. Treppoz, à Paris, rue du Coq-Saint-
Honoré, n.º 6,

Rappel
d'une
médaille
de bronze.

Pour des rasoirs et divers autres produits en acier
de Damas qu'il prépare lui-même.

M. Roussin, à Paris, place Maubert,

Médailles
de bronze

Fabrique principalement des rasoirs à dos mobile,
dont le prix est très-modéré.

Le jury a décerné à M. *Roussin* une médaille de
bronze.

M. Vallon, à Paris, passage Véro-Dodat,
n.º 24,

A exposé des rasoirs à dos de rechange, d'autres de
forme nouvelle, qu'il nomme *rasoirs à cylindre* et
rasoirs à pompes, des taille-plumes et des cardes à
perruques.

Le jury a accordé à M. *Vallon* une médaille de
bronze.

M. Touron, à Paris, rue Mauconseil, n.º 20,

A présenté divers ouvrages de coutellerie fine de
bonne qualité. Les produits de ce fabricant sont employés pour le service de la maison du Roi.

Une médaille de bronze lui a été accordée par le
jury.

M. Frestel, à Saint-Lô (Manche),

A exposé des rasoirs, des serpettes et autres objets

Médailles de bronze.

de coutellerie exécutés avec soin. Le jury lui a accordé une médaille de bronze.

La même récompense a été décernée aux fabricans dont les noms suivent :

M. DOURIS-FUMEAUX, à Thiers (Puy-de-Dôme),

Qui a présenté divers ouvrages de coutellerie de bonne qualité, dont les formes sont élégantes et les prix modérés.

M. SOULOT, à Paris, rue de Grenelle-Saint-Honoré, n.° 41,

Qui a exécuté, avec une grande perfection, l'instrument lithotriteur de M. le docteur *Civiale*.

M. GREILING, à Paris, quai de la Cité, n.° 33,

Pour divers instrumens de chirurgie, entre autres les instrumens pour broyer la pierre dans la vessie, d'après les docteurs *James Leroy* et *Heurteloup*, un appareil pour la cautérisation du canal de l'urètre, d'après *Ducamp*, &c.

M. LAPORTE, à Paris, rue des Filles-Saint-Thomas, n.° 20,

Pour des rasoirs et autres objets de coutellerie fine, fabriqués avec des aciers français.

M. VILLENAVE, à Paris, rue de Marivaux, n.° 5,

Médaille de bronze.

Pour des rasoirs de forme anglaise en acier fondu; ces produits, d'un tranchant vif et d'un beau poli, ont l'avantage d'être d'un prix modéré.

———

Le jury a décidé qu'il serait fait mention honorable des fabricans dont les noms suivent :

Mentions honorables.

M. MERICANT, à Paris, quai des Ormes, n.° 20,

Pour des taille-plumes, des couteaux de table, des canifs et des ciseaux fabriqués avec de l'acier français.

M. MORIZE, à Paris, rue Saint-Antoine, n.° 13,

Pour des rasoirs, des couteaux de cuisine et autres objets de coutellerie, en acier français, d'une bonne exécution et dont les prix sont très-modiques.

M. MANOUVRIER, à Limoges (Haute-Vienne),

Pour des ciseaux d'un beau poli et d'une exécution soignée, ainsi qu'un greffoir fabriqué avec précision.

M. DAILLÉ-AUGEARD, à Châtellerault (Vienne),

Pour des couteaux à lames d'acier et des couteaux de dessert bien exécutés.

M. CHOQUET, à Paris, rue des Jardins-Saint-
Paul, n.º 25,

Pour des rasoirs à rabot et à deux tranchans et des
rasoirs communs d'un prix modéré.

M. LEMAIRE fils, à Paris, rue du Roule,
n.º 8,

Pour des rasoirs de très-bonne qualité et des cuirs
à rasoirs.

M. TIXIER-GOYON, à Thiers (Puy-de-Dôme),

Pour des ciseaux bien fabriqués, dont le prix est
très-modéré.

M. MARQUET, à Thiers,

Pour de très-bons couteaux de poche.

MM. GAILON-TROULLIER aîné, à Thiers (Puy-
de-Dôme),

M. BUISSON-MARTIGNAC, de la même ville,

M. DURAND-BRASSET-L'HÉRAUD, de la même
ville,

Pour divers objets de coutellerie tant fine que commune, qui sont en général bien fabriqués.

M. VAUTHIER, à Paris, rue Dauphine, n.º 46,

Pour divers ouvrages de coutellerie, dans lesquels
sont réunies la bonne qualité des lames et l'élégance
des montures.

M. Guigardet, à Paris, rue des Filles-du-
Calvaire, n.° 4,

Pour des rasoirs d'acier fondu, des taille-plumes et divers objets de coutellerie.

M. Pabatier, à Paris, rue Saint-Honoré, n.° 64,

Pour divers ouvrages de coutellerie bien fabriqués.

M. Weber, à Paris, passage du Commerce, n.° 31,

Pour des rasoirs dont le tranchant est légèrement concave, un nécessaire de dentiste et des taille-plumes.

MM. Mougeot frères, à Bruyères (Vosges),

Pour dix-huit sortes de couteaux à manches de bois, fabriqués en acier des Vosges et d'un prix très-modique.

————

Le jury a arrêté en outre que les fabricans dont les noms suivent seraient cités au rapport :

M. Cabau jeune, à Paris, rue Saint-Honoré, n.° 336,

Pour des instrumens de jardinage, des taille-plumes et des rasoirs habilement exécutés.

M. VEYRAT, à Paris, rue de la Tour, n.º 8,

Pour divers ouvrages de coutellerie fine.

M. LEMAIRE, à Châtellerault (Vienne),

Pour des couteaux et des serpettes de diverses espèces.

M. BARRAUD, à Paris, rue S.ᵗ-Honoré, n.º 263,

Pour divers objets de coutellerie en acier fondu, préparé par un procédé qui lui est propre.

M. BEILLET, à Paris, rue des Nonandières, n.º 18,

Pour des rasoirs, des couteaux, des canifs et autres ouvrages de coutellerie fine.

M. VALLON jeune, à Paris, passage de l'Opéra, n.º 23,

Pour des rasoirs, des instrumens pédicures et un affiloir en pierre artificielle.

MM. JACQUETON frères, à Thiers (Puy-de-Dôme),

M. ARBAUD-PRADIER, de la même ville,

M. CHASSANGUE-L'HÉRAUD, de la même ville,

M. SAINT-JOANNIS-ARBOST, de la même ville,

M. THINET-MALMENAIDE, de la même ville,

Pour des objets de coutellerie fine et commune bien fabriqués.

M. Finot, à Saulieu (Côte-d'Or),

Pour une nouvelle espèce d'affiloir auquel il a donné le nom d'*enthegone.*

Section XII.

Outils divers.

Les usines dans lesquelles se confectionnent les outils à l'usage des taillandiers, des jardiniers, des menuisiers et autres artisans, sont très-nombreuses en France, et occupent beaucoup d'ouvriers. Cinquante envois ont été faits par dix-sept départemens. Parmi les fabricans dont nous aurons à signaler les produits en ce genre, il en est plusieurs dont les noms ont été cités pour d'autres branches d'industrie, et les outils qu'ils ont exposés confirment leurs droits aux récompenses qui leur ont été décernées.

MM. Japy frères, à Beaucourt (Haut-Rhin),

Déjà cités relativement aux aciers, ont présenté des casseroles et des chaînettes en fer étamé, et des coupes en fer dites façon d'Allemagne.

Ces ouvrages sont dignes de la réputation dont jouissent les ateliers de Beaucourt, et le jury se plaît à reconnaître que MM. *Japy* frères méritent de plus en plus la médaille d'or qui leur avait été accordée en 1823. Il a décidé en conséquence qu'il leur en serait délivré un diplôme de rappel.

M. FOURMAND, à Nantes (Loire-Inférieure),

A présenté des câbles en fer à l'usage de la marine. Ces produits, que ce fabricant a perfectionnés depuis l'exposition de 1823, et pour lesquels il emploie les fers de l'usine de la Basse-Indre, sont très-recherchés des marins.

Le jury a décerné à M. *Fourmand* une médaille d'argent.

MM. DE RAFFIN jeune et compagnie, à Nevers (Nièvre),

Fabriquent depuis 1825 des chaînes-câbles pour la marine, dont l'épreuve se fait au moyen d'une machine hydraulique et d'une romaine perfectionnée; il a été constaté, par un certificat des autorités de Nevers, qu'un de ces câbles, fabriqué avec du fer de 32 millimètres, avait résisté à une force de 340 quintaux métriques, et qu'en continuant de le tendre on n'avait pas pu parvenir à le rompre.

Le jury a accordé à MM. *de Raffin* jeune et compagnie une médaille d'argent.

* * *

MM. DECHAMPS et compagnie, à la Charité-sur-Loire (Nièvre),

Ont établi, depuis l'exposition de 1823, une usine dans laquelle ils fabriquent une grande quantité d'objets à l'usage des bâtimens, tels que serrures, loquets, verroux, charnières, poignées, espagnolettes et vis de toutes sortes.

Une médaille de bronze a été décernée à MM. *De-* Médailles de bronze.
champs et compagnie.

M. DELARUE, à Paris, rue du Monceau-Saint-Gervais.

Propriétaire de l'établissement de l'Orme Saint-Gervais, M. *Delarue* a exposé une collection des outils qui s'y fabriquent. Ces outils, à l'usage des charrons, des menuisiers, des charpentiers, tonneliers, maçons, &c., sont très-recherchés des ouvriers; il sort annuellement des ateliers de M. *Delarue* pour plus de 400,000 francs d'outils, qui sont exécutés avec le plus grand soin.

Le jury a accordé à ce fabricant une médaille de bronze.

MM. LACOMPAR et compagnie, à Plancher-les-Mines (Haute-Saône),

Ont présenté divers objets à l'usage des selliers, tels que boucles et anneaux, et d'autres articles de quincaillerie, vis pour les métiers de tisserand, fers à repasser, chandeliers, lampes de sûreté pour l'exploitation des mines; tous ces produits sont fabriqués par des procédés mécaniques.

Le jury a décerné à MM. *Lacompar* et *compagnie* une médaille de bronze.

M. ZANOLÉ aîné, à Orléans (Loiret),

A exposé des chandeliers en fer et en cuivre, des étrilles et des peignes en fer. Tous ces objets sont exécutés par des moyens mécaniques, et le prix en est modéré.

Le jury a décerné à ce fabricant une médaille de bronze.

M. ANTIQ, à Paris, rue d'Enfer, n.° 101,

A présenté une sonde de mineur complète, c'est-à-dire, comprenant toutes les parties dont se compose cet utile instrument; ces objets en fer et en acier sont d'une précision qui ne laisse rien à desirer.

Une médaille de bronze a été décernée à M. *Antiq.*

MM. DE GUAITA et compagnie, à Zornhoff (Bas-Rhin).

Fabriquent depuis l'année 1825, dans leur établissement déjà cité au sujet des scies, un grand nombre d'outils et d'ustensiles, tels que rabots, ciseaux, tenailles, étaux, vrilles, vilebrequins, compas, moulins à café, &c. Ces produits sont d'un prix modéré.

Le jury a accordé à MM. *de Guaita* et compagnie une médaille de bronze.

M. BLANCHARD, à Paris, rue des Prouvaires, n.° 45,

A présenté une collection complète d'outils à l'usage des selliers et des bourreliers; il en fournit annuellement quatorze mille pièces aux selliers les plus renommés de Paris, qui déclarent, par un certificat, que ce sont les meilleurs outils qu'ils aient jamais employés.

Le jury a décerné à M. *Blanchard* une médaille de bronze.

MM. Coulaux et compagnie, à Molsheim (Bas-Rhin),

Ont réussi, depuis l'exposition de 1823, à fabriquer en acier fondu, comme le font les Anglais, toutes sortes d'outils à l'usage des menuisiers, des charrons, des tourneurs. Depuis cette époque ils ont aussi introduit dans leurs ateliers de Molsheim la fabrication de toutes sortes de vis, notamment pour les filatures, et celle d'outils à l'usage des colonies.

Déjà cités pour leurs autres produits métallurgiques, MM. *Coulaux* et compagnie ont droit à une mention honorable pour les outils qu'ils ont exposés.

M. Delaforge, à Orléans (Loiret),

A présenté des chandeliers en fer, des étrilles, des fiches pour armoires, des entrées de serrures, &c. Tous ces objets sont d'une bonne exécution, et leurs prix sont très-modérés.

Le jury a accordé une mention honorable aux produits de M. *Delaforge*.

MM. Peugeot frères, Calame et Salins, à Hérimoncourt (Doubs),

Déjà cités au sujet des scies, ont exposé des outils divers, tels que truelles, racloirs, fers de rabots et agrafes en acier.

Ces produits confirment ce qui a déjà été dit sur l'activité de leurs ateliers, et le jury en fait mention honorable.

M. HUE, à l'Aigle (Orne).

A présenté des marteaux propres à tailler les meules de moulin, des filières perfectionnées, et un outil au moyen duquel on peut percer toutes sortes de filières.

Mention honorable a été faite des outils fabriqués par M. *Hue*, auquel il a été accordé une médaille d'argent pour les aciers qu'il a exposés.

MM. ARNHEITTER et PETIT, à Paris, rue Childebert, n° 13.

Une collection d'instrumens et d'outils a été présentée par MM. *Arnheitter* et *Petit*. Les principaux sont à l'usage de l'agriculture et du jardinage ; ils sont fort bien exécutés, et ont été remarqués par le jury, qui les a mentionnés honorablement.

La même mention honorable a été accordée aux produits exposés par les fabricans ci-après désignés :

M. CAGNIARD-DAMAINVILLE, à Crépy (Oise),

Pour une sonde de fontenier-sondeur de puits artésiens, des piéges à taupes et des louchets pour l'extraction de la tourbe.

M. MULOT, à Épinay (Seine).

Pour une sonde de mineur et divers instrumens propres au percement des puits artésiens.

M. MESNIL, à Nantes (Loire),

Pour des haches, des pelles, des hones et divers autres instrumens aratoires.

MM. LATGNADIER et compagnie, à Paris, rue de Bourgogne, n.° 9,

Pour des tubes de tôle plaquée en laiton, un lit, des espagnolettes et des barreaux de rampes d'escalier fabriqués avec ces tubes métalliques.

M. BEMONT, à Croissy près Chatou (Seine-et-Oise),

Pour des outils et ustensiles employés par les tonneliers.

M. AUDOLLENT, à Paris, rue Saint-Antoine, n.° 43,

Pour divers outils et des pièces de machines à l'usage des filatures.

M. GRUN, à Guebwiller (Haut-Rhin).

Pour des étrilles et des traverses de châssis de fenêtres, objets fabriqués par un procédé mécanique. M. *Grun* a déjà été cité à l'article de la clouterie.

M. CAMUS, à Paris, rue de Bondy, n.° 56,

Pour des éperons et divers produits analogues.

M. EHRENBERG, à Paris, rue de Charonne, n.° 24,

Pour divers outils d'ébéniste et de menuisier.

M. FAVREAU, à Paris, rue de la Bûcherie,
n.° 4,

Pour un outil propre à l'extraction de l'argile.

M. POISSON, à Toulouse (Haute-Garonne),

Pour un étau en fer poli et un étau ordinaire à
fourchette.

M. NAUDOT-ROBLET, à Langres (Haute-
Marne),

Pour un étau à pied du poids de 26 kilogrammes 5.

M. DELAPORTE, à Paris, rue de Reuilly,
n.° 36,

Pour des dés à coudre en acier et en cuivre, et des
crics pour mécanismes de lampes.

M. DELEUIL, à Paris, rue Dauphine, n.° 24,

A exposé un scarificateur destiné à remplacer la
pose des sang-sues, un briquet pyropneumatique, et
des lampes de sûreté pour les travaux souterrains.
Le jury a fait mention honorable des produits de
M. *Deleuil.*

M. FOUQUES fils, à Pont-Saint-Ours (Nièvre).

Parmi les produits divers de la manufacture de
M. *Fouques* fils, déjà cité relativement aux tôles et aux
fers-blancs, on a remarqué un essieu en fer forgé, fabriqué suivant le modèle des diligences générales de

France, et un essieu d'artillerie ; ces essieux, exécutés avec précision, sont faits avec les rognures de la tôle mince destinée à la confection du fer-blanc.

Le jury a fait mention honorable de ces produits.

M. GRAVIER, à Valenciennes (Nord),

A exposé un essieu en fer corroyé, fabriqué à l'imitation du procédé récemment introduit en Angleterre.

Mention honorable a été faite de ce premier produit des ateliers de M. *Gravier*.

M. POT, à Nevers (Nièvre),

A présenté un gros marteau de forge en fer corroyé et trempé, du poids de 477 kilogrammes.

Le jury a fait mention honorable de ce produit de la fabrication de M. *Pot*, qui est exécuté avec précision, sans le secours du burin ni de la lime.

MM. LEGLAY frères, à la Chalade et aux Islettes (Meuse),

Ont exposé un affût en fer forgé, qui porte une pièce d'artillerie exécutée en rubans de fer, et du calibre de deux pouces.

Le jury leur a accordé une mention honorable.

Il a été également décidé qu'il serait fait honorablement mention des divers outils exposés par

L'École royale d'arts et métiers d'Angers (Maine-et-Loire).

Ces produits sont en général exécutés avec soin et précision.

 Le jury a arrêté en outre que les fabricans dont les noms suivent seraient cités au rapport:

MM. PIHET frères, à Paris, avenue Parmentier,

Pour un lit en fer plat, exécuté d'après le modèle adopté par le ministère de la guerre.

M. BAINÉE, à Paris, rue des Boulangers, n.° 2,

Pour une couchette en fer, conforme à celles qui sont employées au collége de Louis-le-Grand.

M. BERTHIER père, à Paris, rue de Reuilly, n.° 36,

Pour un étau à patte en fer étamé, et un lit en fer rond étamé.

MM. TITOT et CHATELUX, entrepreneurs des travaux exécutés dans les prisons de Haguenau,

Déjà cités au sujet de la serrurerie;
Pour une couchette en fer.

MM. MARTIN et compagnie, à Fourchambault (Nièvre),

Qui ont obtenu une médaille d'argent pour les fontes de fer,

Pour un lit en fonte moulée, dont le fond est un réseau élastique, forme de fer plat.

MM. RENETTE et compagnie, à Paris, rue
de Popincourt, n.º 60,

Déjà cités au sujet des limes;
Pour des riffloirs et des brunissoirs.

M. ARMBRUSTER, à Paris, rue Frépillon,
n.º 60,

Pour des riffloirs et des brunissoirs.

M. BOURGOIN, à Paris, rue du Haut-Moulin,
n.º 4,

Pour des outils et instrumens à l'usage des graveurs
et des ciseleurs; objets très-bien exécutés, qui s'ex-
portent même en Angleterre.

M. DINANT, à Paris, rue Saint-Laurent, n.º 6,

Pour divers outils de menuisier et d'ébéniste.

M. HARTMANN, à Paris, rue de Rochechouart,
n.º 61,

Déjà cité relativement aux peignes;
Pour des instrumens à l'usage des mécaniciens.

M. PUPIL, à Paris, rue de l'Oursine, n.º 64,

Déjà cité pour les limes.

M. LENORMAND, à Paris, rue Percée-Saint-
André-des-Arts, n.º 11,

Déjà cité pour l'acier.
Ces deux fabricans sont ici cités pour des burins.

Citations. M. FOSSEY, à Paris, rue de Tracy, n.° 5,

Pour une cisaille susceptible d'être adaptée à une machine.

M. CROISEZ, à Paris, rue des Arcis, n.° 4,

Pour des filières et leurs accessoires, des vis et des boulons.

MM. LECLERC et DEQUENNE, à Raveau (Nièvre),

Auxquels il a été fait rappel d'une médaille d'or relativement aux aciers et aux autres produits de leur manufacture,

Pour des ressorts de voiture et divers objets de taillanderie.

M. VUILLEFROY, à Laon (Aisne),

Pour une clef de voiture destinée à remplacer la clef anglaise.

SECTION XIII.

Armes blanches.

Médaille d'or. MM. COULAUX et compagnie, à Molsheim et à Klingenthal (Bas-Rhin),

Ces fabricans, qui ont été cités diverses fois dans le cours du rapport, ont exposé des cuirasses dont le mérite est déjà constaté. Dans les épreuves qui ont été ordonnées par S. Exc. le ministre de la guerre, ces cuirasses ont très-bien résisté au choc des balles de calibre, à une distance de 40 et même de 30 mètres. Chacun des plastrons a été frappé de cinq coups de balle, et aucun n'a été traversé. Ces produits sont d'une belle exécution et d'un poli brillant.

Le jury a décerné MM. *Coulaux* et compagnie une médaille d'or.

———

M. TREPPOZ, à Paris, rue du Coq-Saint-Honoré, n.° 6, — Mentions honorables.

Déjà cité à l'occasion de la coutellerie, pour laquelle il a obtenu le rappel d'une médaille de bronze.

M. *Treppoz* a exposé une lame de sabre fabriquée avec l'acier damassé qu'il prépare lui-même.

Le jury en a fait mention honorable.

MM. LECLERC et DEQUENNE, à Raveau (Nièvre),

Déjà cités au sujet de l'acier, ont présenté des lames de sabre mentionnées honorablement.

———

Le jury a décidé qu'il serait fait citation dans son rapport de — Citation.

M. DIDA, à Paris, rue Hauteville, n.° 2,

Qui a exposé des casques en laiton doré et des objets d'armement.

SECTION XIV.

Armes à feu.

DE nombreux envois d'armes à feu ont été faits à l'exposition par sept départemens; ils consistent en fusils et pistolets à percussion, en canons de fusil à rubans, en armes de guerre et de chasse diversement combinées, &c. Tous ces produits étaient remarquables par la précision du travail.

———————

Médailles d'argent. M. LEPAGE, à Paris, rue de Richelieu, n.° 13,

A exposé un grand nombre de belles armes à feu, parmi lesquelles on a distingué un fusil tournant à quatre coups, qui présente une disposition nouvelle: un fusil double qui porte une platine à l'abri du feu et de l'eau, &c. Toutes ces armes sont fabriquées avec une rare perfection; elles sont en général à percussion; un seul fusil est à pierre, et son exécution ne laisse rien à desirer. Ce fusil appartient au Roi.

Le jury a décerné une médaille d'argent à M. *Lepage.*

M. RENETTE, à Paris, rue Popincourt, n.° 60,

A présenté six canons de fusils doubles, qui sont damassés avec une parfaite régularité, et trois fusils doubles à percussion, dont les canons sont également damassés; ces canons, formés de rubans de fer et d'acier, offrent une grande résistance, à cause du soin et

de l'adresse avec lesquelles on dispose les lames de
métal soudées ensemble pour les former. C'est à l'é-
cole de M. *Renette* que se sont formés la plupart des
fabricans de canons damassés. Dans les fusils qu'il
expose, les canons recouvrent les platines, afin que
la flamme ni l'eau ne puissent pénétrer par le bois.

Le jury a décerné à cet habile fabricant une médaille d'argent, tant pour les fusils que pour les limes
qu'il a exposés, et dont il a été fait précédemment
mention.

M. POTTET-DELCUSSE , à Paris , rue de Seine, n.° 56.

Neuf fusils et plusieurs paires de pistolets ont été
présentés par M. *Pottet-Delcusse*. Parmi ces ouvrages
on a distingué un fusil à quatre coups dont le tonnerre
se relève par le moyen d'une charnière pour recevoir
les quatre charges, et plusieurs fusils qui offrent des
platines réduites à une grande simplicité.

Une médaille d'argent a été accordée à M. *Pottet-
Delcusse*.

M. PRELAT, à Paris, rue de la Paix, n.° 16,

A exposé plusieurs fusils et pistolets à percussion,
un nécessaire de pistolet et une carabine à double
détente ; ces armes sont d'une belle exécution, et
attestent que M. *Prelat* n'a pas cessé de mériter la
médaille de bronze qu'il avait obtenue à l'exposition
de 1823, et dont il lui est fait rappel.

Rappel
d'une
médaille
de bronze.

M. LAMOTTE, à Saint-Étienne (Loire),

A présenté une paire de pistolets dans le genre oriental, garnis en or, avec canons et platines ornés de ciselures sur acier; la bonne exécution de ces armes prouve que M. *Lamotte* mérite toujours la médaille de bronze qui lui fut décernée en 1823.

Médailles
de bronze.

M. CESSIER, à Paris, boulevard Montmartre, n.° 10,

A exposé trois fusils doubles à percussion. L'une de ces armes est un fusil à la *Pauly*, établi avec des dispositions particulières pour la communication de l'amorce avec la cartouche. Dans un autre fusil double, les grands ressorts de la platine sont combinés de manière à ne pouvoir altérer la force des bois.

Le jury a accordé à M. *Cessier* une médaille de bronze.

M. DELEBOURSE, à Paris, rue Coquillière, n.° 30,

A exposé quatre fusils tournans doubles à percussion; deux de ces armes ont des platines perfectionnées.

Une médaille de bronze a été décernée à M. *Delebourse.*

M. LELYON, à Paris, rue de Richelieu, n.° 67.

Plusieurs fusils à un seul canon, à quatre coups et avec cylindres tournans, ont été exposés par M. *Lelyon.*

qui a présenté aussi des fusils doubles et un nécessaire d'armes artistement exécuté.

Le jury lui a décerné une médaille de bronze.

———

M. PRIEUR, à Paris, rue des Petites-Écuries, n.° 7,

A exposé plusieurs fusils dont les platines sont diversement combinées.

Le jury a décidé qu'il serait fait mention honorable de ces produits.

La même mention honorable a été accordée aux armes présentées par

M. ALBERT-BERNARD, à Paris, rue de Rochechouart, n.° 25,

Pour des canons de fusil en damas et à rubans, dans l'un desquels les rubans croisés tournent, l'un à droite et l'autre à gauche, avec une parfaite régularité.

M. BERNARD, à Paris, rue de Grenelle au Gros-Caillou, n.° 6,

Pour deux canons de fusils doubles en damas, et un canon simple à rubans croisés.

M. PREVOST, à Mézières (Ardennes),

Pour un canon de fusil double en damas, d'un dessin régulier.

M. LEFAUCHEUX, à Paris, rue Jean-Jacques-
Rousseau, n.° 5,

Pour six fusils doubles, dont trois d'après le système ordinaire, et trois à la *Pauly*.

M. ROUSSEAU, à Chartres (Eure-et-Loir),

Pour un fusil double et une paire de pistolets dans
lesquels une chaînette lie une des branches du grand
ressort avec le chien.

M. MAHIET fils, à Tours (Indre-et-Loire),

Pour un fusil double à canon damassé, et un fusil
à percussion richement orné.

M. le colonel marquis D'ÉPINAY-SAINT-DENYS,
à Paris, rue Basse-du-Rempart, n.° 48,

Pour un grand nombre d'armes de guerre, disposées
suivant des systèmes nouveaux, qui ont pour objet
d'en rendre la charge plus facile et plus prompte.

———————

Le jury a décidé en outre que les fabricans dont les
noms suivent seraient cités au rapport.

M. LANTUSSA, à Paris, rue de Grenelle-
Saint-Germain, n.° 14,

Pour un fusil à deux coups.

MM. Boche et Aubin, à Paris, rue Montorgueil, n.° 84,

Pour des amorces et des poires à poudre.

M. Montangerand, à Joigny (Yonne),

Pour des capsules imperméables à l'usage des fusils
à piston.

MM. Leglay frères, à la Chalade et aux Is-
lettes (Meuse),

Pour une petite pièce de canon en rubans de fer
forgé, déposée au musée d'artillerie de Paris.

CHAPITRE XXII.

BRONZES, ORFÉVRERIE, PLAQUÉ.

SECTION PREMIÈRE.

Bronzes.

NULLE exposition n'a encore présenté une réunion de bronzes aussi remarquable que celle qui a paru à l'exposition de 1827. On s'aperçoit que les principes du dessin se répandent dans nos ateliers de bronzerie, et qu'en y portant le sentiment du beau, ils y font estimer les bons modèles. Si quelques formes bizarres ou contournées décèlent, dans certains objets d'ornement, un retour vers le mauvais goût, la faute en est bien moins à nos artistes qu'à la mode, à laquelle ils sont obligés de sacrifier, sous peine de déplaire à une partie du public.

Plusieurs fabricans jettent en bronze avec une telle habileté que leurs pièces sortent du moule presque parfaites et n'ont ensuite que faiblement besoin d'être réparées.

La dorure, soit au bruni, soit au mat, est poussée au plus haut degré de perfection.

Plusieurs artistes du premier mérite maintiennent la supériorité de nos produits d'orfévrerie fine. Pour cette branche d'industrie la ville de Paris est et sera long-temps encore sans rivale.

L'orfévrerie en plaqué d'or ou d'argent lutte avec

succès contre l'orfévrerie fine pour toutes les pièces de fortes dimensions, qui seraient d'un prix excessif si elles étaient exécutées en métaux précieux.

- - - - - -

MM. THOMIRE et compagnie, à Paris, rue Blanche, n.° 45.

Obtinrent en 1806 une médaille d'or, qui fut rappelée aux expositions de 1819 et de 1823.

Ils ont exposé plusieurs figures en bronze, entre autres un groupe représentant les trois grâces, un magnifique surtout de table offrant, sous des figures allégoriques, l'union de la paix, du commerce et de l'industrie ; enfin divers objets d'ornement en bronze d'une ciselure parfaite et d'une dorure très-soignée.

Un nouveau diplôme de rappel est accordé à MM. *Thomire* et compagnie.

M. GALLE, à Paris, rue de Richelieu, n.° 93.

Soutient la haute réputation qu'il s'est depuis long-temps acquise.

Il a exposé une copie en bronze du gladiateur blessé, dans laquelle on retrouve toute la pureté du style antique ; des pendules et des candélabres d'un très-bon goût et d'une grande magnificence.

M. *Galle* obtint en 1819 une médaille d'argent, et en 1823 une médaille d'or ; un diplôme lui est accordé pour le rappel de cette dernière distinction, qu'il mérite de plus en plus.

Nouvelle
médaille
d'or.

M. DENIÈRE, à Paris, rue d'Orléans, n.° 9,

Qui obtint en 1819 une médaille d'argent, en 1823 une médaille d'or, expose en 1827 plusieurs produits en bronze ciselé et en bronze doré, qui attestent l'union du goût le plus pur aux procédés mécaniques les plus perfectionnés. Parmi ces beaux produits on remarque un temple où le dieu des arts paraît entouré des neuf muses; un jeune faune, fondu sur un plâtre du célèbre Thornwaldsen; une sainte Madeleine, copie réduite, d'après Canova; une pendule représentant Achille blessé; enfin, des consoles, des candelabres, et autres objets de décoration.

M. *Denière* s'est élevé au-dessus de tous ses concurrens. Le jury lui décerne une nouvelle médaille d'or.

Rappel
d'une
médaille
d'argent.

M. LENOIR-RAVRIO, à Paris, rue des Filles-Saint-Thomas,

Qui obtint une médaille d'argent pour l'exposition de 1819, possède un des plus importans établissemens qui existent dans la capitale pour la fabrication des bronzes.

Parmi les produits qu'il a présentés à l'exposition de 1827, on remarquait un buste du Roi d'un modèle parfait et d'un fini précieux, une table en mosaïque montée avec beaucoup de goût, enfin différens produits également recommandables par l'heureux choix des sujets et la beauté des formes.

Un diplôme de rappel est accordé à M. *Lenoir-Ravrio.*

MM. Feuchère et Fossey, à Paris, rue Notre-Dame-de-Nazareth, n.° 25,

Qui obtinrent une médaille d'argent à l'exposition de 1819, ont exposé une copie de la Vénus accroupie, deux bustes, l'un de Caracalla, l'autre de Paul Véronèse, des copies réduites des chevaux de Marly, deux pendules, dont une dans le style gothique. Tous ces produits ne peuvent qu'accroître la célébrité, déjà très-grande, des ateliers de MM. *Feuchère* et *Fossey.*

Une médaille d'argent est décernée à ces artistes distingués.

M. Choiselat-Gallien, à Paris, rue du Pot-de-Fer Saint-Sulpice, n.° 8,

Se livre particulièrement à la fabrication des objets en bronze qui peuvent concourir à la décoration des églises. C'est à cet artiste distingué que l'on doit les beaux candélabres et la magnifique garniture du maître autel de Saint-Sulpice. Au nombre des produits qu'il a présentés à l'exposition, un candélabre de grande dimension, exécuté sur le dessin de M. Baltard, se faisait particulièrement remarquer, par la pureté des profils, le fini précieux des ornemens, l'éclat et la magnificence de la dorure.

M. *Choiselat-Gallien* est appelé à prendre rang parmi les bronziers les plus célèbres. Le jury lui décerne une médaille d'argent.

M. JEANNEST, à Paris, rue Boucherat, n.° 18,

A exposé plusieurs produits en bronze, entre autres des pendules ornées de sujets bien choisis et d'une exécution parfaite. Une médaille de bronze lui est décernée.

M. FRESSANGE, à Paris, rue de Paradis, n.° 3, au Marais,

A exposé une copie de faune antique portant un bouc. Cette statue a été jetée en bronze d'un seul jet, par un procédé qui appartient à M. *Fressange,* et qui annonce un talent distingué.

Une mention honorable est décernée à cet artiste.

La même distinction est accordée à chacun des artistes fabricans dont les noms suivent, pour bronzes et dorures d'une exécution très satisfaisante :

M. BIERZY, à Paris, rue du Roule, n.° 13.

M. D'ARTOIS, à Paris, place des Victoires, n.° 4.

M. CORNIER, à Paris, rue de la Chaussée-des-Minimes, n.°

MM. BUGNOT père et fils, à Paris, rue de la Perle, n.° 14.

M. DEHÈQUE, à Paris, rue Saint-Fiacre, n.° 4.

M. Ottin, à Paris, rue Simon - le - Franc, *Citation.*
n.° 12,

Est cité avec éloge pour mêmes produits que ci-dessus.

Section II.

Orfévrerie.

M. Cahier, orfévre du Roi, à Paris, rue *Rappel de médailles d'or.*
Saint-Honoré, n.° 283,

Obtint en 1819 une médaille d'or qui fut rappelée en 1823.

Il a exposé en 1827 plusieurs produits d'orfévrerie de la plus grande magnificence, parmi lesquels on remarquait un calice en or, décoré de médaillons exécutés avec une rare perfection.

Un diplôme de rappel est accordé à M. *Cahier.*

M. Odiot fils, à Paris, rue l'Évêque-Saint-Honoré, n.°

A présenté plusieurs produits de ses ateliers d'orfévrerie.

Un diplôme lui est accordé pour le rappel d'une médaille d'or qui fut autrefois décernée à M. son père.

M. Fauconnier, à Paris, rue du Bac, n.° 58,

Auquel l'art de l'orfévrerie doit une partie de sa splendeur, par les excellens modèles dont il a répandu l'usage, a donné des preuves nouvelles de cette pureté de goût et de cette délicatesse d'exécution qui lui ont mérité une médaille d'or à l'exposition de 1823. Parmi plusieurs objets à l'usage du culte qu'il a présentés, on a surtout distingué un ostensoir de grande dimension, dans lequel le choix des ornemens et le travail de la ciselure ne sont point au-dessous de la richesse de la matière.

Un diplôme de rappel est accordé à M. *Fauconnier.*

M. LÉBRUN, à Paris, quai des Orfévres, n.° 40,

Rappel d'une médaille d'argent.

Qui reçut une médaille d'argent à l'exposition de 1823, obtient le rappel de cette distinction, dont il s'est montré de plus en plus digne par les beaux produits d'orfévrerie qu'il a présentés.

Mention honorable.

M. BERTRAND-PARAUD, à Paris, rue des Arcis, n.° 18,

Est mentionné honorablement, pour beaux produits d'orfévrerie à l'usage du culte.

SECTION III.

Plaqué d'or et d'argent.

Rappel d'une médaille d'or.

M. FABRE, à Paris, rue des Enfans-Rouges, n.° 22,

A succédé à M. *Tournet,* et maintient ses ateliers de plaqué au point de perfection où ils avaient été portés par son prédécesseur.

Entre autres beaux produits présentés par lui à l'exposition, on remarquait un ostensoir en doublé d'or imitant parfaitement le vermeil, une grande lampe et de magnifiques flambeaux d'église.

Un diplôme est accordé à M. *Fabre* pour le rappel de la médaille d'or qui fut décernée à M. *Tourrot* en 1823.

M. PILLIOUD, à Paris, rue des Juifs, n.° 11,

Médailles d'argent.

Reçut en 1819 une médaille de bronze qui fut rappelée en 1823.

Il a exposé divers produits en doublé d'or et d'argent qui prouvent des perfectionnemens notables dans ses procédés de fabrication.

Une médaille d'argent lui est décernée.

M. Théodore PARQUIN, à Paris, rue de Popincourt, n.° 66,

A exposé une série nombreuse d'objets en plaqué d'argent pour le service de la table ainsi que d'autres objets de grandes dimensions, tels que tables d'appartement et baignoires. Sa fabrication, qui est considérable, se distingue par une exécution soignée et un excellent choix d'ornemens.

Nous avons déjà fait mention des cafetières en cuivre que M. *Parquin* fabrique à l'aide du tour et du mandrin, et qu'il livre au commerce à très-bas prix.

Une médaille d'argent lui est décernée.

Médailles de bronze.

Une médaille de bronze est décernée à chacun des fabricans de plaqué dont les noms suivent :

M. BERTHOLON, à Paris, rue Michel-le-Comte, n.° 30.

Ce fabricant a exécuté une statue de la Sainte-Vierge, en argent plaqué, remarquable à-la-fois par sa grandeur et par une exécution très-soignée.

M. Charles BALAINE, à Paris, rue du Faubourg-du-Temple, n.° 91.

Plaqué d'argent pour service de table.

M. VEYRAT, à Paris, rue de la Tour, n.° 8.

Au nombre des produits en plaqué de ce fabricant on remarquait un buste de Mgr le Dauphin.

CHAPITRE XXIII.

BIJOUTERIE, JOAILLERIE, TABLETTERIE.

SECTION PREMIÈRE.

Bijouterie.

ARTICLE PREMIER.

Bijouterie d'acier.

M. FRICHOT, à Paris, rue des Gravilliers, n.° 42,

Rappel d'une médaille d'or.

Qui obtint une médaille d'or à l'exposition de 1823, a exposé divers objets de bijouterie en acier poli, parmi lesquels on admirait surtout une garniture de cheminée composée d'une pendule et de deux candelabres. Ces beaux produits, dont le prix est de 25,000 fr., résultent, d'après l'annonce du fabricant, de l'assemblage de 91,000 morceaux d'acier, qui présentent 1,028,300 facettes, et dont le montage a exigé 2,053,000 opérations.

Un diplôme de rappel est accordé à M. *Frichot*.

Rappel d'une médaille d'argent.

M. PROVENT, à Paris, rue Salle-au-Comte, n.ᵒˢ 4 et 6,

Qui reçut une médaille d'argent à l'exposition de 1823, obtient le rappel de cette médaille.

Il a exposé deux flambeaux d'acier qui sont en partie bronzés, une pendule d'acier poli, des croix plus ou moins riches en ornemens, et une large clef de montre qui est taillée à jour dans un seul morceau d'acier.

Médaille de bronze.

M. PAULY, à Paris, faubourg Saint-Martin, n.ᵒ 13,

A exposé une parure complète, des peignes dont toutes les pièces sont montées à vis, des croix, des boucles d'oreilles et des boucles de ceinture; enfin, un grand nombre de bijoux en acier bien exécutés et qui sont d'un prix modéré.

Une médaille de bronze est décernée à M. *Pauly*.

Mention honorable.

M. HERFORT, à Paris, faubourg Saint-Denis, n.ᵒ 65,

Est mentionné honorablement pour bijoux en acier poli et une pendule de même matière.

ARTICLE 2.

Bijouterie dorée.

Rappel d'une médaille de bronze.

M. ORBELIN, à Paris, rue aux Ours, n.ᵒ 23,

Qui reçut en 1823 une médaille de bronze, obtient le rappel de cette distinction.

Il a exposé des bijoux en cuivre doré imitant parfaitement la bijouterie fine.

M. LELONG, à Paris, rue Montorgueil, n.° 71,

Rappel d'une médaille de bronze.

A exposé de la bijouterie en bronze doré non moins belle que celle qui lui valut en 1823 une médaille de bronze.

Un diplôme portant rappel de cette distinction est accordé à M. *Lelong.*

M. BRISSEAU, à Paris, rue Neuve-Saint-Martin, n.° 9,

Citation.

Est cité avec éloge pour bijoux dorés.

ARTICLE 3.

Bijouterie en fonte de fer.

Les bijoux en fonte de fer qui ont paru à l'exposition étaient à-la-fois remarquables par la finesse du grain de la matière et par la délicatesse du travail. Dans cette industrie, qui est encore nouvelle en France, nos ateliers se montrent de dignes rivaux de ceux qui depuis long-temps sont célèbres en Prusse.

MM. DUMAS père et fils, à Paris, rue de Charenton, n.° 47,

Rappel d'une médaille de bronze.

Déjà cités pour la quincaillerie en fonte de fer,

MM. *Dumas* père et fils ne se sont pas moins distingués par la fabrication de la bijouterie en fonte. Leurs succès dans ce genre d'industrie ont fait baisser les prix de ces objets, qui n'étaient connus autrefois que sous le nom de *bijouterie de Berlin*, et qui s'exécutent maintenant en France avec une grande supériorité.

Le jury a reconnu que MM. *Dumas* n'ont pas cessé de mériter la médaille de bronze qu'ils avaient obtenue en 1823, et a décidé qu'il leur en serait accordé un diplôme de rappel.

Médaille
de bronze.

M. RICHARD, à Paris, rue des Trois-Canettes, n.° 13,

A exposé une charmante collection de bijoux en fonte, creux à l'intérieur, ce qui les rend très-légers, et ornés de dessins fort élégans.

Une médaille de bronze est décernée à M. *Richard*.

Mention
honorable.

M. HOUDAILLE, à Paris, rue Saint-Martin, n.° 171,

Est mentionné honorablement pour bijouterie en cuivre, en bronze et en fonte, d'un très-bon goût et d'un prix modique.

ARTICLE 4.

Bijouterie en platine.

Rappel
d'une
médaille
de bronze.

M. Charles BERNAUDA, à Paris, quai des Orfèvres, n.° 32,

Fabrique toujours avec un grand succès différens

bijoux avec des alliages de platine et d'autres métaux. Les couleurs variées qu'il obtient à l'aide de ces alliages donnent à sa bijouterie un caractère agréable et tout particulier.

M. *Bernauda* obtint en 1823 une médaille de bronze dont le rappel lui est accordé.

SECTION II.

Joaillerie en pierres fausses.

La joaillerie en pierres fausses rivalise avec la joaillerie fine par la précision qui est donnée à la taille des pierres, ainsi que par la richesse et le goût des montures qui y sont adaptées.

La fabrication du strass blanc et du strass coloré a fait de nouveaux progrès depuis l'exposition de 1823. Les matières sont plus homogènes, plus exemptes de bulles et de stries; la transparence en est plus complète, et les nuances des différentes gemmes y sont reproduites avec plus de fidélité.

L'imitation des perles fines a été portée à un point d'exactitude qui n'avait point encore été obtenu jusqu'ici.

M. Douault-Wieland, à Paris, rue Sainte-Avoye, n.° 19,

Nouvelle médaille d'argent.

Qui reçut une médaille d'argent à l'exposition de 1823, continue à occuper le premier rang dans la fabrication du strass; c'est à l'exemple qu'il a donné que l'on doit en grande partie attribuer les immenses progrès de cette industrie et les succès qu'elle obtient.

Au nombre des produits qu'il a présentés en 1827, on remarquait un tableau formé de pièces de cristal limpide et de cristal colorié, à l'effigie de Sa Majesté, des Rois ses prédécesseurs, et de LL. AA. les Princes et Princesses de la famille royale.

Ce tableau se compose de onze cent huit pierres de couleur, en relief d'un côté et unies de l'autre, encadrées dans des baguettes de vermeil, et fixées derrière sur une glace.

Au milieu du tableau est une belle rosace de trois rangées de pierres, émeraudes, rubis et améthystes, et au centre, un grand médaillon de cristal aux armes de France et de Navarre.

Huit autres rosaces entourent celle des armes de France, ayant chacune dans son centre un médaillon de cristal, grand module, de nos Rois depuis Henri IV jusqu'à S. M. Charles X.

Aux quatre angles sont de semblables médaillons de LL. AA. les Princes et Princesses de la famille royale, se détachant sur un fond d'hyacinthes.

Les entourages de ces rosaces, qui présentaient des formes d'une taille difficile, sont décorés de branches de lis et de cornes d'abondance; au milieu sont des couronnes de laurier en émeraudes, et au centre, des fleurs de lis sur topazes.

Des deux côtés de ce bel assemblage sont trois torses de rubis, d'émeraudes et de saphirs, entourés de péridots, avec une seconde baguette de rubis; chacune de ces rangées présente en relief un dessin différent.

Les deux montans forment des carrés longs, avec des coins à feuilles et divers ornemens.

Enfin, autour est un riche encadrement de cinq

rangées de pierres, et au milieu de chacun des côtés est une belle gloire de vingt-quatre rayons avec une couronne de chêne et d'olivier, ayant au centre le triple chiffre de Henri, de Louis et de Charles.

Le travail de cette magnifique composition est immense et d'un fini parfait. Les médaillons sont tous de la plus grande beauté et d'après les plus belles médailles de nos Rois. Commencé le 1.er septembre 1825, ce tableau a heureusement été terminé pour l'ouverture de l'exposition, dont il a été certainement une des pièces les plus remarquables.

Le cadre, ainsi que le pied qui le supporte, est en bois indigène (racine d'érable), avec incrustation de bois d'amaranthe. Les pièces toutes montées ont deux mètres [six pieds] de hauteur sur un mètre trente-cinq centimètres [quatre pieds deux pouces] de largeur.

Indépendamment de ce superbe tableau, M. *Douault-Wieland* a exposé une belle collection des produits de sa fabrique, et plusieurs médaillons de cristal avec de riches encadremens de pierres de couleur.

Une nouvelle médaille d'argent est décernée à M. *Douault-Wieland.*

M. BARTHÉLEMY, à Paris, Palais-Royal, n.° 111,

Obtient le rappel de la médaille de bronze qui lui fut décernée en 1823.

Ce fabricant est particulièrement renommé pour l'élégance et la richesse de ses montures. Il ne fabrique point lui même le strass, mais il le met en œuvre avec beaucoup d'adresse.

Médailles
de bronze.

M. BOURGUIGNON, à Paris, rue de la Paix, n.º 1, et passage de l'Opéra, n.º 20;

Qui fut mentionné honorablement en 1823, a présenté, outre du strass bien préparé, une masse vitreuse perlée imitant la perle fine avec une vérité surprenante.

Une médaille de bronze est décernée à M. *Bourguignon.*

MM. LANÇON père et fils, à Paris, rue du Temple, n.º 49,

Ont présenté des pierres gemmes artificielles d'une grande beauté. Ces messieurs se recommandent encore par les procédés qu'ils emploient pour exécuter la taille en grand des pierres gemmes naturelles du second ordre, telles que l'améthyste et le quartz. Leur fabrique, qui est située à Sept-Moncel (Jura), occupe un très-grand nombre d'ouvriers.

Une médaille de bronze est décernée à MM. *Lançon* père et fils.

Mentions
honorables.

Sont mentionnés honorablement,

M. MARÉCHAL, à Paris, rue Saint-Denis, n.º 350,

Pour bijoux en strass d'une bonne composition et parfaitement montés; ce fabricant a déjà reçu la même distinction en 1823;

M. Mathias CHAVASSU, à Paris,

Pour gemmes et perles fausses très-bien fabriquées;

M. ROUYER jeune, à Paris, rue du Petit-Lion-Saint-Sauveur, n.° 18,

Pour perles fausses et feuilles nacrées ;

MM. LELONG, CONSTANT et FORESTIER, à Paris, rue du Temple, n.° 61,

Pour perles fausses.

SECTION III.

Tabletterie.

————

ARTICLE PREMIER.

Nécessaires.

M. AUCOC, rue Saint-Honoré, n.° 154,

Maintient la célébrité qui a été donnée à son établissement par M. *Lemaire*, son prédécesseur. Ses nécessaires sont toujours très-estimés par le grand nombre d'objets qu'ils renferment sous de petits volumes, et par la bonne confection de chacune des pièces en particulier.

A l'exposition de 1806 M. *Lemaire* obtint une médaille d'argent qui fut rappelée à celle de 1819. En 1823 M. *Aucoc*, alors associé avec M. *Gavet*, fut confirmé dans cette distinction, et il s'en montre toujours de plus en plus digne.

Un nouveau diplôme de rappel lui est accordé.

Citation. **M. MONBRO**, à Paris, rue du Cimetière-Saint-Nicolas, n.° 5,

Est cité avec éloge pour nécessaires très-complets et pour pupitres bien disposés.

ARTICLE 2.

Peignes.

Médaille de bronze. **M. HENON** fils aîné, à Paris, rue Michel-le-Comte, n.° 37,

Qui fut mentionné honorablement à l'exposition de 1823, a donné depuis cette époque une grande extension à sa fabrique de peignes en écaille et en corne imitant l'écaille. Il obtient de ces derniers articles un débit considérable, qui est justifié tant par l'imitation parfaite des diverses variétés de l'écaille que par les formes élégantes et gracieuses qu'il sait donner à ses peignes.

Une médaille de bronze est décernée à M. *Henon.*

ARTICLE 3.

Boutons.

Médaille d'argent. **M. CHRISTOFLE**, à Paris, rue des Enfans-Rouges, n.° 7,

Qui obtint en 1819 une médaille de bronze pour

des boutons en métal, a présenté des boutons en écaille
et en corne, imitant les boutons de soie, et qui ont
l'avantage d'être beaucoup plus solides que ces derniers.

Une médaille d'argent est décernée à M. *Christofle.*

Article 4.

Tabatières et autres objets.

Sont mentionnés honorablement,

M. Lefèvre Colletta, à Paris, rue Mandar,
n.º 18.

Pour tabatières dites écossaises, égales au moins en
beauté aux tabatières de ce genre qui sont fabriquées
en Angleterre, et que cependant l'auteur livre à des
prix bien inférieurs.

Une mention honorable avait déjà été accordée
en 1823 à M. *Colletta.*

M. Devalois, à Paris, rue de Tracy, n.º 7,

Pour tabatières et autres objets en carton verni.

M. Chéron, à Paris, rue Neuve-des-Petits-
Champs, n.º 55,

Déjà mentionné honorablement en 1823.
Ouvrages divers exécutés au tour.

CHAPITRE XXIV.

MACHINES ET INSTRUMENS PROPRES À L'AGRICULTURE.

Médaille
d'argent.

M. Thomas REVILLON, à Mâcon (Saone-et-Loire),

Breveté d'invention, a exposé des horloges publiques et des modèles de machines propres à arracher les arbres et à battre les pilotis.

Ces mécanismes, dans lesquels un mérite incontestable d'invention se trouve joint à une exécution parfaite ont valu à l'auteur une médaille de bronze en 1823; il y a depuis ajouté divers perfectionnemens qui leur donnent un nouvel intérêt.

De plus, M. *Revillon* a présenté un modèle de pressoir à vis horizontale et à volant à percussion. Cet appareil est nouveau; il a sur le pressoir ordinaire des avantages qui seront certainement appréciés dans tous les pays de vignoble, et que nous résumerons en peu de mots :

Il occupe en général peu de place; un léger effort suffit pour le manœuvrer; la pression qu'il a déjà produite se conserve lorsqu'on en arrête le mouvement; il exprime du raisin toute la liqueur que l'on peut en obtenir; enfin il dispense de *trancher* dans les bords du marc avec de longues haches, comme on est ordinairement obligé de le faire. Au lieu de cette manœuvre, qui a l'inconvénient de couper le pepin et la grappe, et par suite de donner au vin une certaine âcreté ; il suffit de remuer le marc avec un grappin à deux ou trois reprises.

La vis et le volant peuvent être en bois ou en fer. Le prix d'un pressoir contenant dix tonneaux est, dans le premier cas, de 600 francs, et dans le second, de 990 francs ; il augmente ou il diminue en proportion de la contenance.

Une médaille d'argent est décernée à M. *Révillon.*

———

Sont mentionnés honorablement ;

M. BESSON, à Paris, rue des Marais, n.° 52, — *Mentions honorables.*

Pour un modèle de charrue et un modèle de herse dont les dents sont remplacées par de petits socs tournans ;

M. DURAND-QUENTIN, à Paris, nouvelle barrière du Trône, n.° 3.

Pour grand assortiment d'instrumens à l'usage de l'agriculture.

Une semblable distinction a été accordée en 1823 à M. *Durand,* qui a établi ses ateliers de construction à la barrière du Trône.

———

Sont cités avec éloge,

M. Michel LORILLARD, à Nuits (Côte-d'Or), — *Citations.*

Pour une machine propre à broyer le lin et le chanvre ;

M. CAMBRAY, à Paris, rue Neuve-Saint-Martin, n.° 26,

Pour plusieurs charrues, un moulin à l'usage des brasseurs, une machine à battre les grains, et un instrument dit *coupe-racines*.

M. GOURJON DE LAPLANCHE, au Cholet (Nièvre).

Pour une charrue à la *Mathieu-Dombasle* avec un soc de rechange.

CHAPITRE XXV.

MACHINES HYDRAULIQUES ET POMPES.

M. Dietz fils, à Paris, rue Chanterreine, n.° 36,

Nouvelle médaille d'argent.

Breveté d'invention, et qui obtint en 1823 une médaille d'argent, a présenté;

1.° Une machine à vapeur complète, avec pistons à garniture métallique et condensateur établi d'après un nouveau principe;

2.° Deux pompes, l'une à eau froide, l'autre à eau chaude, servant à alimenter la chaudière;

3.° Une forte pompe à double effet pour épuisement;

4.° Une pompe de moyenne force, également à double effet, et qui est mise en mouvement par une manivelle.

Toutes ces machines se font remarquer par une composition simple et solide, ainsi que par une parfaite exécution. L'expérience en a constaté la bonté.

Une nouvelle médaille d'argent est décernée à M. *Dietz* fils.

M. FARCOT, rue Neuve-Sainte-Geneviève, n.° 22,

Médaille de bronze.

A exposé, 1.° une pompe à un seul piston, dont la

tige est mise en mouvement par une manivelle portant un volant et un plateau triangulaire à tourillon excentrique variable à volonté ; cette disposition permet d'augmenter ou de diminuer, selon qu'on le juge convenable, la course du piston ;

2.º Une autre pompe à deux pistons dans le même corps, et donnant un jet continu.

Ces deux appareils sont construits avec beaucoup d'intelligence, et peuvent être fort utiles dans un grand nombre de cas.

Une médaille de bronze est décernée à M. *Farcot*.

Mentions honorables.

Sont jugés dignes d'une mention honorable les fabricans dont les noms suivent :

M. Pecqueur, chef des ateliers du Conservatoire des arts et métiers, à Paris, rue Saint-Martin,

Qui obtint une médaille d'or à l'exposition de 1823 pour ses ouvrages d'horlogerie et son système d'engrenage.

Il a exposé,

1.º Une machine à vapeur à rotation immédiate, d'une forme particulière et inusitée jusqu'ici ; cette machine n'a encore été employée dans aucun établissement ; l'auteur la destine au service des bateaux à vapeur, et elle paraît propre à cet usage par le petit volume qu'elle occupe ;

2.º Un régulateur, applicable aux moteurs en général, mécanisme qui offre l'avantage d'introduire

l'uniformité dans le mouvement, et d'en régler ins-
tantanément la vitesse, malgré les variations qui peuvent survenir dans la résistance et dans la force motrice.

M. Binet, à Paris, faubourg Saint-Martin, n.° 108,

Qui a déjà été mentionné honorablement en 1823.

Il a présenté deux pompes à tubes mobiles et une soupape de sûreté pour les machines à vapeur.

Les pompes de ce mécanicien ont été employées avec succès pour l'épuisement des eaux que l'on a rencontrées en jetant les fondations de la nouvelle église de Notre-Dame-de-Lorette. Elles ont servi aussi à faciliter le creusement du canal des Ardennes.

M. Jeandeau, directeur des travaux de l'École royale d'arts et métiers de Châlons.

Il a exposé un appareil propre à tenir lieu de pompe alimentaire pour les chaudières des machines à vapeur.

Les inconvéniens que présentent les pompes alimentaires actuellement en usage font depuis long-temps desirer une amélioration dans cette partie essentielle des machines à vapeur. L'appareil imaginé par M. *Jeandeau* paraît propre à atteindre ce résultat; mais c'est à l'expérience seule qu'il appartient d'en constater l'efficacité.

M. *Jeandeau* a aussi exposé une machine à épuisement, susceptible d'élever promptement de grandes masses d'eau, dont le jeu n'est pas interrompu par la vase que les eaux peuvent contenir.

M. ALAÏS-BENOÎT, à Lyon (Rhône),

Déjà mentionné honorablement en 1823.

Il a exposé un modèle de bateau remorqueur mécanique.

M. CAVÉ, à Paris, rue Saint-Denis, n.º 89.

Il a exposé une machine à vapeur à cylindre oscillant sans condensateur et sans parallélogramme.

————

M. le comte DE THIVILLE, à Paris, rue J. J. Rousseau, n.º 15.

Est cité avec éloge pour une roue hydraulique dont les godets reçoivent l'eau par une conduite aboutissant à l'intérieur de la roue.

CHAPITRE XXVI.

MACHINES PROPRES À LA FABRICATION DES TISSUS.

M. Abraham POUPART, à Sedan (Ardennes),

A présenté de nouveau la machine à tondre les draps, dite *tondeuse*, à mouvement oscillatoire et à double effet, qui lui mérita la médaille d'or à l'exposition de 1823.

Les tondeuses construites dans ce système obtiennent toujours le plus grand succès. Pendant l'espace de quatre ans l'auteur en a placé cent deux dans les fabriques.

Un diplôme de rappel est accordé à M. *Poupart.*

M. CALLA, à Paris, rue du Faubourg-Poissonnière, n.° 92,

Qui obtint une médaille d'or à l'exposition de 1806, et plusieurs autres distinctions aux expositions suivantes, a présenté en 1827,

1.° Un banc de broches pour la préparation du coton, de la laine et autres matières filamenteuses.

Cet appareil remplit bien toutes les conditions auxquelles il doit satisfaire. Il donne à la mèche une grosseur uniforme et une torsion toujours proportionnée à sa grosseur; le numéro de la mèche peut y être

varié à volonté par une opération très-simple ; enfin
la courroie du cône régulateur est toujours maintenue
dans la même position, parce qu'elle n'a jamais à
vaincre qu'une résistance très-faible ;

2.° Un métier mécanique à tisser, lequel, au moyen
d'un simple mouvement de rotation, opère le jeu des
tisses, le lancement de la navette dans les deux sens,
le coup du battant et la marche progressive de l'étoffe,
à mesure qu'elle est fabriquée ; le prix de ce métier
est de 350 francs ;

3.° Un métier régulateur à tisser ; ce métier coûte
160 francs ; il remplace le précédent lorsqu'on ne
fait point usage d'un moteur inanimé ; les chaînes y
sont mises en mouvement par un tisserand, comme
dans les métiers ordinaires, mais l'enroulage successif
de l'étoffe est déterminé par un mécanisme particulier
très-simple.

4.° M. *Calla* a aussi présenté un tour parallèle à
chariot, entièrement exécuté en métal, dont nous pré-
sentons ici la description pour ne pas scinder le détail
des objets dont il a enrichi l'exposition. Le chariot de
ce tour est mu par une vis, en sorte que l'appareil a
toutes les propriétés d'une machine à fileter. Une disposition ingénieuse permet de faire varier rapidement
et avec facilité la vitesse de l'arbre principal, dans des
limites très-étendues, depuis sept jusqu'à trois cents
tours par minute. On peut avec cette machine tourner des surfaces planes et coniques et aléser des corps
de pompe.

M. *Calla* est le premier, après *Vaucanson*, qui ait
établi des métiers à tisser mécaniquement ; les arts lui
sont aussi redevables du premier modèle construit en
France de la machine à vapeur, à double effet, de

Wat, et d'une foule d'inventions relatives au filage et au tissage.

Le jury décerne une nouvelle médaille d'or à M. *Calla.*

M. John COLLIER, à Paris, rue Richer, n.° 24,

Nouvelle
médaille
d'or.

Breveté d'invention, et qui a obtenu une médaille d'or à chacune des expositions de 1819 et de 1823, présente en 1827 :

1.° Une machine à peigner la laine, qui consiste dans l'emploi de deux peignes circulaires placés près l'un de l'autre, et de telle sorte que les broches de chacun de ces peignes se présentent en sens opposés.

Cette machine peut être soignée par deux enfans, lorsqu'un moteur y est appliqué ; elle produit l'effet de cinq peigneurs à la main.

L'expérience apprend que le peignage opéré mécaniquement n'occasionne pas un déchet aussi considérable que celui qui résulte du peignage à la main. Il n'exige d'ailleurs qu'une très-petite quantité d'huile et un degré très-modéré de chaleur, de sorte qu'il n'altère que très-peu la blancheur et l'éclat de la laine.

L'invention de la machine à peigner est due à M. *Godart* ; mais M. *Collier* a le mérite d'y avoir ajouté plusieurs perfectionnemens et d'en avoir répandu l'usage dans les manufactures.

2.° Une machine à filer la laine cardée.

Dans cette machine l'auteur est parvenu à reproduire les mouvemens variés des meilleurs fileurs à la main. Le tirage des fils peut y être opéré avec plus ou moins de vivacité, et l'on peut également en varier le tors à volonté, suivant le degré de force que l'on veut obtenir.

Au moyen d'un mécanisme très-simple ajouté à la machine, l'envidage à la main se trouve régularisé de telle sorte que les fusées de trame peuvent être placées immédiatement dans les navettes des métiers à tisser, ce qui dispense de former des canettes, et produit conséquemment une économie de main-d'œuvre et de matière.

3.° Un métier à tisser les draps de la plus grande largeur, au moyen d'un moteur continu de rotation.

L'exécution d'un tel métier présentait des difficultés très-grandes, eu égard au poids considérable de la navette et à la longueur de course qu'elle doit fournir. Ces difficultés ont été levées par l'auteur, au moyen d'un procédé aussi simple qu'il est ingénieux. MM. *Chayaux* frères ont exécuté sur le métier à moteur continu de rotation une des pièces de drap qu'ils ont présentées à l'exposition.

4.° Une machine à tondre, dite *finisseuse,* établie d'après le même principe que la tondeuse transversale que M. *Collier* présenta à l'exposition de 1823.

Cette dernière tondeuse est destinée à finir les draps les plus fins : elle est beaucoup plus large que la première. Le cylindre dont elle est pourvue, est armé de dix-huit lames très-rapprochées les unes des autres.

Les ateliers de M. *Collier* sont organisés pour construire toutes sortes de machines ; il y a joint une fonderie de fer et de cuivre dans laquelle le moulage de ces deux métaux est exécuté avec une rare perfection.

Le jury, prenant en considération les nombreux services rendus à l'industrie par M. *Collier* depuis la dernière exposition, lui décerne une nouvelle médaille d'or.

MM. ARNAUD et FOURNIER, à Paris, rue Po-pincourt, n.º 40,

Dont il a déjà été fait mention au sujet des cotons filés, ont présenté à l'exposition plusieurs mécanismes de filage qu'ils ont perfectionnés, et dont voici la désignation :

1.º Un banc de 24 broches, en gros, construit en fer, fonte et cuivre. Cet appareil est destiné à remplacer les lanternes ou boudinoirs pour le filage du coton.

2.º Un banc de 48 broches, en fin, pour remplacer les métiers en gros.

3.º Un banc de 12 broches ou bobinoirs pour la laine lisse, produisant par jour 79 à 80 kilogrammes de mèche.

4.º Une presse à faire les paquets, construite sur un nouveau principe, applicable à de plus grandes presses, et qui procure une pression considérable à l'aide de peu d'efforts.

Ces divers appareils dénotent dans leurs auteurs une connaissance approfondie de l'art du filage et des ressources que la mécanique peut lui offrir.

La médaille d'or accordée à MM. *Arnaud* et *Fournier* porte sur l'ensemble de leurs produits.

MM. LABORDE et compagnie, à Paris, rue Saint-Maur-du-Temple, n.º 17,

Ont présenté un banc de broches propre à la filature en gros du coton et de la laine.

Médaille d'or.

Rappel d'une médaille d'argent.

Cet appareil a cela d'avantageux qu'il économise la force du moteur, qu'il diminue les déchets ainsi que les frais de main-d'œuvre, enfin qu'il procure un fil bien égal et d'une torsion convenable.

En 1823 M. *Laborde* obtint une médaille d'argent; un diplôme est accordé à la société dont il fait partie, pour le rappel de cette distinction.

Médaille
d'argent.

MM. DEBERGUE et compagnie, à Paris, rue de l'Arbalète, n.º 24,

Ont exposé des peignes mécaniques pour le tissage, fabriqués avec le plus grand soin, et deux métiers mécaniques propres à tisser la laine, le lin, le coton et la soie. Ces derniers produits ont particulièrement attiré l'attention du jury central, en ce qu'ils offrent un perfectionnement remarquable dans la conjonction des métiers mécaniques.

Dans le système adopté par MM. *Debergue* et compagnie, le mouvement imprimé à la navette peut être gradué suivant la nature et la finesse du fil que l'on emploie; l'enroulement de l'étoffe est opéré successivement et régulièrement; une tension convenable est donnée à la chaîne à l'aide d'un poids qui n'excède pas 10 kilogrammes; enfin le coup du battant peut être double sur chaque duite sans entraîner de ralentissement dans la confection du tissu.

Ces avantages donnent aux métiers mécaniques de MM. *Debergue* et compagnie une supériorité marquée sur tous ceux qui ont été imaginés jusqu'ici.

Une médaille d'argent est décernée à ces industrieux fabricans.

MM. PIHET frères, à Paris, avenue Parmentier,

Dont l'un, M. *Eugène Pihet*, obtint une médaille de bronze en 1823, ont exposé :

1.° Un batteur-étaleur, pour la préparation du coton avant le cardage. Au moyen de cet appareil, dont le prix est de 1900 francs, on peut battre, éplucher et disposer en nappe 250 kilogrammes de coton en douze heures ; deux femmes suffisent pour en faire le service.

2.° Un banc de 30 broches, en gros. A l'aide de cette machine, deux femmes peuvent obtenir par jour 125 kilogrammes de coton préparé en mèches pour le filage, aux numéros 30 à 40, mille mètres ; elle coûte 2900 francs.

3.° Un banc de 48 broches, en fin. Une femme suffit pour soigner deux de ces machines. Elles rendent chaque jour 60 kilogrammes de fil en gros, ce qui réduit à un centime environ le prix de la main-d'œuvre pour chaque livre de coton préparé.

4.° Une presse hydraulique, d'une forme avantageuse.

5.° Enfin des lits en fer forgé, dont nous avons déjà fait mention à l'article *Outils divers*.

Ces divers produits attestent que MM. *Pihet* sont à-la-fois mécaniciens habiles et manufacturiers extrêmement recommandables par l'importance qu'ils ont donnée à leur établissement. Une médaille d'argent leur est décernée.

M. FAVREAU, à Paris, rue du Faubourg-Saint-Martin, n.° 250,

A exposé un métier pour la fabrication des tricots.

Au moyen d'un mouvement de rotation donné à ce métier par une manivelle, le fil est immédiatement placé sur les aiguilles et ramené sous les becs par deux corps de platine à ressort. Chacun de ces corps de platine est porté par un arc de cercle fixé sur l'arbre en fer auquel la manivelle est appliquée; ils fonctionnent alternativement, dans le même sens, par un mouvement continu.

Ce métier est particulièrement destiné à la fabrication des tricots pour jupes, pantalons et gilets; il donne par minute dix rangées de mailles, sur 36 pouces de largeur.

M. *Favreau* a enrichi l'art de la bonneterie de plusieurs autres métiers allant aussi par manivelle.

Une médaille d'argent lui est décernée.

Médailles de bronze.

Une médaille de bronze est accordée à chacun des artistes mécaniciens dont les noms suivent :

MM. BERNARD-GILET et fils, à Sedan (Ardennes).

Ils ont présenté deux machines, l'une à fouler, l'autre à dégorger les draps. Les bâtis de ces deux machines sont en fonte. Dans la première les maillets sont mus par des manivelles qui les font agir alternativement sur l'étoffe, d'une manière très-égale.

M. Maxime-Anne CHARDRON, à Sedan (Ardennes).

Il a présenté aussi deux machines du même genre

Médailles
de bronze.

que les précédentes et construites dans les mêmes systèmes, avec cette seule différence que les bâtis sont en
bois.

M. AVIT aîné, à Paris, rue Sainte-Anne, n.° 15.

Il a présenté des cartes propres à la fabrication de
la dentelle.

La perfection de la dentelle dépend essentiellement
de la régularité avec laquelle les points sont espacés
entre eux; mais cette régularité ne peut être obtenue
qu'autant que la carte sur laquelle le tissu est fabriqué
n'admet dans ses lignes aucune espèce d'incorrection.

Les cartes présentées par M. Avit sont piquées à
l'aide d'une machine de son invention; elles présentent dans les fonds ainsi que dans les dessins une
précision mathématique. La machine a en outre l'avantage de varier la finesse des fonds depuis 9 jusqu'à
32 points au pouce.

M. Avit a aussi exposé une montre solaire en cristal, de forme sphérique. Cette montre indique la division du temps moyen et du temps vrai, par minute,
depuis six heures du matin jusqu'à six heures du soir;
elle marque aussi, jour par jour, la position du soleil
relativement à l'écliptique.

M. DIOUDONNAT, à Paris, rue Notre-Dame-de-Nazareth, n.° 38.

Il a exposé une collection complète de maillons et
de poulies en verre, à l'usage des fabricans d'étoffes.

Ces petits instrumens sont faits avec une espèce de

verre nommée *émail*, que l'on prépare dans les verreries en baguettes rondes de différentes grosseurs.
Ils exigent un soin tout particulier de la part de celui
qui les fabrique, pour saisir à propos le degré de
chaleur qu'il convient de donner au verre afin de la
bien souder sans le brûler.

Les conditions auxquelles les maillons doivent satisfaire sont de présenter des ovales allongés, très-
réguliers, exempts de tout point de rebroussement,
d'être percés de trous en nombre convenable et symétriquement disposés, d'offrir des surfaces parfaitement
unies, enfin d'être doués d'une force de résistance
assez grande pour ne point se rompre sous la charge
qu'ils doivent supporter.

Toutes ces qualités se rencontrent dans les maillons que fabrique M. *Dieudonnas*. Ses poulies en verre
ont aussi toute la précision et toute la régularité désirables.

Mentions honorables.

Sont jugés dignes d'une mention honorable :

M. DAVID, à Paris, boulevard Bourdon.

Qui a déjà obtenu cette distinction en 1823.

Il a présenté un tendoir à deux rangs de broches et
une machine à lacers.

M. Charles-François HÉNAULT, à Beauvais
(Oise).

Il a exposé une machine à carder la laine, solidement construite et bien appropriée à son objet.

M. JUNOT, à Paris, rue Saint-Maur, n.º 70.

Il a exposé des ailettes de différentes grandeurs pour les bancs à brocher des filatures de coton.

Les qualités que l'on exige dans les ailettes se rencontrent dans celles que fabrique M. *Junot:* l'entonnoir tourne parfaitement sur le centre de la broche, et les faces en sont bien unies; le canon est bien en équilibre avec la broche,

M. LEBIHAN, à Paris, rue du Pot-de-Fer, n.º 24.

Il a exposé des *chariots-bobines* propres à la confection du tulle.

CHAPITRE XXVII.

MÉCANISMES ET INSTRUMENS DIVERS.

Rappel
de médailles
d'argent.

M. Charles MOTTE, à Paris, rue des Marais-Saint-Germain, n.° 13.

A exposé le modèle d'une presse lithographique dans laquelle la pression est opérée à l'aide d'un levier à genou excentrique, à repos. En abaissant le bras de levier on fait descendre une vis régulatrice de la pression et dont l'extrémité inférieure appuie sur le frottoir. Une manivelle, dont le mouvement est transmis au cylindre par un pignon et une roue d'engrenage, fait glisser le chariot sous le frottoir, sans l'intermédiaire de treuil ni de sangle.

M. *Motte* a exposé aussi des produits de ses ateliers de lithographie, dont il sera fait mention dans le cours de ce rapport. Un diplôme lui est accordé pour le rappel d'une médaille d'argent qu'il a obtenue en 1823. Ce rappel porte sur l'ensemble de ses produits.

M. Isaac SARGEANT, à Paris, allée d'Antin, n.os 19 et 23,

Qui reçut en 1823 une médaille d'argent, obtient le rappel de cette médaille. Il a présenté des bois courbés par le moyen de machines, à l'aide de la vapeur et de l'eau bouillante.

MM. Sennefelder et compagnie, à Paris, rue de Paradis-Poissonnière, n.° 27,

Ont exposé une presse lithographique portative, d'un usage commode et d'une disposition ingénieuse.

Obtiennent le rappel d'une médaille d'argent décernée en 1823.

M. Moulfarine, à Paris, rue Saint-Pierre-Pont-aux-Choux, n.° 18,

Qui obtint une médaille de bronze en 1823, a exposé,

1.° Un appareil pour sécher à la vapeur les toiles et autres étoffes; le séchage y est opéré sur des cylindres, à peu de frais, et sans que les étoffes soient exposées à être salies par le contact d'aucun corps étranger;

2.° Un robinet-soupape, à vis de rappel, au moyen duquel on évite le choc analogue au coup du belier hydraulique, et qui est inévitable lorsque l'écoulement du liquide est arrêté brusquement;

3.° Une presse hydraulique munie de deux pompes d'injection de différens diamètres. Cette presse réunit une grande solidité à une construction très-soignée; elle est de plus d'un entretien facile et peu dispendieux.

On doit encore à M. *Moulfarine* d'autres inventions utiles, entre autres des chaudières à compression (voir le rapport sur l'exposition de 1823), des appareils propres à comprimer et à carboniser la tourbe, et d'autres pour la cuisson du sucre.

Une médaille d'argent lui est décernée.

MM. Frédéric ROLLÉ et Jean-Baptiste SCH-WILGUÉ, à Strasbourg (Bas-Rhin),

Qui obtinrent chacun une médaille de bronze en 1813, ont présenté collectivement :

1.° Deux balances-bascules portatives, l'une à tablier trapézoïdal, de la pesée de 500 kilogrammes; l'autre à tablier rectangulaire, de la pesée de 1000 kilogrammes.

Les leviers dont ces instrumens présentent une ingénieuse combinaison sont tellement disposés qu'ils impriment au tablier un mouvement égal et parallèle, de sorte que l'on obtient toujours le même résultat, quel que soit le point où l'on applique l'objet à peser.

La balance-bascule valut à M. Rollé, seul, une médaille de bronze en 1823. Le perfectionnement qui y a été apporté depuis consiste dans l'addition d'un levier au moyen duquel s'opère l'engagement et le dégagement des couteaux, ce qui contribue à la conservation de leurs tranchans.

2.° Un modèle de pont à bascule perfectionné, construit sur une échelle de 20 centimètres pour mètre.

3.° Le modèle d'une balance appropriée à un pont à bascule.

4.° Une balance à bras égaux, à l'usage des carderies, et destinée à peser le coton en nappe sortant du battoir-éplucheur.

5.° Deux cries, l'un à simple, l'autre à double noix.

6.° Une plate-forme à l'usage des horlogers mécaniciens, servant à diviser les cercles et à denter les roues d'engrenage.

7.º Une machine servant à percer les métaux, et dont la disposition est telle que les trous sont toujours nécessairement perpendiculaires à la surface sur laquelle elle agit.

Ces différens mécanismes sont exécutés avec une précision admirable; plusieurs offrent des dispositions nouvelles et fort ingénieuses; tous sont de prix extrêmement modérés.

Une médaille d'argent est décernée à MM. *Rallé* et *Schwilgué.*

M. Léonard-Joseph KERMAREC, à Brest (Finistère),

A obtenu en 1823 une médaille de bronze pour deux pompes destinées au service des vaisseaux et une échelle à incendie.

Cette échelle, que l'auteur a depuis perfectionnée, est représentée en 1827 sous le nom d'*échelle à pivot*. Les avantages qui la distinguent sont d'être facilement transportable, de présenter beaucoup de stabilité, lors même qu'elle porte sur la pente d'un pavé, d'atteindre à de grandes hauteurs, de pouvoir être placée à distance de la maison incendiée, de permettre d'arriver d'un seul jet, sans le secours d'un pont, aux croisées par lesquelles on veut pénétrer, de rester en permanence dans la même position lorsqu'elle doit offrir un secours à plusieurs personnes par la même fenêtre, d'admettre l'usage de paniers pour sauver des enfans, des personnes évanouies, ou des effets précieux.

Cette échelle est d'un prix modique. S. Exc. le

ministre de la marine en a prescrit l'emploi dans les arsenaux qui dépendent de son ministère.

Une médaille d'argent est décernée à M. *Kermarec.*

Un diplôme portant rappel d'une médaille de bronze précédemment obtenue est accordé à chacun des artistes mécaniciens dont les noms suivent :—

Rappel d'une médaille de bronze décernée en 1819 et déjà rappelée en 1823.

M. TISSOT, à Paris, rue et île Saint-Louis, n.º 35.

Il a exposé,

1.º Une chèvre perfectionnée ;

2.º Un treuil double, propre à charger et décharger les voitures ;

3.º Un treuil simple ;

4.º Une herse mécanique ;

5.º Une machine propre à enlever les terres des canaux ;

6.º Enfin une petite chaloupe pouvant voguer à l'aide d'une roue placée à l'arrière de l'embarcation, et qui est mise en mouvement par un seul homme.

Rappel d'une médaille de bronze décernée en 1823.

M. DIDIÉE, à Paris, rue d'Enfer, n.º 32.

Il a exposé une machine à forer les métaux. Dans cette machine la pièce à forer est élevée à l'aide d'une bascule et de contrepoids, de manière à presser sur la pointe d'un foret disposé verticalement et tournant contre fixe. Le forage y est exécuté avec une vitesse trois fois plus grande que dans les machines à vis de pression.

M. CARTIER, à Paris, faubourg Saint-Denis, n.° 121.

Il a reproduit la machine à carder les matelas qu'il avait exposée en 1823. La machine occupe peu de place; elle est d'un facile transport et opère un cardage bien complet.

M. FOSSEY, à Paris, rue de Tracy, n.° 5.

Il a exposé,

1.° Une presse mécanique à vis, qui fonctionne bien sans qu'on soit obligé de la sceller;

2.° Un modèle de moulin à farine, qui peut être manœuvré par un seul homme;

3.° Une cisaille à molette, marchant par un mouvement alternatif de manivelle.

M. BEUGÉ, à Paris, rue des Vieux-Augustins, n.os 62 et 64.

Il a exposé des presses pour timbre sec et à copier, des presses à cachets, à vis et à leviers, enfin un arbre en fer tourné, portant plusieurs échantillons de pas de vis filetés à la machine. Tous ces articles se distinguent par une grande justesse d'exécution, et dénotent un mécanicien très-habile.

Une médaille de bronze est accordée à chacun des artistes mécaniciens dont les noms suivent :

MM. MIDDEMDORP et GAULTIER-LAGUIONIE, à Paris, rue des Fossés-du-Temple, n.° 34.

Ils ont exposé une presse typographique à un seul

cylindre, et qui cependant présente ce résultat remarquable, qu'elle imprime, sans interruption, dans un sens comme dans l'autre.

Jusqu'à présent, dans les presses à un seul cylindre, le mouvement de retour du chariot était perdu, et par conséquent il n'y avait d'effet utile que pendant la moitié du temps employé. La disposition de la nouvelle presse remédie à cette perte de main-d'œuvre et de temps.

La feuille de papier, placée dans une position déterminée par des repères qui varient suivant les formats, est conduite par une toile sans fin sur la partie de la table où elle doit recevoir l'impression; et elle est maintenue dans sa position par des cordons qui la saisissent à son passage. Dès que l'impression est terminée, la feuille, abandonnée par les cordons, est entraînée par la toile.

Cette presse peut tirer facilement deux mille feuilles à l'heure.

Pour en faire le service il suffit d'un homme agissant par l'intermédiaire d'une manivelle, et de quatre enfans, deux pour placer les feuilles sur la toile sans fin, et deux autres pour les en retirer.

M. DAVENPORT, à Rouen (Seine-Inférieure),

Il a présenté des molettes propres à graver les rouleaux de cuivre destinés à l'impression des étoffes.

Déjà nous avons fait remarquer combien ce procédé de gravure est expéditif, et combien est grande l'économie qui en résulte.

Les molettes fabriquées par M. *Davenport* ont une

précision qui leur assure un succès durable et les garantit contre toute concurrence étrangère.

M. THONNELIER, à Paris, rue des Gravilliers, n.° 30.

Il a exposé une machine à fileter les vis et les écrous.

Au moyen de cette machine on peut obtenir promptement des *mères* de tous les pas de vis desirables, en suivant l'ordre des engrenages de rechange. On peut aussi tourner des cylindres avec une grande perfection, même en se servant de l'ouvrier le moins expérimenté.

Une machine de ce genre, mais plus grande, est employée par M. *Thonnelier* pour tourner les cylindres à l'usage des fabricans de toiles peintes.

L'établissement de cet ingénieux mécanicien est connu depuis plus de vingt ans pour la bonne construction des laminoirs, et a rendu d'importans services à une foule d'usines qui font usage de ce genre d'appareils.

M. Auguste DELAVELYE, à Clichy-la-Garenne (Seine).

Il a exposé un dynamomètre destiné à mesurer constamment l'effort que certains moteurs exercent sur les machines qu'ils mettent en mouvement.

M. ODOBEL, à Paris, rue de Chaillot, n.° 87.

Il a exposé une machine propre à râper les betteraves, et à la fabrication de la fécule. Cette machine est parfaitement disposée; on l'emploie fréquemment dans diverses fabriques, notamment dans celles de sucre de betterave.

M. CLERC, à Paris, rue du Buisson - Saint-
Louis, n.° 16.

Il a exposé une collection nombreuse de machines
et d'outils à l'usage de l'horlogerie. Tous ces articles
se recommandent par une fabrication très-soignée et
par la bonté des matières premières.

––––––

Sont jugés dignes d'une mention honorable :

M. MENUT, à Paris, rue du Faubourg-Poissonnière, n.° 1,

Déjà mentionné honorablement en 1823.

Il a exposé une roue d'engrenage de cinq pieds,
avec son pignon ou quart.

M. Joachim RABIER, à Rennes (Ille-et-Vilaine),

Déjà mentionné honorablement en 1823. Il a
exposé,

1.° Un modèle de machine soufflante, composée
de trois soufflets à pistons ;

2.° Une forge portative de campagne ;

3.° Un grand cylindre en bois destiné à l'établissement d'une machine soufflante.

M. MOREAU, à Paris, hôtel royal des monnaies.

Il a exposé un modèle de machine monétaire à
virole brisée. Le principe ingénieux d'après lequel
cette machine est construite dénote dans l'auteur une
connaissance approfondie de la fabrication des mon-

naies. Le mérite définitif n'en sera toutefois bien établi que lorsqu'elle aura été employée dans les hôtels des monnaies, et c'est au Gouvernement seul qu'il appartient d'ordonner de semblables essais.

M. SAULNIER, mécanicien de la monnaie des espèces, à Paris,

Qui obtint en 1823 une médaille d'argent pour une machine à vapeur,

A exposé une machine monétaire ayant pour objet le cordonnage des flancs de la pièce avant la frappe. Cette machine se distingue de celles que l'on a employées jusqu'ici, en ce qu'elle admet deux paires de coussinets droits, qui agissent alternativement.

La nouvelle invention de M. *Saulnier* paraît digne du talent dont cet artiste a depuis long-temps fait preuve ; mais c'est au Gouvernement qu'il appartient d'en constater le mérite pratique par des essais.

M. JALADE-LAFOND, à Paris, rue de Richelieu, n.° 46.

Les lits mécaniques employés jusqu'ici faisaient prendre au malade une position fixe, qui le condamnait au repos, sous l'action d'une force extensive constante.

M. *Jalade-Lafond*, persuadé qu'il est nécessaire d'imprimer un mouvement gradué aux parties du corps que l'on veut ramener à leur état naturel, est parvenu à donner à ses appareils une disposition telle que le malade, au moyen d'un léger effort de la main, peut lui-même varier ses attitudes et le degré d'action de la force extensive.

24.

Les moyens mécaniques dont il s'est servi pour arriver à ce résultat important sont fort ingénieux, et décèlent des connaissances approfondies dans plusieurs sciences.

Le jury central, en donnant aux utiles recherches de ce savant les éloges qu'elles méritent, croit toutefois devoir faire observer qu'il n'appartient qu'à l'académie de médecine d'apprécier les avantages que l'art de guérir peut retirer de ses lits mécaniques.

M. VALÉRIUS, à Paris, rue du Coq-Saint-Honoré, n.° 7,

A exposé un bras artificiel au moyen duquel on peut remplacer, dans un grand nombre de cas, un bras qui a été amputé. Dans cet ouvrage, dont le poids n'excède pas 28 onces, la main, abandonnée à elle-même, se tient ouverte; mais au moyen d'un mécanisme qui reçoit l'impulsion de l'avant-bras, les doigts se ferment, et les mouvemens des diverses articulations s'opèrent avec une telle facilité qu'un cavalier peut se servir d'un bras artificiel pour gouverner son cheval.

Le jury central a vu avec le plus grand intérêt le bras artificiel présenté par M. *Valérius*; il regrette de ne pouvoir demander pour lui une récompense de première classe, et pense que cet ouvrage doit être signalé particulièrement à MM. les ministres de l'intérieur, de la guerre et de la marine.

M. BAUDRY, à Paris, rue de Charonne, n.° 35.

Il a exposé :

1.° Une presse hydraulique portative qui est destinée particulièrement à la confection des ballots, et dont la force est au moins de 20,000 kilogrammes. Un Mentions
honorables. treuil placé vers la base de cette presse opère la tension des cordes à l'aide desquelles les ballots sont serrés.

2.° Une paire de règles en acier servant à vérifier les rouleaux d'impression pour les toiles peintes.

3.° Des râcles destinés à essuyer ces mêmes rouleaux.

La râcle est nommée dans les manufactures *le docteur*, à cause de la difficulté que l'on éprouve à la bien faire. Celles que fabrique M. *Baudry* sont remarquables par leur extrême régularité.

M. BOUCHER, capitaine ingénieur-géographe, à Paris, rue de l'Université, n.° 93.

Il a exposé :

1.° Un instrument de perspective, nommé *coordonographe*, servant à dessiner des perspectives partielles. Cet instrument a pour but d'abréger considérablement l'application des règles de la perspective, et même de suppléer dans beaucoup de cas à la connaissance de ces règles ; il peut servir à mettre en perspective un objet que l'on n'a point matériellement sous les yeux, mais dont on possède le plan et l'élévation.

2.° Un autre instrument de perspective appelé *panotrace*, à l'aide duquel on peut obtenir promptement, et avec une rigoureuse précision, le tracé d'un panorama. Comme exemple d'application de cet instrument, M. *Boucher* y a joint un dessin représentant l'intérieur d'un atelier d'imprimerie.

M. PAILLET, à Paris, rue Boucher, n.° 26.

Il a exposé des pupitres mécaniques fort ingénieusement construits, qu'il nomme *volti-presto*.

M. Jean Wagner, à Paris, rue du Cadran,
n.° 29.

Il a exposé des pupitres mécaniques servant, comme
les précédens, à tourner les feuillets d'un cahier de
musique.

M. Brisset, à Paris, rue du Faubourg-Montmartre, n.° 85.

Il a exposé deux presses lithographiques. L'une de
ces presses est portative et a été employée à l'armée
d'Espagne. L'autre est à demeure; l'auteur la nomme
à double effet, parce qu'elle opère le tirage en allant à
droite ou à gauche, et qu'elle évite la perte de temps.
Les imprimeurs lithographes emploient avec succès
cette dernière presse.

M. Chapelle, à Paris, quai de la Cité, n.° 11.

Il a exposé :

1.° Une presse hydraulique munie d'une seule
pompe d'injection à double piston. Cette pompe unique
produit à l'aide de ses deux pistons le même effet que
les deux pompes dont les presses hydrauliques sont
ordinairement garnies.

2.° Une machine destinée à l'apprêt des chapeaux
de paille. Cette machine remplit bien, par sa construction, les conditions auxquelles elle doit satisfaire.

M. Regnier, à Paris, rue de Sorbonne, n.° 4.

Déjà cité relativement à la serrurerie, a exposé divers
mécanismes et instrumens, tels que des dynamomètres
à ressort elliptique, pour mesurer la force des hommes

et des animaux, et susceptibles d'indiquer des pressions de 3000 kilogrammes ; une éprouvette à ressort dont on fait usage dans l'administration des poudres, des presses portatives à timbre sec, des anémomètres dont un sert à remonter les pendules, un thermomètre métallique, des pesons à ressort pour mesurer la force des fils, enfin un *scléromètre* ou instrument propre à comparer la dureté des vernis qui recouvrent les poteries et les faïences.

La construction de ces divers instrumens est on ne peut pas plus satisfaisante et dénote une grande habileté.

M. DINANT, à Paris, rue Saint-Laurent, n.° 6.

Il a exposé une collection intéressante d'outils à l'usage de la menuiserie et de l'ébénisterie, dont plusieurs d'invention nouvelle, et tous d'une parfaite exécution.

M. DÉSORMEAUX, à Paris, rue Saint-Hyacinthe, n.° 21,

Est auteur d'un ouvrage intéressant, intitulé *l'Art du tourneur*. Divers ouvrages exécutés au tour ont prouvé que ses connaissances pratiques dans cet art ne sont point inférieures à celles qu'il possède sur la théorie.

M. Claire-Louis FOUET, à Paris, rue au Fer, n.° 28.

Il a exposé des bluteaux de divers degrés de finesse, et qui sont tous fabriqués avec soin.

Mention honorable.

M. Goupil, capitaine d'artillerie, à Paris, au dépôt de l'artillerie.

Il a exposé une balance romaine à levier et à cadran de nouvelle invention.

M. Gobillot-Quingnart, à Arras (Pas-de-Calais).

Il a exposé une machine à rayer le papier.

———

Citations.

Sont cités avec éloge,

M. Michelon-Polydore, à Montmarault (Allier),

Pour une machine propre à la confection des câbles ;

M. Aniel, à Paris, rue du Faubourg-Saint-Denis, n.° 84,

Pour modèles d'escaliers et de parquets ;

MM. Lemoine et Meurice, à Paris, rue Rochechouart, n.° 23,

Pour plusieurs chaînes d'engrenage ;

M. Pierron, à Paris, rue Saint-Honoré, n.° 123,

Pour presses lithographiques et presses autographiques.

———

CHAPITRE XXVIII.

INSTRUMENS D'ASTRONOMIE, DE PHYSIQUE ET DE MATHÉMATIQUES.

M. GAMBEY, à Paris, rue Saint-Antoine, n.° 57,

Nouvelle médaille d'or.

Qui reçut une médaille d'or en 1819, s'est appliqué à justifier l'éloge que le jury central de 1823 a cru devoir faire de ses talens en lui décernant une seconde médaille d'or. Il expose en 1827 une lunette méridienne à laquelle un cercle de déclinaison est adapté. La lunette a 2 mètres 382 millimètres [7 pieds] de longueur et 162 millimètres [6 pouces] d'ouverture. Ce bel instrument, destiné à l'observatoire royal de Paris, se faisait principalement remarquer par un système de niveaux entièrement neuf, dont les astronomes tirent le plus grand parti.

Une troisième médaille d'or est décernée à M. *Gambey*.

MM. JECKER frères, à Paris, rue de Bondi, n.° 32,

Rappel d'une médaille d'argent.

Obtinrent en 1819 une médaille d'argent qui fut rappelée en 1823, et pour laquelle un nouveau diplôme de rappel leur est accordé.

Ils ont exposé cette année divers instrumens de marine.

Médailles de bronze.

M. BROCCHI, conservateur des modèles à l'école polytechnique,

A exposé divers modèles de machines très-bien exécutés, et plusieurs modèles des surfaces du second degré, représentant, à l'aide de fils, les diverses positions de la génératrice. Ces modèles rendent sensibles aux yeux des théories que l'esprit a souvent peine à concevoir; ils sont propres à faciliter beaucoup l'étude de la géométrie descriptive, et peuvent être d'un grand secours pour la coupe des pierres.

Une médaille de bronze est décernée à M. *Brocchi.*

M. BUNTEN, à Paris, quai de Gèvres,

A exposé une série intéressante d'instrumens de physique, tels que thermomètres, baromètres, photomètres, hygromètres de *Daniel*, exécutés avec beaucoup d'adresse et de soin.

Le jury a remarqué particulièrement l'importante amélioration que M. *Bunten* a faite au baromètre portatif de M. *Gay-Lussac.*

Une médaille de bronze lui est décernée.

***

Mention honorable.

M. ALLIZEAU, à Paris, quai Malaquais, n.° 15,

Déjà mentionné honorablement en 1819 et en 1823, obtient encore cette distinction. M. *Allizeau* est avantageusement connu depuis long-temps pour la construction des modèles polyédriques propres à l'étude de la géométrie et de la cristallographie.

M. ROMER, à Paris,

A présenté un instrument à l'aide duquel il parvient à percer le diamant. Le jury regrette de ne pouvoir admettre au concours cet artiste fort estimable, mais qui n'a point rempli les formalités d'admission près du jury local.

CHAPITRE XXIX.
INSTRUMENS D'OPTIQUE.

Rappel de médailles d'or.

M. LEREBOURS, à Paris, place du Pont-neuf,

Qui occupe depuis long-temps le premier rang parmi les opticiens, et qui obtint en 1823 une médaille d'or, a présenté des lunettes achromatiques de diverses grandeurs, et toutes de la meilleure construction. L'une de ces lunettes, non encore achevée, est munie d'un objectif de 33 centimètres [1 pied] de diamètre.

Un diplôme de rappel est accordé à cet artiste distingué.

M. CAUCHOIX, à Paris, quai Voltaire,

S'est rendu depuis long-temps célèbre par la perfection de ses lunettes achromatiques. Parmi plusieurs lunettes de ce genre qu'il a présentées en 1827, il en est une qui n'a pas moins de 352 millim. [13 pouces] d'ouverture, sur 7 mètres 796 mill. [24 pieds] de foyer.

Un diplôme est accordé à M. *Cauchois* pour le rappel d'une médaille d'or qui lui fut décernée en 1823, et dont il se montre de plus en plus digne.

Rappel d'une médaille d'argent.

M. SOLEIL père, à Paris, galérie Vivienne, n.° 23,

Qui reçut une médaille d'argent à l'exposition de

1823, obtient le rappel de cette distinction. Il a exposé divers instrumens d'optique, notamment un phare construit dans le système de *Fresnel.* On sait qu'à l'époque où ce savant, dont la France déplore la perte, s'occupait des recherches qui ont eu sur la construction des phares une si heureuse influence, il fut puissamment secondé par le zèle et l'habileté de M. *Soleil.*

MM. Vincent CHEVALLIER aîné et fils, à Paris, quai de l'Horloge, n.° 69,

Médaille d'argent.

Qui furent mentionnés honorablement en 1823, ont exposé plusieurs instrumens d'optique, notamment un microscope catadioptrique et achromatique, parfaitement exécuté sur les principes de M. *Amici,* de Modène, et un microscope solaire.

Une médaille d'argent est décernée à MM. *Chevallier.*

M. DOMET-DEMONT, à Dôle (Jura),

Qui obtint une médaille de bronze en 1823, a exposé des objectifs achromatiques, aux surfaces desquels il a donné des formes ellipsoïdes, dans la vue de détruire complétement l'aberration de sphéricité.

M. *Domet-Demont,* qui s'occupe avec fruit de l'avancement des sciences physiques, se livre avec non moins de succès à des recherches géologiques dans le pays qu'il habite. Nous avons déjà fait mention des pierres lithographiques dont il a découvert le gisement.

Une médaille d'argent lui est décernée pour l'ensemble de ses travaux.

M. CHEVALLIER, à Paris, tour de l'Horloge du Palais,

Qui fut mentionné honorablement en 1823, a exposé une série nombreuse d'instrumens d'optique, des thermomètres, des baromètres, &c. Le soin avec lequel tous ces objets sont construits justifie le débit considérable que l'auteur en obtient depuis long-temps.

Une médaille de bronze est décernée à M. *Chevallier*.

M. TABOURET, à Paris, quai de l'Hôpital, n.° 35,

Obtient une médaille de bronze pour des appareils catadioptriques, exécutés avec beaucoup de soin et d'intelligence, et par des procédés de son invention.

M. LEVASSEUR, à Paris, rue Molay, n.° 4,

Est mentionné honorablement. Il a exposé de grands miroirs concaves et convexes. La perfection que l'on remarque dans l'étamage de ces miroirs n'avait point encore été obtenue.

CHAPITRE XXX.

HORLOGERIE.

SECTION PREMIÈRE.

Horlogerie de précision.

M. BREGUET, à Paris, quai de l'Horloge du Palais,

A exposé un grand nombre de pièces d'horlogerie de précision, toutes dignes de la célébrité du nom qu'il porte. Le jury a remarqué surtout des chronomètres dont la marche régulière a été constatée, et qui ne coûtent que mille francs. La marine recevra la nouvelle de ce résultat, aussi important qu'inattendu, avec une vive satisfaction.

Une médaille d'or est décernée à M. *Breguet.*

M. PERRELET, à Paris, rue du Bac, n.° 40.

Parmi les pièces, toutes fort remarquables, que M. *Perrelet* a exposées, le jury a particulièrement apprécié un compteur entièrement neuf, de la construction la plus ingénieuse, propre à évaluer les dixièmes de seconde dans les observations astronomiques, et un nouveau balancier de chronomètre à compensation, moins susceptible que les balanciers employés jusqu'ici de se déformer par la force centrifuge.

Ces travaux placent M. *Perrelet* sur la première ligne des horlogers.

En 1823 cet artiste obtint une médaille d'argent; le jury lui décerne une médaille d'or.

————

Rappel d'une médaille d'argent.

M. DUCHEMIN, à Paris, place du Châtelet, n.º 2,

Qui obtint en 1823 une médaille d'argent, reçoit un diplôme portant rappel de cette distinction. Les pièces d'horlogerie de précision qu'il a exposées prouvent qu'il s'occupe toujours avec le plus grand succès de cet art difficile et intéressant.

Médailles d'argent.

M. MOTEL, à Paris, rue de l'Abbaye-Saint-Germain, n.º 12,

A exposé d'excellens chronomètres et de belles pendules astronomiques. Personne n'exécute l'horlogerie avec plus de précision que M. *Motel*.

Une médaille d'argent lui est décernée.

MM. BERTHOUD frères, à Paris, rue de Richelieu, n.º 103,

Ont exposé des montres marines d'une excellente construction. Une médaille d'argent leur est décernée.

————

M. PERRON, à Besançon (Doubs),

Rappel
d'une
médaille
de bronze.

Reçoit un diplôme portant rappel d'une médaille de bronze qui lui fut décernée en 1823. Entre autres produits intéressans présentés par cet artiste, on a remarqué un mouvement de chronomètre à répétition avec un échappement libre garni de pierres dures.

———

Sont mentionnés honorablement,

Mentions honorables.

M. BLONDEAU, à Paris, rue de la Paix, n.° 19,

Pour différentes pièces d'horlogerie bien soignées;

M. J. G. BIESTA, à Passy, Grande Rue, n.° 6 (Seine),

Pour un système nouveau d'échappement à force constante.

———

M. BOILEAU, à Paris, rue du Petit-Vaugirard, n.° 18,

Citation.

Est cité avec éloge pour pendules et montres bien construites.

———

M. REBILLER, à Paris,

A présenté une montre en cristal de roche que le jury regrette de ne pouvoir comprendre dans le concours. Cette montre n'a point été présentée au jury d'admission.

Section II.

Pendules.

Rappel d'une médaille d'argent.

M. Hanriot, à Châlons (Marne), et à Paris, quai de l'Horloge, n.° 79,

A exposé une grande pendule dans laquelle on remarque un échappement nouveau, et des pendules portatives exécutées sous sa direction à l'école d'arts et métiers de Châlons-sur-Marne. M. *Hanriot* est un artiste précieux par l'étendue de ses connaissances et l'art avec lequel il sait les propager par l'enseignement.

Il reçoit un diplôme portant rappel d'une médaille d'argent qui lui fut décernée en 1823.

Médailles d'argent.

M. Deshays, à Paris, rue des Vieux-Augustins, n.° 8,

A présenté un régulateur construit dans un système ingénieux. L'échappement est nouveau, très-simple, et disposé de manière à réduire beaucoup les frottemens.

Une médaille d'argent est décernée à M. *Deshays*.

M. Garnier, à Paris, rue Neuve-Saint-Eustache, n.° 11.

Dans les diverses pièces d'une fort belle horlogerie que M. *Garnier* a exposées, on a surtout remarqué un échappement libre à remontoir, dont la disposition est fort ingénieuse.

Une médaille d'argent est décernée à M. *Garnier*.

M. LARESCHE, à Paris, Palais-Royal, galerie de Valois,

Médaille d'argent.

Qui reçut une médaille de bronze à l'exposition de 1823, a exposé plusieurs pendules fort bien exécutées, un instrument propre à mesurer la dilatation et la condensation des métaux, enfin une huile préparée pour l'horlogerie. Ce dernier produit, qui avait déjà paru à l'exposition de 1823, a été perfectionné depuis cette époque.

Une médaille d'argent est décernée à M. *Laresche.*

Une médaille de bronze est décernée à chacun des horlogers ci-après dénommés :

Médailles de bronze.

M. GRAVANT, à Paris, rue du Petit-Carreau, n.° 19,

Qui a présenté un régulateur à secondes d'une très-belle exécution.

M. BROCOT, à Paris, rue Bourtibourg, n.° 24,

Qui a présenté une pendule remarquable par un appareil de sonnerie très-simple.

Sont mentionnés honorablement :

Mentions honorables.

M. BOUSSARD, à Toulouse (Haute-Garonne),

Pour un mécanisme particulier à l'aide duquel une pendule se met d'échappement.

25.

M. HOUDIN, à Paris, rue du Harlay, n.° 7,

Pour un mécanisme ayant le même objet que celui de M. *Boussard.*

MM. RAINGO frères, à Paris, Vieille rue du Temple, n.° 26,

Pour pendules à tableau.

M. BEROLLA, à Paris, rue Mauconseil, n.° 1,

Pour bonne horlogerie commune.

La même distinction a déjà été accordée, en 1823, à M. *Berolla.*

M. ROSSE, à Paris, rue du Marché Saint-Honoré, n.° 11,

Pour pendules à remontoir.

M. DUCLOS, à Paris, rue Cadet, n.° 18,

Pour horlogerie en carton.

Sont cités avec éloge,

M. DELDEVEZ, à Paris, rue de la Verrerie, n.° 55,

Pour une pendule à remontoir;

M. GILLE, à Nangis (Seine-et-Marne),

Pour une pendule à sonnerie nouvelle.

Section III.

Horloges publiques.

M. Wagner, à Paris, rue du Cadran, n.° 39,

Nouvelle médaille d'argent.

Qui reçut une médaille d'argent à chacune des expositions de 1819 et de 1823, en obtient une troisième pour les services qu'il rend au public en fournissant à bon marché des horloges solides et d'une marche bien régulière. C'est surtout dans les manufactures, dans les campagnes et dans les villes qui n'ont que de faibles ressources communales, que les travaux de M. *Wagner* sont appréciés ; son industrie est en quelque sorte populaire, bien qu'elle soit aidée de toutes les ressources de la science.

MM. Niot et Chaponnel, à Paris, rue Mandar, n.° 14,

Médaille de bronze.

Ont exposé une horloge horizontale qui est destinée à l'église de Notre-Dame-des-Victoires, à Paris, et dont la construction est bonne, simple et solide.

Une médaille de bronze est décernée à MM. *Niot et Chaponnel*.

Section IV.

Horlogerie de fabrique.

M. Pons, à Saint-Nicolas-d'Aliermont (Seine-Inférieure),

Médaille d'or.

Qui reçut une médaille d'argent à chacune des deux dernières expositions, a donné de nouveaux développemens à son importante fabrique d'horlogerie. L'emploi des bonnes machines et une division parfaite dans le travail distinguent d'une manière toute particulière cet établissement. Il en sort une quantité considérable de bons mouvemens de pendules, dans les prix de 20 à 60 francs.

M. *Pons* a récemment essayé de mettre en fabrique la construction des chronomètres, et a déjà obtenu des résultats très-favorables.

Une médaille d'or lui est décernée.

Médaille de bronze.

MM. CAHIER et compagnie, à Paris, rue Saint-Honoré, n.° 283,

Ont exposé de très-bons produits d'horlogerie de fabrique.

Une médaille de bronze leur est décernée.

Mention honorable.

M. CLICQUOT, à Paris, rue Beaubourg, n.° 50,

Est mentionné honorablement pour outils très-bien fabriqués, à l'usage des horlogers et des bijoutiers.

CHAPITRE XXXI.

INSTRUMENS DE MUSIQUE.

SECTION PREMIÈRE.
Instrumens à corde.

ARTICLE PREMIER.
Pianos et Harpes.

M. ÉRARD, à Paris, rue du Mail, n.ᵒˢ 13 et 21. — Nouvelle médaille d'or.

D'importantes améliorations introduites successivement dans le mécanisme des pianos et dans celui des harpes ont valu à M. *Érard* (sous la raison sociale *Érard* frères) une médaille d'or à chacune des deux dernières expositions.

Aujourd'hui cet artiste se recommande encore à l'estime publique par de nouveaux titres. Une application plus générale a été donnée à son système d'échappement du marteau, de sorte que l'avantage que présentait son piano à queue s'étend aussi aux pianos carrés. Sa harpe à double mouvement obtient un suffrage à peu près universel. On reconnaît que cet instrument présente une justesse parfaite dans le réglement des demi-tons, et qu'en conservant tous les avantages de la harpe simple, il offre quelques-uns de ceux qui sont particuliers au piano.

M. *Érard* s'est encore fait remarquer, à l'exposition de 1827 par un orgue expressif, construit sur des principes de son invention, et donnant des sons admirables par leur justesse ainsi que par leur intensité.

Une troisième médaille d'or est décernée à M. *Érard* pour l'ensemble de ses produits.

Médaille d'or.

MM. PLEYEL et fils aîné, à Paris, rue Grange-Batelière, n.° 13,

Ont exposé un piano carré dit *unicorde*, à deux pédales et six octaves, jouissant d'une puissance et d'une justesse de son remarquables ; et un piano à queue à trois cordes, deux pédales et six octaves, qui a paru aux amateurs égal aux meilleurs pianos anglais.

Une médaille d'or est décernée à MM. *Pleyel*.

Rappel de médailles d'argent décernées en 1823.

Un diplôme portant rappel d'une médaille d'argent précédemment obtenue est décerné à chacun des facteurs d'instrumens ci-après dénommés :

MM. ROLLER et BLANCHET, à Paris, boulevard Poissonnière, n.° 13,

Ils ont exposé des pianos transpositeurs, des pianos à queue et des pianos droits, qui se recommandent par une construction très-soignée.

M. Pape, à Paris, rue des Bons-Enfans, n.° 19.

Rappel de médailles d'argent décernées en 1823.

Il a exposé plusieurs pianos d'une belle construction et richement décorés à l'extérieur. L'un de ces instrumens est un piano à queue dans lequel un mécanisme fort ingénieux détermine le jeu des marteaux, de telle sorte qu'il n'est point nécessaire d'entamer la table d'harmonie pour leur livrer passage lorsqu'on les soulève.

L'établissement de M. *Pape* a une grande importance commerciale ; quatre-vingts ouvriers y sont constamment employés.

M. Pfeiffer, à Paris, rue Montmartre, n.° 18.

Il a exposé quatre pianos, tous très-dignes de la réputation de l'auteur. M. *Pfeiffer* occupe trente-cinq ouvriers.

MM. Nadermann frères, à Paris, rue d'Argenteuil, n.° 45.

Ces messieurs continuent à figurer parmi les fabricans les plus distingués de Paris pour la construction des harpes simples.

Une médaille d'argent est décernée à chacun des deux facteurs d'instrumens ci-après dénommés :

M. Christian Dietz, à Paris, rue de Bondi, n.° 26.

Médaille d'argent.

Parmi plusieurs instrumens remarquables qui ont

été exposés par cet artiste, on a surtout distingué un grand piano à quatre cordes garni intérieurement d'un sommier métallique.

Médaille d'argent.

M. DOMENY, à Paris, rue du Faubourg-Saint-Denis, n.º 16.

Cet artiste a introduit dans la construction de la harpe à simple mouvement un perfectionnement d'où résultent le raccourcissement du diapazon et une plus grande longueur dans les cordes du haut ; il donne aux pédales une forme coudée, modification qui est approuvée par plusieurs professeurs. Ses harpes, qui sont en général richement décorées, sont faites en bois indigène couvert d'un vernis très-solide ; elles étaient très-remarquables pour la qualité du son.

Médailles de bronze.

Une médaille de bronze est décernée à chacun des facteurs d'instrumens ci-après dénommés :

MM. Henri KLEPFER et compagnie, à Paris, rue du Faubourg-Poissonnière, n.º 5,

Pour pianos présentant une disposition nouvelle, disposition qui consiste en ce que les cordes sont attachées au couvercle de l'instrument.

M. ENDRES, à Paris, rue Neuve-Sainte-Croix, n.º 8.

Pour pianos dans lesquels l'échappement est indépendant de la touche.

M. Bernhardt, à Paris, rue de Touraine, n.° 16,

Pour pianos d'un travail extrêmement soigné.

M. Wetzels, à Paris, quai Malaquais,

Pour pianos présentant un moyen simple de régler l'échappement.

M. Chaillot, à Paris, rue Saint-Honoré, n.° 338,

Pour de belles harpes.

M. Beckers, à Paris, rue du Roule, n.° 3,

Pour pianos et harpes d'une construction très-soignée.

Sont mentionnés honorablement les facteurs d'instrumens ci-après dénommés :

M. Freudenthaler, à Paris, rue Montmartre, n.° 164,

Pour pianos et pupitres mécaniques.

M. Zullig, à Paris, rue de Grenelle-Saint-Honoré, n.° 16,

Pour piano à six octaves et demie.

M. Payen, à Paris, place Dauphine, n.° 24,

Pour pianos carrés à trois cordes.

M. MULLIER, à Paris, rue de Tracy, n.° 5,

Pour piano à trois cordes, à six octaves et à échappement.

M. RINALDI, à Paris, rue Meslay, n.° 65 *bis*,

Pour pianos carrés.

M. WALTHER, à Paris, rue des Martyrs, n.° 8,

Pour pianos.

MM. ROLOFF et ROMER, à Paris, rue Clos-Georgeot, n.° 3,

Pour pianos.

M. GRUS, à Paris, rue Saint-Louis, n.° 60, au Marais,

Pour pianos.

MM. BOUTRON et DUPORT, à Paris, rue du Roi-de-Sicile, n.° 27,

Pour pianos.

M. GAIDON, à Paris, rue Saint-Denis, n.° 307,

Pour pianos.

M. TRIQUET, à Paris, rue Martel, n.° 16,

Pour pianos.

M. Bauvais, à Paris, rue de Bretagne, n.° 8, au Marais,

Pour pianos à six octaves et demie, trois cordes et quatre pédales.

M. Bumler, à Paris, rue d'Angoulême-Saint-Honoré, n.° 3,

Pour pianos.

M. Cluesmann, à Paris, rue de la Grande-Truanderie, n.° 48,

Pour piano présentant un mécanisme particulier.

M. Lemmé, à Paris, rue d'Orléans, n.° 7, au Marais,

Pour plusieurs pianos, dont un à queue double.

M. Bayen, à Paris, rue de l'Égoût, n.° 17,

Pour pianos à échappement.

M. Frédéric Janus, à Paris, rue Saint-Louis, n.° 58, au Marais,

Pour pianos.

M. Bierstedt, à Paris, rue des Enfans-rouges, n.° 2,

Pour pianos

M. COUDER, à Paris, rue Basse-du-Rempart,
n.° 56,

Pour pianos.

M. RICHTER, à Paris, rue du Temple, n.° 57,

Pour pianos à trois cordes, six octaves et demie et
quatre pédales.

ARTICLE 2.

Violons, Altos, Basses.

M. THIBOUT, à Paris, rue Rameau, n.° 8,

A exposé des violons d'une forme avantageuse et
donnant par la disposition particulière des éclisses une
excellente qualité de son. Le prix de ces instrumens
varie entre 250 et 300 francs. M. *Thibout* a aussi
présenté des basses d'une qualité parfaite.
Une médaille d'argent lui est décernée.

M. WILLAUME, à Paris, rue Croix-des-Petits-
Champs, n.° 30,

A exposé de très-bons violons, dont les prix ne
s'élèvent pas au-dessus de 200 francs, et d'autres
instrumens à cordes également bien confectionnés.
Une médaille d'argent est décernée à cet artiste.

M. CLÉMENT, à Paris, rue Croix-des-Petits-
Champs, n.° 16,

Obtient le rappel d'une médaille de bronze qui

lui fut décernée en 1823, et dont il se montre toujours digne. Il a exposé d'excellens violons, du prix de 120 francs; d'autres instrumens à cordes, tels que basses et guitares, d'une confection très-soignée.

M. LAPRÉVOTE, à Paris, rue du Vieux-Colombier, n.° 24,

Obtient une médaille de bronze pour de très-bons violons qu'il livre au commerce dans les prix de 150 à 200 francs.

———————

Sont mentionnés honorablement,

M. VARNECK, à Nancy (Meurthe),

Pour violons, violoncelle et alto;

M. NICOLAS, à Mirecourt (Vosges),

Pour violons;

M. CHANOT, à Paris, place des Victoires, n.° 30,

Pour divers instrumens à cordes et archet;

M. BERNARDEL, à Paris, rue des Vieux-Augustins, n.° 3,

Pour violons et basses.

ARTICLE 3.

Guitares.

Mention
honorable.

M. PONS, à Paris, rue Saint-Honoré, n.° 344.

A introduit dans la construction du manche de la guitare un perfectionnement qui rend cette partie de l'instrument mobile. Par cette disposition le manche peut être rapproché ou éloigné des cordes selon la volonté du musicien.

Une mention honorable est décernée à M. *Pons.*

ARTICLE 4.

Cordes d'instrumens de musique.

Rappel
d'une
médaille
de bronze.

M. SAVARESSE, à Paris,

Qui obtint une médaille de bronze à l'exposition de 1823, continue à bien mériter cette distinction, pour les cordes harmoniques de bonne qualité dont il approvisionne nos orchestres et nos amateurs.

Son établissement occupe quarante ouvriers et produit journellement six mille cordes à boyaux.

M. *Savaresse* a contribué beaucoup à l'introduction en France de cet art, dont les produits ont été, pendant plusieurs siècles, réservés exclusivement à l'Italie.

Un diplôme de rappel est accordé à ce fabricant distingué.

Médaille
de bronze.

M. Martin SAVARESSE, à Nevers (Nièvre),

A présenté des cordes à boyaux fabriquées avec beaucoup de soin et de précision. Il partage avec

M. son frère, dont nous venons de parler, l'avantage de pourvoir à une grande partie de la consommation qui est faite en France de cet article, consommation que l'on évalue à près de 2 millions de francs.

Une médaille de bronze est décernée à M. *Martin Savaresse.*

SECTION II.

Instrumens à vent.

M. DELABBAYE, à Paris, rue de Chartres, n.° 14.

Médaille d'argent.

A exposé des cors à piston, d'une construction très-soignée, et des cymbales faciles à accorder à l'aide d'une clef qui tend la peau sur tout le contour.

Une médaille d'argent est décernée à M. *Delabbaye.*

———

Une médaille en bronze est décernée à chacun des fabricans ci-après dénommés :

Médailles de bronze.

M. Antoine HALARY, à Paris, rue Mazarine, n.° 37,

Pour cors, clarinettes et flûtes en cuivre, parfaitement exécutés.

M. LEFEBVRE, à Paris, rue Saint-Honoré, n.° 221,

Qui fut mentionné honorablement en 1823.

Il a exposé des clarinettes et des flûtes d'une bonne construction.

26

M. GODEFROY, à Paris, rue Montmartre,
n.º 67,

Pour flûtes bien conditionnées.

M. TRIEBET, à Paris, rue Guénégaud, n.º 1,

Pour hautbois, cor anglais et baryton.

Ces instrumens se distinguent par une grande précision. Le baryton a particulièrement fixé l'attention
du jury. Il tient le milieu entre le hautbois et le basson,
beaucoup mieux que le cor anglais; étant d'une octave
plus bas que le hautbois et ayant un son plus grave, il
dispense de la transposition. Il fait au reste un très-
bel effet avec d'autres instrumens à vent et il peut être
employé dans les orchestres et musiques militaires. Le
doigter étant le même que celui du hautbois, le baryton
n'exige aucune étude de la part de l'artiste qui sait jouer
du hautbois.

Sont mentionnés honorablement,

M. GUERRE, à Paris, rue de Béthisy, n.º 10,

Pour clarinettes d'une construction satisfaisante;

M. BELISSENT, à Paris, rue Saint-Honoré,
n.º 262,

Pour flûtes d'une bonne construction;

M. ADLER, à Paris, rue Mandar, n.º 8,

Pour basson bien exécuté, en bois des îles.

CHAPITRE XXXII.
ÉCONOMIE DOMESTIQUE.

SECTION PREMIÈRE.
Éclairage.

LA construction des appareils et la préparation des combustibles propres à l'éclairage appartiennent à une industrie fort importante, dont le siége principal est à Paris. Cette industrie donne lieu à un commerce considérable ; elle vivifie plusieurs industries secondaires, qui s'y rattachent d'une manière plus ou moins directe, et elle détermine l'emploi d'un grand nombre de substances qui restaient autrefois sans application.

M. BORDIER-MARCET, à Paris, rue Neuve-Sainte-Elisabeth,

Est un artiste laborieux et utile, qui, depuis plus de vingt ans, s'occupe avec persévérance de l'amélioration de l'éclairage des villes, des édifices publics et des grands ateliers de travail. Le système qu'il a adopté consiste à prévenir la dispersion de la lumière dans les parties de l'espace où elle n'est point nécessaire, à la réunir et à la projeter en faisceaux réflecteurs de formes convenables sur les points qui doivent être éclairés. Plusieurs communes du département de la Seine et plusieurs églises de Paris ont adopté les appareils de M. *Bordier-Marcet.* Généralement on reconnaît qu'ils ont sur les anciens réverbères des avantages précieux, en ce qu'ils n'exigent pas un aussi grand nombre de becs, et qu'à égale consommation d'huile, ils donnent une clarté beaucoup plus vive.

M. *Bordier-Marcet* obtint en 1819 une médaille d'argent qui fut rappelée en 1823. Cette distinction est de plus en plus méritée ; elle est maintenue par un nouveau diplôme de rappel.

Médaille d'argent.

MM. GENSE et LAJONKAIRE, au Petit-Montrouge (Seine),

Ont exposé des pains de blanc de baleine raffiné, et des bougies de différentes espèces fabriquées avec cette matière.

L'établissement qui fournit ces produits est parfaitement organisé dans tous ses détails, et il est vraisemblable qu'un grand développement lui sera donné sous peu de temps ; les propriétaires s'occupant à former une compagnie pour la pêche de la baleine.

Une médaille d'argent est décernée à MM. *Gense* et *Lajonkaire.*

Rappel d'une médaille de bronze.

M. GOTTEN, à Paris, place des Victoires, n.° 3,

A exposé des lampes dans lesquelles l'huile est élevée sans intermittence sensible, à l'aide de trois pompes à soufflet. Il a aussi présenté de grands lustres dont les lampes sont rendues solidaires les unes des autres par la communication qui est établie entre elles.

En 1823 M. *Gotten* obtint un médaille de bronze

conjointement avec M. *Duverger.* Cette distinction, qui est toujours bien méritée, est maintenue en faveur de M. *Gotten* seul, par un diplôme de rappel..

M. Adrien THILORIER, à Paris, place Vendôme, n.° 21,

Médailles de bronze.

A exposé une lampe, dite *nouvelle lampe hydrostatique,* dans laquelle l'huile est portée au niveau de la mèche par la pression d'une colonne liquide tenant en dissolution du sulfate de zinc, et qui s'élève au-dessous de l'huile à mesure que celle-ci est consommée par la combustion. Un appareil aussi simple qu'ingénieux opère dans cette lampe le déplacement du liquide moteur, toutes les fois qu'il s'agit de la recharger d'huile. Il consiste dans un entonnoir qui s'applique exactement sur le bec sans que l'on soit obligé d'en retirer la mèche. Cet entonnoir est jaugé de telle sorte qu'étant tenu plein d'huile, il produit la pression qui est nécessaire pour refouler dans un réservoir la colonne de sulfate de zinc et faire entrer l'huile à sa place.

Les essais qui ont été faits de la nouvelle lampe hydrostatique ont donné des résultats très-satisfaisans.

Une médaille de bronze est décernée à M. *Thilorier.*

MM. CAMBACÉRÈS et compagnie, à Paris, rue de Buffon, n.° 11,

Ont exposé des bougies d'acide stéarique. Cette matière présente une belle application des travaux de M. *Chevreul;* elle paraît pour la première fois à l'exposition des produits de l'industrie. La bougie *stéarique* a été essayée ; on l'a trouvée de bonne qualité. Tout fait espérer que l'opinion du commerce confirmera ce résultat.

Une médaille de bronze est décernée à MM. *Cambacérès* et compagnie.

————

Mentions honorables.

Sont mentionnés honorablement :

M. CARON, à Paris, faubourg Saint-Denis, n.° 42,

Qui a déjà reçu la même distinction en 1823.

Il a présenté une lampe dans laquelle le niveau constant est obtenu par une disposition nouvelle.

M. DURAND, à Paris, rue Thévenot, n.° 24,

Propriétaire de la fabrique de M. *Chapelle*, qui fut mentionné honorablement en 1823.

Il a présenté de la bougie diaphane de très-bonne qualité.

M. MILAN aîné, à Paris, rue de la Paix, n.° 13.

Il a présenté un bel assortiment de lampes suspendues, pour billards, salons &c. Ces lampes offrent l'avantage de pouvoir être séparées avec facilité de leurs réflecteurs et abat-jours ; on les manœuvre aisément au moyen d'un système de contrepoids bien entendu.

M. SAUVAGE, à Paris, rue Richer, n.° 4.

Il a présenté des appareils dits *compteurs pour le*

gaz, parce qu'ils sont employés à cet usage dans les usines où le gaz destiné à l'éclairage est préparé.

M. GALLET, à Paris, galerie des Panoramas, n.° 5.

Il a présenté des robinets pour le gaz. Ces robinets sont composés de deux disques en glace percés symétriquement et pouvant faire l'un sur l'autre un quart de révolution.

M. WERNET, à Paris, rue du Bac, n.° 32.

Il a exposé des chandelles garnies d'une enveloppe en cire. Ces chandelles sont bien fabriquées; l'auteur les désigne sous le nom de *bougies optimées.*

Sont cités avec éloge :

M. BERNARD aîné, à Rennes (Ille-et-Vilaine).

Déjà cité en 1823.
Il a exposé de bonnes chandelles, dites économiques.

M. CHASTAGNAC, à Paris, boulevard Montmartre, n.°° 14 et 16,

Déjà cité en 1823.
Il a exposé des lampes convenablement fabriquées.

M. BOURGUIGNON, à Paris, rue de la Paix, n.° 1, et passage de l'Opéra, n.° 20.

Il a présenté un appareil condensateur aujourd'hui très-employé pour ramener à l'état liquide une grande partie de l'eau qui est produite dans l'éclairage par la combustion du gaz ou de l'huile.

M. LÉGER, à Paris, rue Saint-Sébastien, n.° 24,

Pour de très bonne chandelle dite perfectionnée.

SECTION II.

Chauffage.

M. HAREL, à Paris, rue de l'Arbre-Sec, n.° 50,

Continue à perfectionner la construction des ustensiles de cuisine et celle des fourneaux qui sont à l'usage des familles les moins aisées. Sa fabrique renferme un four à poterie parfaitement disposé pour l'économie du combustible.

En 1819 M. *Harel* reçut une médaille d'argent, qui fut rappelée en 1823; et dont il se montre de plus en plus digne.

Un nouveau diplôme de rappel lui est accordé.

M. LEMARE, à Paris, quai Conti, n.° 3,

A reproduit l'appareil caléfacteur qui lui mérita une médaille d'argent à l'exposition de 1823; mais il en a varié la construction de plusieurs manières, et toujours en obtenant des résultats avantageux. L'application qu'il a faite de cet appareil au chauffage des bains et à d'autres usages d'économie domestique rend cet artiste distingué de plus en plus digne de la récompense qui lui a été décernée, et qui est rappelée par un diplôme.

M. Bonnemain, à Paris, rue des Deux-Portes- Saint-Jean, n.° 2,

Qui fut mentionné honorablement à l'exposition de 1823, a exposé un appareil qu'il nomme *couveuse artificielle*, et dans lequel se trouvent appliquées avec talent deux de ses inventions : le régulateur du feu, et la circulation de l'eau, par l'échauffement inégal des deux extrémités du système de tuyau qui la contient.

On sait que l'art de faire éclore et d'élever les poulets a été porté à un haut point de perfection par M. *Bonnemain*, et que c'est uniquement à lui que sont dus les moyens ingénieux qu'il a employés. Ses procédés ont été appliqués avec succès à d'autres parties de l'économie domestique, notamment au chauffage de l'eau des bains, des étuves, des serres, &c.

M. *Bonnemain* n'a point cessé de chercher lui-même de nouvelles applications de ses découvertes; quoiqu'âgé de quatre-vingt-quatre ans, il en propage l'emploi avec une persévérance et un désintéressement dignes d'éloges.

Le jury lui décerne une médaille d'argent.

M. Degrand, à Marseille (Bouches-du-Rhône),

Est le premier qui ait établi à Marseille un appareil pour évaporer en grand les dissolutions de sucre à l'abri de la pression atmosphérique. Cette sorte d'appareil est susceptible de très-heureuses applications; il est à desirer qu'une étude particulière en soit faite.

Une médaille de bronze est décernée à M. *Degrand.*

Mme veuve DE GERNON, à Paris, rue des
Petites-Écuries, n.° 67,

Qui a succédé à M. *Désarnod*, obtient une mention
honorable pour les appareils de chauffage qu'elle a
exposés. Ces appareils sont célèbres sous le nom de
cheminées à la *Désarnod*; ils valurent à l'auteur plusieurs
médailles d'or aux précédentes expositions.

M. L'HOMOND, à Paris, rue Coquenard,
n.° 36,

Qui fut mentionné honorablement en 1823, reçoit
de nouveau cette distinction.

Il a présenté des cheminées qui sont une imitation
de celles à la *Désarnod*, mais dans lesquelles le tablier
mobile est placé au-dessus du feu au lieu d'être placé
en avant. L'expérience a prouvé que cette disposition
n'était pas sans avantage.

MM. JACQUINET jeune et MILLET, à Paris,
rue Richer, passage Saulnier, n.° 4,

Sont aussi mentionnés honorablement pour cheminées construites d'après le même principe que les
précédentes.

Sont cités avec éloge :

M. LEFEBVRE, à Paris, rue de la Limace,
n.° 18,

Pour un fourneau de cuisine complet, bien entendu,
et garni d'une coquille à rôtir.

M. Camus, à Paris, rue de Bellefont, n.° 5 ,

Pour un four de boulanger propre à être chauffé à la houille.

M. Millet, à Paris, passage Saulnier, n.° 4 *bis* ,

Pour un appareil destiné à empêcher le refoulement de la fumée dans les appartemens. Cet appareil n'a encore reçu que peu d'applications, mais les essais qui en ont été faits ont produit un bon résultat.

M. Delaroche, à Paris, rue du Bac, n.° 38,

Pour des appareils chenets bien entendus et servant de calorifères.

Section III.

Distillation.

Sont cités avec éloge : Citations.

M. Dubief, à Paris, rue des Ormeaux-Saint-Antoine, n.° 6,

Pour un petit alambic d'essai, dont l'usage est adopté par l'administration des contributions indirectes, et qui offre une bonne disposition.

M. Morand, à Paris, rue des Arts, n.° 72, enclos de la Trinité.

Il a exposé le modèle d'un réfrigérent qu'il a fait

construire en grand, et avec beaucoup de succès, chez un des principaux brasseurs de Paris.

SECTION IV.

Substances alimentaires.

ARTICLE PREMIER.

Conservation des Comestibles.

Médaille d'or.   **M. APPERT**, à Paris, rue Moreau, n.° 7,

A exposé un assortiment complet de substances alimentaires, ainsi que différens produits qu'il prépare avec la gélatine extraite des os, et qui sont susceptibles de former une nourriture à-la-fois saine et peu coûteuse.

Tout le monde connaît les succès obtenus par M. *Appert* dans l'art de conserver les comestibles, et l'influence favorable qu'ils ont eue sur la santé des marins. Ses procédés ont cela de remarquable qu'ils sont d'une application générale, et qu'en offrant au riche des jouissances nouvelles, ils portent le bien-être dans l'intérieur des moindres ménages.

Une médaille d'or est décernée à M. *Appert.*

Médaille de bronze.   **M. DUVERGIER**, à Paris, rue des Barres-Saint-Paul, n.° 9,

A exposé un assortiment de farine de légumes cuits, dont la préparation lui valut en 1823 une médaille de bronze. L'accroissement considérable qui a été donné depuis quatre ans à cette fabrication, l'importance qu'elle présente relativement aux approvisionnemens de la marine et des places de guerre, déterminent le jury à décerner une nouvelle médaille de bronze à M. *Duvergier.*

MM. Lenoir et compagnie, à Paris, quai de la Mégisserie, n.° 66;

Mention honorable.

Sont mentionnés honorablement. Ils ont exposé des appareils pour la conservation des substances alimentaires, des glacières portatives et des fontaines à rafraîchir.

C'est à ces messieurs que l'on doit l'établissement de la grande glacière de Saint-Ouen, qui assure l'approvisionnement de Paris en glace à un prix peu élevé.

ARTICLE 2.

Sucre de betteraves.

L'art de fabriquer le sucre de betteraves nous a été, dans l'origine, imposé par la nécessité. Les premiers pas en ont été difficiles; mais il est arrivé maintenant presqu'au point de pouvoir prendre rang parmi nos arts manufacturiers les plus avancés et les plus profitables à l'agriculture.

Les procédés de cet art ont été perfectionnés depuis 1823, et l'on reconnaît en nombre toujours croissant des fabriques de sucre de betteraves que la connaissance en est plus répandue. Partout où de telles fabriques sont aidées par les localités et par un sage régime intérieur, on en obtient, sans hésitation et sans peine, des résultats avantageux; en sorte que les conditions générales de prospérité y sont exactement les mêmes que pour tous les autres établissemens d'industrie.

La fabrication du sucre de betteraves s'élève en France à plus d'un million de kilogrammes.

Médaille d'or.

M. CRESPEL-DELLISSE, à Arras (Pas-de-Calais),

Qui reçut une médaille d'argent à l'exposition de 1823, a puissamment contribué, par sa persévérance, par ses talens et par le louable empressement avec lequel il communique ses procédés, au développement que la fabrication du sucre de betteraves a pris en France. L'établissement qu'il a fondé à Arras occupe cent cinquante ouvriers pendant l'hiver et deux cent quatre-vingt-dix pendant l'été.

Une médaille d'or est décernée à M. *Crespel-Dellisse.*

Médaille d'argent.

M. Hector LEDRU, à Franvillers (Somme),

Est élève de M. *Crespel-Dellisse,* et a mis fort heureusement en pratique les bons principes de fabrication qu'il a reçus de ce dernier. Une médaille d'argent est décernée à M. *Ledru*, tant pour ses produits que pour la perfection qu'il a donnée à ses appareils.

Une médaille de bronze est décernée à chacun des fabricans dont les noms suivent :

M. CRESPEL - PINTA, frère de M. CRESPEL-DELLISSE, et l'un de ses élèves, à Arras (Pas-de-Calais);

A exposé des échantillons de sucre de betteraves, candi, blanc, brut et terré, ainsi que deux pains bien raffinés de ce même sucre.

M. Dominique-Joseph MASSON, à Pont-à-Mousson (Meurthe).

Il a exposé du sucre de betteraves brut et raffiné, dont il fabrique annuellement pour une valeur de 35,000 francs.

M. Pierre-Nicolas ANDRÉ, à Pont-à-Mousson (Meurthe).

Produits semblables aux précédens et obtenus en même quantité.

ARTICLE 3.

Gélatine.

MM. les Entrepreneurs de la cuisson des abatis, &c., à Paris, rue Ide des Cygnes, n.° 4, au Gros-Caillou.

La gélatine fabriquée dans cet établissement est toujours d'une qualité supérieure et continue à être employée avec beaucoup d'avantages dans la préparation d'un grand nombre de produits. L'application qui peut en être faite à la nourriture de l'homme donne d'ailleurs à cette substance un degré d'intérêt tout particulier.

Nous ferons mention plus bas des colles qui ont été exposées par la fabrique de l'île des Cygnes. Cet établissement reçoit pour l'ensemble de ses produits un diplôme portant-rappel d'une médaille d'argent qui lui fut décernée en 1819, et qui a déjà été rappelée en 1823.

Mention honorable.

Mme LAINÉ, à Paris, rue de Paradis, n.° 10,

Est mentionnée honorablement. Cette dame a exposé de la gélatine qu'elle extrait des os. Elle tire de cette gélatine un bon parti, en l'appropriant à différens usages.

ARTICLE 4.

Farines et Pâtes.

Médaille de bronze.

M. LIGNIÈRES, à Toulouse (Haute-Garonne),

A exposé de beaux échantillons de farines de minot et de blé de Turquie dont on fait un grand usage pour le service de la marine. La préparation de ces sortes de farines a été introduite par M. *Lignières* dans le département de la Haute-Garonne; elle constitue une industrie qui exerce sur l'agriculture locale une heureuse influence et qui donne lieu à un commerce important avec les colonies:

Une médaille de bronze est décernée à M. *Lignières.*

————— •

M. AMADÉO, à Clermont (Puy-de-Dôme),

Est mentionné honorablement pour les pâtes qu'il fabrique à l'instar des pâtes de Gênes, et qu'il livre au commerce à 1 franc 20 centimes le kilogramme, [60 centimes la livre].

Sont cités avec éloge;

M. COLIN-SAINT-MICHEL, à Nancy (Meurthe),

Pour pâtes façon d'Italie;

M. RABAYET, à Clermont (Puy-de-Dôme),

Pour pâtes fabriquées à l'instar de celles de Gênes;

M. CHOCHINA, au Bourget (Seine),

Pour diverses préparations de la pomme de terre, imitant le riz, le sagou, la tapioka, &c.

ARTICLE 5.

Vinaigre.

M. DE GOUVENAIN, à Dijon (Côte-d'Or),

Obtient le rappel d'une médaille de bronze qu'il a reçue en 1819, et qui a déjà été rappelée en 1823.

27

Ce fabricant prépare toujours d'excellens vinaigres à des prix peu élevés.

ARTICLE 6.

Collage et Décantation des vins.

Médaille d'argent.

M. JULIEN, à Paris, rue du Faubourg-Poissonnière, n.° 1,

Qui obtint une médaille de bronze à chacune des deux dernières expositions, a présenté une série complète des différentes préparations qu'il emploie pour le collage des vins blancs et rouges, des eaux-de-vie et des vinaigres; il y a joint la collection des différens ustensiles servant à soutirer les vins.

Ce qui est dit du collage dans les traités d'œnologie les plus récens démontre que cette opération, fort importante pour la conservation des vins, n'avait pas encore été examinée avec assez de soin. Les recherches intéressantes de M. *Julien* sur cet objet l'ont conduit à composer cinq préparations à l'aide desquelles on peut obtenir un bon collage dans tous les cas. Les poudres résultant des préparations dont il s'agit ont cet avantage, que, pouvant être substituées aux œufs et à la colle de poisson, elles laissent à notre consommation un produit alimentaire important, et nous dispensent de l'emploi d'un autre produit que nous tirons de l'étranger.

Une médaille d'argent est décernée à M. *Julien.*

Section V.

Garde-robes.

Sont mentionnés honorablement :

M. BOQUET, à Paris, rue des Gravilliers,
 n.° 36.

Il a exposé divers appareils utiles, entre autres un
urinoir public inodore très-bien construit, et qui se lave
de lui-même immédiatement après qu'on s'en est servi.

MM. TIRMANCHE et MORAND, à Paris, rue
 Saint-Honoré, n.° 359.

Ils ont exposé des garde-robes inodores et portatives, présentant la réunion de différens moyens susceptibles d'éloigner de l'usage de ce meuble les inconvéniens graves qui en résultent souvent.

CHAPITRE XXXIII.

ARTS CHIMIQUES.

SECTION PREMIÈRE.

Acides, Alcalis, Sels et autres produits chimiques.

ARTICLE PREMIER.

Chaux hydraulique.

Médaille d'or.

MM. VICAT et compagnie, à Paris, rue de Grenelle Saint-Germain, n.° 126,

Ont exposé de la chaux hydraulique fabriquée d'après les procédés imaginés et publiés par M. *Vicat*.

La chaux hydraulique n'était obtenue, jusqu'à ces derniers temps, que par la calcination des pierres calcaires contenant, dans une certaine proportion, de la silice et de l'alumine; et comme ces sortes de pierres ne se trouvent que dans peu d'endroits, les constructeurs manquaient souvent des matériaux nécessaires pour assurer le succès des constructions hydrauliques et souterraines qui leur étaient commandées. On s'était, il est vrai, occupé à plusieurs reprises de cet objet, et l'on avait déjà réuni un assez grand nombre de données; mais rien n'avait été mis en pratique. M. *Vicat* se livra à cet important travail; il coordonna ce qui avait été fait avant lui, en déduisit des principes généraux et parvint enfin à créer l'art, qui jusque-là, n'existait pas. A l'aide de ses procédés, dont l'application peut être faite par tous les ouvriers, on obtient de la chaux hydraulique factice partout où l'on a les moyens de fabriquer de la chaux grasse. Cette chaux a déjà été employée dans plusieurs vastes entreprises, et toujours avec le plus grand succès.

Une médaille d'or est décernée à MM. *Vicat* et compagnie.

ARTICLE 2.

Calcination du sang des animaux.

M. Charles DEROSNE, à Paris, rue des Batailles, n.° 7,

Médaille d'or.

A rendu aux arts plusieurs services importans. En 1819 il obtint deux médailles d'argent; l'une pour l'application qu'il avait faite du charbon animal au raffinage du sucre, l'autre pour les perfectionnemens qu'il avait apportés à l'appareil distillatoire imaginé par M. *Cellier-Blumenthal.* Depuis cette époque il a construit un nouvel appareil évaporatoire pour la concentration des liquides chargés de substances animales ou végétales; il a appliqué l'alliage fusible à la conservation des chaudières; enfin il a élevé un établissement dans lequel il fait dessécher, soit à haute, soit à basse température, tout le sang que fournissent les abattoirs de Paris. Les produits qu'il obtient par cette opération sont d'un haut intérêt pour plusieurs arts.

Le jury décerne une médaille d'or à M. *Derosne.*

ARTICLE 3.

Produits chimiques.

Rappel d'une médaille d'argent.

MM. BERARD et fils, à Montpellier (Hérault),

Obtiennent le rappel d'une médaille d'argent qui leur a été décernée en 1819 et dont ils ont été trouvés toujours dignes en 1823. Ils ont exposé une belle collection de produits chimiques, notamment de l'alun très-pur.

Nouvelle médaille d'argent.

La Société des mines de Bouxwiller (Bas-Rhin)

A exposé des produits chimiques semblables à ceux qui lui valurent en 1823 une médaille d'argent, et de la colle forte très-bien fabriquée.

L'importance manufacturière de ce bel établissement a été beaucoup augmentée depuis la dernière exposition; une nouvelle médaille d'argent est décernée à la société qui l'exploite.

Médaille d'argent.

M. PAYEN, à Paris, rue des Jeûneurs, n.° 14.

Déjà cité page 213, a présenté une collection nombreuse de produits chimiques et pharmaceutiques, des échantillons de peinture au bitume et d'autres applications des substances bitumineuses. En outre de ces produits chimiques qu'il obtient dans un établissement dont il est seul propriétaire, M. *Payen* en a présenté d'autres qui proviennent de fabriques dans lesquelles il est intéressé et dont il dirige les travaux.

Tous ces objets prouvent que M. *Payen* possède parfaitement la théorie et la pratique de l'art dont il s'occupe ; une médaille d'argent lui est décernée.

—————

Un diplôme portant rappel d'une médaille de bronze précédemment obtenue est accordé à chacun des deux établissemens ci-après désignés :

MM. Delpech et fils, au Maz‑d'Azil (Ariége),

Rappel d'une médaille de bronze décernée en 1819 et déjà rappelée en 1823.

Ils ont exposé des aluns de différentes qualités et de la couperose. L'essai qui a été fait de leur alun raffiné a prouvé qu'il était parfaitement pur.

La Compagnie des salines de l'Est, à Dieuze (Meurthe).

Rappel d'une médaille de bronze décernée en 1823.

Cette compagnie a exposé de beaux échantillons de sel gemme, et différens produits provenant de la décomposition de ce sel.

Une médaille de bronze est décernée à chacun des fabricans dont les noms suivent :

Médaille de bronze.

MM. Julien et compagnie, à Vaugirard (Seine).

Pour produits chimiques bien fabriqués.

Médailles
de bronze.

MM. CARTIER fils et **GRIEU**, à Paris, rue
des Cinq-Diamans, n.° 20,

Qui furent mentionnés honorablement en 1823.

Ils ont exposé des produits chimiques remarquables par une bonne préparation, et du minium de première qualité.

MM. ADOR et **BONNAIRE**, à Paris, rue Bar-
du-Bec, n.° 4,

Produits chimiques bien préparés. Ces fabricans ont réussi à faire adopter l'usage de la soude factice aux blanchisseurs des environs de Paris, et à propager l'emploi du chlorure de chaux.

———————

Mentions
honorables.

Sont mentionnés honorablement,

M. LECOUTURIER, à Cherbourg (Manche),

Pour soude raffinée et pour de l'iode à 50 fr. le kilogramme ;

MM. TESSON frères, à Paris, rue Guérin-
Boisseau, n.° 5,

Pour des huiles de pied de bœuf bien clarifiées, des plaques de corne imitant l'écaille et des colles bien préparées ;

M. GRIMOULT, à Rouen (Seine-Inférieure),

Pour du minium bien pur.

MM. Giraudau et Mangou, à Niort (Deux-Sèvres),

Mention honorable.

Déjà cités page 185, pour la bonne qualité de leur mégisserie et de leur ganterie. Ils ont présenté un échantillon de dégras perfectionné, dont la bonne qualité est attestée par plusieurs tanneurs et corroyeurs, soit de Paris, soit des départemens, qui en font usage, et qui le déclarent supérieur à tous les dégras qu'ils ont employés jusqu'ici.

———

M. Bouvier-Dumolard, à Valmunster (Moselle), et M. Buran, à Charenton (Seine),

Ont envoyé des produits chimiques bien fabriqués, mais que le défaut de présentation aux jurys locaux ne permet pas de comprendre dans le concours. Ces manufacturiers avaient reçu l'un et l'autre une médaille de bronze à l'exposition de 1823.

ARTICLE 4.

Sulfates de quinine et de cinchonine.

MM. Pelletier et Caventou, à Paris,

Ont exposé tardivement, et sans présentation préalable au jury de la Seine, du sulfate de quinine, et d'autres produits de leur pharmacie, tels que des quinquina jaunes et gris. C'est à ces messieurs que l'on doit la découverte du sulfate de quinine, découverte d'un haut intérêt pour la médecine et qui leur a fait décerner un grand prix par l'académie royale des sciences.

Le jury déclare que, sans le défaut de formes qui les fait exclure du concours, MM. *Pelletier* et *Caventou* eussent obtenu une médaille d'or.

———

Médaille de bronze.

M. LEVAILLANT, à Paris, rue du Temple, n.° 82,

A exposé des sulfates de quinine et de cinchonine, préparations qui sont le résultat de l'application en grand de la belle découverte de MM. *Pelletier* et *Caventou*. Quoique cette fabrique ne soit établie que depuis 1824, elle a déjà livré au commerce 2400 kilogrammes de sulfate de quinine et 25 kilogrammes 9 environ de sulfate de cinchonine.

Une médaille de bronze est décernée à M. *Levaillant*.

ARTICLE 5.

Noir minéral.

Mention honorable.

MM. Paul BLANC et GUILHAUMONT aîné, à Clermont (Puy-de-Dôme),

Sont mentionnés honorablement.

Ils ont exposé du noir minéral provenant de la carbonisation du schiste bitumineux de Ménat, dans un établissement qui a été fondé par M. *Bergounioux* fils. Cette substance est susceptible de remplacer le charbon animal dans les usages où il agit comme matière décolorante.

SECTION II.

Savons.

M. OGER, à Paris, rue Culture-Sainte-Cathe-
rine, n.° 21,

Rappel
d'une
médaille
d'argent.

A succédé à Mme veuve *Roëlant*, qui obtint en
1819 une médaille d'argent et le rappel de cette médaille en 1823. Il présente une série complète de
savons de toilette et de savons de ménage, dignes, par
leur excellente préparation, de l'établissement dans
lequel ils sont obtenus. On sait que cet établissement
fut fondé par M. *Decroos*, auquel on doit en France
la fabrication des savons de toilette, et qui a poussé
cette industrie à un tel degré de perfection que les
produits peuvent en être exportés avec avantage pour
l'Angleterre.

Un diplôme est accordé à M. *Oger* pour le rappel
de la médaille d'argent qui a été décernée à Mme
veuve *Roëlant*.

M. DEMARSON, à Paris, rue de la Verrerie,
n.° 95,

Rappel
d'une
médaille
de bronze.

Maintient sa fabrique au point de prospérité qui l'a
fait figurer avec honneur à l'exposition de 1823.

Il a exposé des savons de toilette et des savons de
ménage. Parmi ces derniers le jury a distingué,
comme méritant une mention particulière, les savons
marbrés et les savons de résine.

Un diplôme est accordé à M. *Demarson* pour le

rappel de la médaille de bronze qui lui a été accordée à la précédente exposition.

Médaille de bronze. **M. CAMUS, à Paris, rue Saint‑Denis, n.° 125,**

Met en pratique, avec succès, les procédés maintenant bien connus de la fabrication des savons de toilette. Il a exposé des savons de cette sorte et des savons de ménage, les uns et les autres bien préparés.

Une médaille de bronze est décernée à M. *Camus.*

Mention honorable. **MM. PAYEN et compagnie, à Marseille (Bouches‑du‑Rhône),**

Qui ont été mentionnés honorablement en 1819 et en 1823, continuent à mériter cette distinction. Ils ont exposé du savon blanc en table parfaitement fabriqué.

Citation. **MM. VIOLET et GUÉNOT, à Paris, rue Saint‑Denis,**

Sont cités avec éloge. Ils ont exposé de très‑bon savon de toilette et de ménage, et un pèse‑liqueur à l'aide duquel on peut reconnaître le mélange des différentes huiles essentielles entre elles.

Section III.

Colles.

MM. les Entrepreneurs de la cuisson des abatis, à Paris, rue Ile des Cygnes, n.° 4, au Gros-Caillou,

Rappel de médailles d'argent.

Déjà cités relativement à la gélatine qu'ils préparent, ont exposé d'excellentes colles fabriquées avec cette même gélatine.

La fabrication des colles était encore bien peu avancée en France lorsque la manufacture de l'île des Cygnes commença à s'en occuper. Les colles qu'elle composa à l'aide de la gélatine extraite des os par le moyen de l'acide hydrochlorique parurent à l'exposition de 1819, et lui méritèrent une médaille d'argent, qui fut rappelée en 1823. Son exemple a été heureusement suivi dans plusieurs fabriques. La quantité et la qualité des colles qui ont été exposées en 1827 promettent que bientôt la production de cet article sera portée au niveau de nos connaissances et de nos besoins.

Nous avons déjà dit qu'un nouveau diplôme, portant sur l'ensemble des produits de la fabrique de l'île des Cygnes, a été accordé à MM. les entrepreneurs de cette fabrique pour le rappel de la médaille d'argent qu'ils ont précédemment obtenue.

M. Estivant de Braux, à Givet (Ardennes), et **M. Estivant fils,** de la même ville,

Ont exposé des colles parfaitement fabriquées; ils

reçoivent l'un et l'autre un diplôme portant rappel d'une médaille d'argent qui leur fut décernée en 1819, et dont ils ont déjà mérité le rappel en 1823.

Nouvelle médaille de bronze.

MM. LEFEBURE et BERTHÉLEMY, à Rouen (Seine-Inférieure),

Qui obtinrent une médaille de bronze en 1823, ont présenté un très-bel assortiment de colles fabriquées avec la gélatine extraite des os par le moyen de l'acide hydrochlorique. Les progrès qu'ils ont faits dans cette industrie, depuis la dernière exposition, déterminent le jury à leur décerner une nouvelle médaille de bronze.

Médailles de bronze.

M. GANNAL, au Grand-Gentilly (Seine),

A exposé des colles de la première qualité. La solidité de ces colles et leur insolubilité dans l'eau froide prouvent qu'elles sont faites avec des matières premières meilleures que celles qui se trouvent ordinairement dans le commerce. M. *Gannal* obtiendra certainement de grands succès s'il continue à suivre la ligne qu'il s'est lui-même tracée. Le jury lui décerne une médaille de bronze.

M. GRENET, à Rouen (Seine-Inférieure),

A exposé des colles parfaitement clarifiées, bien blanches et d'une grande transparence, ainsi que de très-beaux échantillons de gélatine alimentaire. Tous ces produits dénotent une industrie florissante et basée sur les meilleurs principes de fabrication. —

Une médaille de bronze est décernée à M. *Grenet.*

———————

Sont mentionnés honorablement,

M. Varagnac jeune, à Paris, rue de Buffon, n.º 5,

Pour de très-belles feuilles de colle colorée et rendue chatoyante au moyen de différentes couleurs mélangées avec l'écaille du poisson connu sous le nom d'ablette;

M. Godin, au Petit-Bagneux (Seine),

Pour des colles bien préparées;

M. Guillaume Raillon, à Limoges (Haute-Vienne),

Qui a introduit avec succès la fabrication des colles dans ce département.

———————

Sont cités avec éloge pour des colles de Flandre bien fabriquées,

M. Heining, à Bouzonville (Moselle);

MM. Peremans et Laisné, à Paris, cloître Saint-Méry;

M. Gompertz, à Saint-Julien-les-Metz (Moselle).

SECTION IV.

Couleurs.

ARTICLE PREMIER.

Colorimètre.

Médaille d'argent. M. HOUTOU-LA-BILLARDIÈRE, à Rouen (Seine-Inférieure),

A présenté un instrument de son invention auquel il donne le nom de *colorimètre*, et qui sert à estimer la richesse des substances tinctoriales; il y a joint une série d'échantillons d'indigo *titrés* au moyen de cet instrument.

M. *Houtou-la-Billardière* professe la chimie avec distinction; les arts lui sont déjà redevables de plusieurs pratiques utiles, notamment d'un procédé pour teindre solidement les étoffes à l'aide du sulfure de plomb, et d'un moyen pour essayer l'indigo par une dissolution d'iode.

Une médaille d'argent est décernée à M. *Houtou-la-Billardière.*

ARTICLE 2.

Céruse.

Les céruses en écailles et en pains que l'on a vues à l'exposition de 1827 ont été obtenues à l'aide du procédé hollandais; elles dénotaient toutes un progrès sensible dans les procédés de fabrication.

Des efforts souvent heureux ont été faits pour
assainir les ateliers dans lesquels on prépare la céruse,
et pour prévenir les maladies auxquelles sont exposés
les ouvriers qui touchent habituellement le plomb,
ses oxides et les sels qu'il peut former. Les louables
sollicitudes des fabricans à cet égard ont été particulièrement prises en considération par le jury dans
l'appréciation des droits qu'ils avaient aux récompenses.

MM. Lefebvre et compagnie, à Wazemmes (Nord),

Médaille d'argent.

Ont exposé de très-belles céruses, en écailles et
en pains, semblables à celles qu'ils livrent ordinairement au commerce et dont ils ont porté la production
à près de 500,000 kilogrammes par an. Ces messieurs
ont pris un soin tout particulier pour l'assainissement
de leurs ateliers au moyen d'un bon système de ven-
tilation; ils parviennent aussi à conserver la santé de
leurs ouvriers en ne leur laissant boire que de l'eau
sucrée et chargée d'acide hydrosulfurique.

Une médaille d'argent est décernée à MM. *Lefebvre*
et compagnie.

Une médaille de bronze est décernée,

Médailles de bronze.

A M. Fauze, à Wazemmes (Nord),

Et à MM. Duphé fils et compagnie, à Paris, rue Sainte-Avoye, n.° 44.

Ces fabricans ont envoyé de très-belles céruses à
l'exposition.

Mention honorable.

MM. MOUVET et MATHIEU, à Orléans (Loiret),

Mentionnés honorablement en 1823, reçoivent encore la même distinction pour de la céruse bien préparée.

ARTICLE 3.

Orseille.

Médaille d'argent.

M. J. M. BOURGET, à Lyon (Rhône),

Possède une fabrique d'orseille fort importante et qui est depuis long-temps renommée. Il a exposé quatre séries de produits, dignes tous du plus grand intérêt.

La première série comprenait, avec le lichen des îles du Cap-Vert, l'orseille *d'herbe* et les cudbears de diverses nuances que l'on en obtient.

La seconde présentait le lichen de nos montagnes avec l'orseille *de terre* et les cudbears qu'il produit.

Enfin, la troisième et la quatrième offraient une collection des lichens de l'île de Corse et des diverses sortes de cudbear qui en résultent.

On doit à M. *Bourget* plusieurs améliorations notables dans l'industrie dont il s'occupe. C'est lui qui a inventé les procédés à l'aide desquels on sépare des lichens les parties hétérogènes qui s'y trouvent mêlées et qui ternissent l'éclat de l'orseille; c'est lui encore qui a introduit en France la fabrication du cudbear ou orseille en poudre, dont l'Angleterre seule faisait autrefois le commerce. Une médaille d'argent est décernée à M. J. M. *Bourget.*

M. BOURGET aîné, à Paris, rue la Grande Truanderie, n.° 28, — Médaille de bronze.

Était autrefois associé avec M. *Bourget* (*J. M.*), et a pris une grande part à ses intéressans travaux. Il a exposé de l'orseille parfaitement préparée. Le jury lui décerne une médaille de bronze.

ARTICLE 4.

Bleu de Prusse, Bleu d'azur et autres Couleurs.

MM. VINCENT et compagnie, à Vaugirard (Seine), — Rappel d'une médaille de bronze.

Qui reçurent en 1823 une médaille de bronze, obtiennent le rappel de cette médaille. Ils ont présenté un très-bel assortiment d'échantillons de bleu de Prusse.

MM. ROUX et compagnie, à Paris, rue Saint-Maur, n.° 22, — Médaille de bronze.

Obtiennent une médaille de bronze pour des échantillons de bleu de Prusse d'une grande beauté.

Sont mentionnés honorablement : — Mentions honorables.

M. STEVERLINCK, à Lille (Nord),

M. André SPOONER, à Paris, rue Neuve de
Berry, n.° 9.

Il a exposé une très-belle série d'échantillons de
jaune de chrôme.

Mme ROHARD, à Paris, faubourg Saint-Denis,
n.° 172.

Cette dame a présenté de très-beaux échantillons
de carmin.

———————

M. DESMOULINS, à Paris, rue Sainte-Avoye,
n.° 41,

Qui obtint une médaille d'argent en 1823, a présenté de très-beaux échantillons de vermillon que le
jury regrette de ne pouvoir admettre au concours.
Ces produits n'avaient point été présentés au jury
local.

ARTICLE 5.

Couleurs lucidoniques.

Mme COSSERON, à Paris, quai de l'École,

Qui fut mentionnée honorablement à l'exposition
de 1824, reçoit encore la même distinction.
Cette dame compose toujours avec succès les couleurs dites *lucidoniques*, pour lesquelles son établissement est depuis long-temps connu, et qui sont employées avec le plus grand succès dans les travaux de

peinture et de décoration, lorsqu'on est pressé de jouir d'un appartement.

ARTICLE 6.

Broyage des couleurs,

MM. Lemoine et Meurice, à Paris, rue Rochechouard, n.° 23,

Sont mentionnés honorablement pour les procédés mécaniques à l'aide desquels ils parviennent à broyer parfaitement les couleurs à l'huile et à garantir leurs ateliers des inconvéniens qui, jusqu'ici, semblaient être inhérens à ce genre de travail.

Mention honorabl.

ARTICLE 7.

Encre.

Sont mentionnés honorablement :

MM. Cavaignac et Beaulès, à Paris, rue Saint-Julien-le-Pauvre, n.° 5.

Ces messieurs fabriquent de très-bonne encre pour l'impression, et ont publié le moyen de faire de bons rouleaux d'imprimerie avec un mélange de colle forte et de mélasse. Ils avaient déjà été mentionnés en 1823.

Mentions honorables.

M. Antoine Mabru, à Beckelbronn (Bas-Rhin).

Il a exposé une belle série d'encres d'imprimerie. Les procédés à l'aide desquels il obtient ces produits sont assez économiques pour lui permettre de les livrer au commerce au-dessous du cours.

ARTICLE 8.

Estampes et Livres nettoyés.

Médaille de bronze.

M. SIMONIN, à Paris, rue du Dauphin, n.° 12.

Les livres et les gravures se multiplient de plus en plus; beaucoup de personnes devaient éprouver le désir que l'on parvînt à nettoyer et à restaurer ces objets lorsqu'ils ont été salis ou altérés. Les moyens imaginés à cet effet par M. *Simonin* ne laissent rien à désirer, et donnent une haute idée de son adresse ainsi que de ses talens.

Une médaille de bronze lui est décernée.

SECTION V.

Cimens, Bitumes, Cire à cacheter et Vernis.

Médaille d'argent.

M. DIHL, à Paris, boulevard Saint-Martin, n.° 5,

A qui l'on doit le ciment qui porte son nom, et qui en a propagé l'emploi avec beaucoup de persévérance, a exposé pour la première fois en 1827 des échantillons de cette substance.

Comme exemples des applications qui peuvent en être faites, M. *Dihl* a présenté : 1.° des panneaux formés de toiles métalliques et qui sont revêtus de mastic des deux côtes. Ces panneaux sont imperméables à l'eau, la solidité en est très-grande ; ils sont susceptibles de fixer promptement et sans embus les couleurs à l'huile. Un de nos peintres distingués, M. *Lafond*, en a fait usage avec beaucoup de succès ; il pense que la peinture à l'huile exécutée sur le mastic de Dihl serait aussi monumentale que la fresque et conserverait tous les avantages qui lui sont propres.

2.° Une glace dont le tain a été recouvert d'une couche de mastic, ce qui lui donne la propriété de pouvoir rester exposée, sans accident, à l'humidité la plus grande.

Les deux fabricans ci-après dénommés reçoivent l'un et l'autre un diplôme portant rappel d'une médaille de bronze qu'ils ont obtenue en commun à l'exposition de 1823.

Rappel
de médailles
de bronze.

M. HERBIN, à Paris, rue Michel-le-Comte.

Il a exposé diverses cires à cacheter, préparées toutes avec le plus grand soin. Ce fabricant mérite particulièrement des éloges pour le soin qu'il a pris d'assainir ses ateliers.

M. MARESCHAL, à Paris, rue de la Verrerie, n.° 52.

Il a exposé des cires à cacheter bien préparées et de l'encre fabriquée avec soin.

Rappel
d'une
médaille
de bronze.

MM. LARENAUDIÈRE et NOEL, à Paris, rue du Mouton, n.° 5,

Successeurs de MM. *Graffe* frères, qui obtinrent une médaille de bronze en 1819 et le rappel de cette médaille en 1823, reçoivent pour eux-mêmes un nouveau diplôme de rappel. Ils ont présenté des cires à cacheter parfaitement fabriquées et de la colle à bouche d'une très-bonne préparation.

Nouvelle
médaille
de bronze.

M. DOURNAY, à Lobsann (Bas-Rhin),

Qui reçut une médaille de bronze en 1823, continue à répandre dans le commerce les produits intéressans qu'il retire du gîte bitumineux de Lobsann, dont il est concessionnaire. Il a exposé du goudron minéral et du mastic bitumineux qui est employé avec succès dans les constructions. Comme exemple de l'effet avantageux de ce dernier produit, M. *Dournay* a présenté plusieurs échantillons d'une terrasse qui en est formée et qui existe depuis six ans sans qu'aucune dégradation y soit arrivée.

Le jury, prenant en considération les résultats satisfaisans obtenus par M. *Dournay*, lui décerne une nouvelle médaille de bronze.

Médaille
de bronze.

M. Joseph-Achille LEBEL, à Lampertsloch (Bas-Rhin),

Qui fut cité avec éloge en 1823, a exposé du pétrole raffiné, provenant des mines de Lampertsloch. La qualité de ce produit annonce beaucoup d'intelligence dans l'ensemble des procédés à l'aide desquels on l'obtient. Il est employé avec avantage pour graisser les chariots et les rouages des grandes machines.

Une médaille de bronze est décernée à M. *Lebel.*

Sont mentionnés honorablement :

M. Tʜɪʙᴀᴜʟᴛ, à Paris, rue de la Verrerie, n.° 46,

Qui a exposé de bonne cire à cacheter.
Pareille distinction a été accordée à ce fabricant aux expositions de 1819 et de 1823.

MM. Gᴜɪʙᴇʀᴛ et Hᴜɴᴏᴜᴛ, à Paris, rue du Faubourg-Saint-Jacques, n.° 55,

Déjà mentionnés honorablement en 1823, sous la raison *Guibert* et *Chaulin.* Ils ont exposé des toiles et des cordes humidifuges.

MM. Pɪʀᴇᴛ et Lᴇғᴇ̀ᴠʀᴇ, à Givet (Ardennes).

Ils ont exposé des cires à cacheter remarquables par un très-beau poli.

Sont cités avec éloge :

M. Sᴏᴜɪʟʟᴀʀᴅ, à Paris, passage d'Artois, n.° 3.

Pour la perfection des procédés à l'aide desquels il parvient à raccommoder les porcelaines et les cristaux, lorsqu'ils ont été cassés, et pour la composition d'une matière plastique, au moyen de laquelle il obtient avec exactitude toutes sortes d'empreintes.

M. *Souillard* a déjà été cité avec éloge en 1823.

M. COURTIN, à Paris, rue de Buffaut, n.° 13,

Pour avoir le premier mis en pratique les procédés publiés par MM. *Thénard* et *d'Arcet*, lesquels ont pour but de donner au plâtre la patine du bronze antique et de le rendre imperméable.

M. GOYON, à Paris, rue de Cléry, n.° 39,

A qui l'on doit un assortiment de compositions servant à nettoyer les meubles et à entretenir proprement les ustensiles de ménage, les livres, &c.

CHAPITRE XXXIV.

TERRE CUITE, POTERIE ET PORCELAINE.

SECTION PREMIÈRE.

Terre cuite.

ARTICLE PREMIER.

Briques.

M. SARGEANT (Isaac), à Paris, allée d'Antin, n.ᵒˢ 19 et 23; — *Mention honorable.*

Déjà cité (*page 362*) relativement à des bois courbés, a exposé des briques dites *hydrofuges*. Ces briques sont poreuses, fusibles, légères, mais solides et presque indestructibles par les effets atmosphériques; le prix n'en est guère que le quart de celui des briques de Bourgogne.

Le jury décide que M. *Sargeant* sera mentionné honorablement pour ce produit.

M. DRUAUX fils, à Mouchy-Saint-Éloi (Oise); — *Mention honorable.*

MM. NAUDOT et compagnie, à Septveilles près Provins (Seine-et-Marne); — *Citation.*

Sont cités avec éloge pour briques, tuiles et carreaux obtenus par procédés mécaniques. Chaque pièce est soumise à une compression de 150 milliers. Cette fabrique, encore très-récente, occupe quarante à cinquante ouvriers ; elle peut confectionner quatre millions de pièces par an. Celles qui ont été présentées à l'exposition étaient remarquables par la netteté de leurs faces et de leurs arêtes, par leur dureté et leur solidité. Les briques étaient infusibles au point qu'ayant été exposées plusieurs fois au feu le plus violent des fours de porcelaine, elles ne se sont même pas ramollies.

ARTICLE 2.

Creusets.

Rappel d'une médaille de bronze.

M. Laurent GILBERT, à Orléans (Loiret),

Reçoit un diplôme portant rappel d'une médaille de bronze qui lui fut décernée en 1823. M. *Gilbert* approvisionne le commerce de creusets aussi solides et aussi réfractaires que ceux de la Hesse ; il fabrique aussi des briques réfractaires, des formes à sucre de différentes grandeurs, dont l'intérieur est poli à l'aide d'un tour de son invention, et des poêlons à l'usage des orfévres et des joailliers.

Mention honorable.

M. DEYEUX fils, à Mouchy-Saint-Éloi (Oise),

Est mentionné honorablement pour creusets de toutes grandeurs, bien fabriqués et soutenant parfaitement le feu. Ces creusets ont été soumis aux épreuves les plus rigoureuses ; on y a fondu de l'acier, de la fonte de fer, et ils ont assez bien résisté.

Section II.

Poterie commune.

M. Lejeune, à Beaumont-le-Chartif (Eure-
et-Loir), Citation.

Cité avec éloge en 1823, obtient encore la même
distinction pour poterie commune solide, bien fabriquée et du prix le plus modique.

Section III.

Faïence ordinaire.

MM. Fouque et Arnoux, à Toulouse (Haute-
Garonne); Rappel de médailles de bronze.

Obtiennent un diplôme portant rappel d'une médaille de bronze qui leur fut décernée en 1823. Ils
ont exposé plusieurs articles en faïence et en biscuit
d'une bonne pâte et très-bien moulés.

M. Keller, à Lunéville (Meurthe),

Obtient aussi le rappel d'une médaille de bronze
qu'il a reçue en 1823. M. *Keller* fabrique toujours de
très-bonne faïence à des prix modérés. Il occupe
quatre-vingts ouvriers dans son établissement.

 Sont mentionnés honorablement pour faïence de bonne qualité :

M. LAMBERT (Amédée), à Rouen (Seine-Inférieure).

Ce fabricant a déjà reçu la même récompense en 1823.

MM. les propriétaires de la fabrique Saint-Clément (Meurthe).

Cet établissement est considérable ; il occupe cent ouvriers et verse annuellement dans le commerce pour une valeur de 160,000 francs de faïence.

SECTION IV.

Faïence fine et Poterie de grès.

CE qu'on appelle faïence en France se partage en deux classes : l'une, d'origine italienne, ou la faïence proprement dite, consiste en un biscuit rougeâtre et poreux, recouvert par un vernis blanc rendu opaque au moyen de l'oxide d'étain ; l'autre, d'origine anglaise, ou terre de pipe, a un biscuit blanchâtre recouvert d'un vernis transparent, qui renferme une quantité plus ou moins grande d'oxide de plomb.

La première faïence est grossière ; le vernis ou couverte en a si peu de solidité qu'il se fendille et se détache en écailles.

La seconde est plus fine et susceptible d'offrir des formes plus agréables ; mais le vernis, souvent trop tendre, en est attaqué par les substances grasses et par les acides.

Wegdwood était parvenu à fabriquer une poterie exempte en partie des défauts que nous venons de signaler; mais son mode de fabrication vient encore d'être perfectionné en Angleterre, par l'introduction dans la pâte de substances terreuses qui la rendent à-la-fois plus dense et plus blanche, et par l'emploi d'un vernis beaucoup plus dur.

La faïence fine qui résulte de ce nouveau procédé est maintenant obtenue dans plusieurs établissemens français. Les qualités qui la distinguent sont d'imperméabilité de la pâte et une grande consistance dans le vernis.

MM. UTZSCHNEIDER et compagnie, à Sarreguemines (Moselle),

Rappel d'une médaille d'or.

Qui ont successivement obtenu plusieurs médailles d'or aux expositions précédentes, reçoivent un diplôme portant rappel de cette récompense, dont ils se montrent de plus en plus dignes. Deux sortes de produits ont été présentées par ces messieurs à l'exposition de 1827, à l'instar de la poterie anglaise. Ces produits.

Dans la première, il faut comprendre une série d'articles exécutés en grès ou en terres polies, tels que des vases de forme grecque, des candélabres, des coupes, des cornets imitant les porphyres ou les marbres des plus rares, et ornés de dorures et de bronze; tous objets pour lesquels l'établissement de ces messieurs est depuis long-temps renommé.

Les produits de la seconde classe appartiennent à un genre de fabrication emprunté à l'Angleterre, et introduit nouvellement à Sarreguemines ; ils comprennent une foule d'articles de luxe et d'utilité en faïence fine, offrant une grande variété de couleurs. Par la finesse de sa pâte et la netteté de ses formes, cette faïence offre une heureuse imitation de celle de Wegdwood.

M. DE SAINT-CRICQ, à Creil (Oise),

Obtient un diplôme portant rappel d'une médaille d'argent qui lui fut décernée en 1819. Cet habile manufacturier s'est occupé, depuis quelque temps, de l'imitation de la poterie anglaise, et il réussit parfaitement à l'égard de quelques articles. Plusieurs des pièces qu'il a présentées offraient, sous le rapport des formes, de l'exécution et de l'aspect extérieur, plusieurs des qualités qui ont rendu célèbre cette sorte de poterie.

M. le chevalier DE SAINT-AMAND, à Passy (Seine),

A présenté une suite d'articles en poterie fabriqués à l'instar de la poterie anglaise. Ces produits, dont on ne peut trop louer l'exécution, confirment l'idée avantageuse que l'auteur avait déjà donnée de ses talents manufacturiers ; ils ont été obtenus à la manufacture royale de Sèvres, dont un four et un atelier de moulage avaient été mis à la disposition de M. de Saint-Amand, qui n'a point encore de fabrique montée.

Une médaille de bronze est décernée à M. le chevalier de Saint-Amand.

Sont mentionnés honorablement,

Mentions
honorables.

M. DE REVOL, à Sainte-Uze-lès-Saint-Vallier
(Drôme),

Pour poterie de grès dite *mi-porcelaine*, creusets,
cruchons à bière et briques réfractaires ; produits en
général bien confectionnés ;

Et M. BUREAU, à Paris, rue du Faubourg-
Saint-Denis, n.° 47,

Pour faïence dite *faïence-porcelaine*, qui n'a encore
été fabriquée qu'en petit et pour essai, mais qui réunit au plus haut degré les qualités qu'on recherche
dans la faïence fine.

SECTION V.

Porcelaine.

MM. NAST frères, à Paris, rue des Amandiers,
n.° 8,

Reçoivent un diplôme portant confirmation d'une
médaille d'or décernée en 1819, et qui a déjà été
rappelée en 1823.

MM. *Nast* sont toujours en première ligne pour la
fabrication de la porcelaine. Ils réussissent également
bien dans les pièces de grandes dimensions et dans
les petites, dans celles qu'ils décorent de peintures et
dans celles qu'ils laissent en blanc. Ces dernières pièces,
d'après lesquelles on peut surtout apprécier le mérite
de la fabrication, offrent constamment un émail uni,

Rappel
d'une
médaille
d'or.

exempt de toute gerçure, et d'une transparence convenable. Parmi leurs produits, le jury a surtout distingué des tasses minces qui présentaient au plus haut point le type d'une excellente fabrication, et un vase en forme de coupe, d'une grande dimension, d'une exécution très-soignée et parfaite sous tous les rapports.

Rappel
d'une
médaille
de bronze.

M. PILLIWUYT, à Foëcy (Cher),

Reçoit un diplôme portant rappel d'une médaille de bronze qui lui a été décernée en 1823. Il a présenté de grands vases et des corbeilles en porcelaine blanche qui avaient conservé la régularité de leurs contours, et qui présentaient une couverte bien glacée.

Nouvelle
médaille
de bronze.

M. LANGLOIS, à Bayeux (Calvados),

Qui reçut une médaille de bronze en 1819 et le rappel de cette médaille en 1823, a présenté une suite de produits en porcelaine blanche, à l'usage des ménages, de la chimie et de la pharmacie. La porcelaine de ce fabricant est depuis long-temps renommée par sa grande solidité, sa résistance au feu et la modération de son prix; elle est fabriquée avec le kaolin des Pieux, près Cherbourg.

Le jury, prenant en considération les développemens que M. *Langlois* a donnés à son établissement depuis la dernière exposition, lui décerne une nouvelle médaille de bronze.

Sont mentionnés honorablement :

M. BARUCH-WEIL, à Paris, rue de Bondy, n.° 16,

Pour produits variés en porcelaine tant blanche que décorée.

Ce fabricant possède une fabrique importante ; il occupe quatre-vingts ouvriers.

M. FLAMEN-FLEURY, à Paris, faubourg Saint-Denis, n.° 168,

Pour une série nombreuse de produits en porcelaine, propres à une foule d'usages. Ce fabricant occupe soixante à soixante-dix ouvriers ; il fait un grand commerce, tant à l'intérieur qu'à l'extérieur, et il a même envoyé des porcelaines en Chine. Ce fait est attesté par les actionnaires de l'armement du navire *le Mandarin,* navire sur lequel ont été chargés les produits de M. *Flamen-Fleury.*

M. DISCRY, à Paris, rue Popincourt, n.° 56,

Pour porcelaines diverses bien fabriquées.

L'établissement de M. *Discry* se recommande par la bonne préparation de la pâte et par l'heureux choix des formes ; il occupe cent trente ouvriers.

M. THARAUD (Pierre), à Limoges (Haute-Vienne),

Déjà mentionné honorablement en 1823. Ce fabricant a exposé des vases en porcelaine, les uns de

Mentions honorables.

forme ovale, les autres de forme Médicis; la bonne confection de ces pièces donne une idée très-avantageuse de l'établissement qui les produit.

M. HONORÉ, à Paris, boulevart Poissonnière,

Pour bonnes porcelaines et vitraux peints.

MM. BOILLEAU et compagnie, à Paris, rue de Bondy, n.° 26,

Pour produits divers et bien fabriqués, en porcelaine.

———

Citation.

M. GUIGNET, à Gyey-sur-Anjou (Haute-Marne),

Est cité avec éloge pour produits tant en porcelaine qu'en grès, bien confectionnés et de prix modiques. Cette fabrique occupe cent ouvriers.

———

CHAPITRE XXXV.

VERRERIE.

SECTION PREMIÈRE.

Glaces.

La Manufacture royale de Saint-Gobain (Aisne),

Obtient un nouveau diplôme pour le rappel d'une médaille d'or décernée en 1819, et déjà rappelée en 1823.

Cet établissement est un des plus célèbres de l'Europe pour la fabrication des glaces; ses produits en sont recherchés dans le monde entier. La préparation des matières y est maintenant opérée de telle sorte que la couleur des glaces est presque insensible. Depuis deux ans, le douci et le poli sont obtenus à l'aide des machines; il en résulte un dressage plus exact, et par conséquent plus d'exactitude dans la réflexion de la lumière.

La Manufacture de Saint-Quirin et Cirey (Meurthe),

Obtient un nouveau diplôme pour le rappel d'une médaille d'argent décernée en 1819 et déjà rappelée en 1823.

Cette manufacture, qui comprend deux établissemens, continue à se distinguer par la qualité de ses
glaces coulées ; elle occupe en tout douze cents ouvriers, et répand annuellement dans le commerce pour
plus de quatre millions de produits.

Nouvelle médaille de bronze.

M. DE VIOLAINE, à Prémontré (Aisne),

Qui reçut en 1823 une médaille de bronze, a augmenté sa verrerie d'une fabrique de glaces, dans laquelle il se propose de donner le douci et de mettre
au tain. L'établissement, dans son ensemble, occupe
huit cents ouvriers ; c'est un des plus importans qui
existent en France pour la préparation du verre.

Au nombre des objets exposés par M. de Violaine,
on remarquait des glaces fabriquées dans de bonnes
conditions, du verre vert pour lunettes, des verres
colorés en bleu, en jaune et en violet, pour vitraux
d'église, des cylindres, des verres blancs pour vitre-
rie, des cloches à jardin, enfin des bouteilles de grandeurs et de formes diverses.

Une nouvelle médaille de bronze est décernée à
M. de Violaine.

Médaille de bronze.

MM. LEGUAY et compagnie, à Commentry (Allier),

Ont exposé une glace qui, par ses grandes dimensions et sa pureté parfaite, donne de leur industrie
une idée fort avantageuse.

Une médaille de bronze est décernée à MM. *Leguay*
et compagnie.

SECTION II.

Cristaux et Verres.

L'ART de la cristallerie a fait en France, depuis quelques années, d'immenses progrès ; désormais il peut se passer de la protection des douanes, parce que les produits qui en résultent ne craignent aucune concurrence, soit pour la qualité, soit pour les prix. Le jury central proclame, avec une grande satisfaction, cet important résultat.

La Société anonyme des mines et cristallerie de Baccarat (Médaille)

Rappel d'une médaille d'or.

Reçoit un diplôme pour le rappel d'une médaille d'or qui lui fut décernée en 1823.

La fabrique de Baccarat est parvenue à un très-haut degré de prospérité. La taille des cristaux y est opérée à l'aide d'une machine hydraulique de la force de trente chevaux ; elle occupe quatre cent cinquante à cinq cents individus, et elle produit annuellement pour une valeur de 1,600,000 à 1,700,000 francs de cristal.

Son exposition comprenait plusieurs séries d'articles intéressans ; entre autres,

1.º Des cristaux unis et à moulures simples, à des prix tels que la livre de cristal ne coûte au consommateur que 55 centimes, ce qui met le prix du gobelet à 25 centimes environ ;

2.º Des cristaux moulés *en plein*, dont les prix n'excèdent que de peu ceux des précédens ;

3.º Des cristaux ornés de tailles plus ou moins riches, notamment plusieurs services de table et deux grands vases de forme Médicis ; ce genre de produit a été porté par la société au plus haut point de perfection ;

4.° Enfin, une collection complète d'échantillons de lustrerie, article qui manquait jusqu'ici à la France, et que la société de Baccarat fabrique à des prix modérés.

<table><tr><td>Rappel
d'une
médaille
d'or.</td><td>

MM. CHAGOT et compagnie, au Creusot près Mont-Cenis (Côte-d'Or), et à Paris, boulevart Poissonnière, n.° 11,

</td></tr></table>

Obtiennent un nouveau diplôme pour le rappel d'une médaille d'or décernée en 1819, et qui a déjà été rappelée en 1823.

Ces messieurs ont exposé des candélabres, des vases, un service composé d'un grand nombre de pièces, et une foule d'autres articles de luxe et d'utilité ; tous ces produits se distinguaient par la pureté parfaite du cristal, la netteté de la taille et l'éclat du poli.

————————

<table><tr><td>Nouvelle
médaille
d'argent.</td><td>

M. BONTEMS, à Choisy-le-Roi (Seine),

</td></tr></table>

Qui obtint une médaille d'argent en 1823, sous la raison de *Bontems et Georgeau*, fabrique principalement les objets qui sont en rapport avec la situation de son établissement. Il exécute, avec beaucoup de promptitude et de soin, ces cloches immenses, ces globes ou manchons, à l'aide desquels on abrite de la poussière les objets précieux, et qui, à raison de leurs fortes dimensions et de leur fragilité, seraient d'un transport difficile et dispendieux, s'il falait les faire venir de loin.

La verrerie de Choisy fabrique aussi des cristaux dans de très-bonnes conditions ; mais les vitres et les verres de couleur sont les produits par lesquels elle se distingue particulièrement. Cet établissement est celui qui a le plus approché des anciens pour les vitres d'un rouge ponceau.

Une nouvelle médaille d'argent est décernée à M. Bontems.

CHAPITRE XXXVI.
PROCÉDÉS DE PEINTURE.

SECTION PREMIÈRE.
Peinture en couleurs vitrifiables.

SUIVANT l'opinion la plus accréditée et la plus probable, c'est dans notre pays que la peinture sur verre a pris naissance. Ce qui est du moins hors de doute, c'est qu'elle y était pratiquée avec quelque distinction bien long - temps avant que le flambeau des arts se rallumât en Italie.

Jean-Cousin, Bernard de Palissy, Pinaigrier, et d'autres peintres célèbres, ont laissé, sur les vitraux d'un grand nombre de nos églises et de plusieurs de nos palais, des témoignages du haut degré de perfection où l'art de peindre sur verre fut porté pendant le seizième siècle. Au dix-septième, il fut moins en honneur, et pendant le dix-huitième il ne produisit presque rien de remarquable.

Cette longue léthargie de l'art ne doit pas être attribuée, comme quelques personnes l'ont pensé, à l'impuissance des peintres, et à l'ignorance dans laquelle on suppose qu'ils étaient tombés des procédés chimiques et mécaniques si bien possédés par leurs devanciers; elle n'eut d'autres causes que la froideur du public et l'indifférence de l'autorité.

Un administrateur justement cher aux arts fait aujourd'hui revivre la peinture sur verre, en l'appelant à concourir de nouveau à la décoration de nos édifices sacrés. Déja trois tableaux exécutés par les soins de M. le comte *de Noé.*, et dont chacun représente une vertu théologale, garnissent les croisées qui éclairent un des côtés de la chapelle de la Sainte-Vierge, dans l'église de Sainte-Élisabeth. Ce retour à un genre de décoration si fécond en beaux effets et si propre à causer des émotions profondes, est un des avantages qui résultent de l'administration de M. le comte *de Chabrol.*

Les anciens peintres sur verre composaient leurs tableaux à l'aide d'une multitude de petites plaques de verre taillées d'après des divisions tracées d'avance sur leurs cartons; ces plaques étaient faites avec du verre colorié, soit entièrement, soit sur une partie seulement de son épaisseur; on leur donnait la couleur *en apprêt*, c'est-à-dire que l'on peignait dessus la petite portion du tableau à laquelle chacune d'elles devait correspondre, puis on y fixait cette couleur en les exposant à une chaleur susceptible de ramollir le verre sans le fondre; enfin, on les assemblait à la manière des mosaïques, au moyen de petites languettes de plomb.

Un autre procédé consiste à peindre sur une vitre incolore, avec des couleurs vitrifiables, le sujet ou une partie du sujet qu'on veut représenter, et à réunir les carreaux de vitres par des cadres en fer; ce procédé, que les anciens ont connu, mais dont ils ont tiré peu de parti, est celui dont on fait le plus généralement usage depuis la renaissance de l'art en 1802, dans l'atelier de la manufacture royale de Sèvres; il a sur l'autre l'avantage de donner aux carnations, aux fleurs, aux fruits, leur véritable nuance. Les couleurs doivent être préparées de telle sorte qu'à l'aide d'une chaleur convenablement graduée, elles soient susceptibles de se fixer à la surface du verre, en le pénétrant légèrement et sans éprouver d'altération par un mélange trop intime avec la matière vitreuse.

On ne doit pas confondre la peinture sur verre à vitres avec la peinture sur glace exécutée vers 1800 par M. *Dihl*, et qui paraît entièrement due à cet habile artiste.

Médaille
d'argent.

M. MORTELÈQUE, à Paris, rue du Faubourg-Saint-Martin, n.° 132,

Se livre depuis long-temps, et avec une persévérance digne d'éloge, à la recherche des procédés qui peuvent simplifier et perfectionner la peinture sur verre : artiste lui-même, il joint l'exemple au précepte. On a vu à l'exposition plusieurs tableaux sur verre qui sont dus à son pinceau, notamment une vue intérieure de la cathédrale de Paris, des études d'oiseaux et des paysages. Ces productions, de style et de tons si divers, ont dû faire reconnaître à quel point M. *Mortelèque* possède le secret de bien préparer les couleurs, et combien il est habile à les graduer et à les fondre.

M. *Mortelèque* s'occupe aussi avec succès de la peinture sur faïence, sorte de produit que recherchent la bijouterie commune et la tabletterie. Enfin, il a fait des recherches intéressantes pour employer la lave de Volvic à des usages auxquels on ne pensait pas jusqu'ici qu'elle fût susceptible de se prêter : cette lave, étant sciée en table mince, reçoit une couverte analogue à celle dont on revêt la faïence et qui en rend la surface parfaitement unie ; elle peut alors être décorée de peintures et tenir lieu de la porcelaine pour une foule d'objets d'agrément et d'utilité.

Une médaille d'argent est décernée à M. *Morte-lique*, en récompense de ses intéressans travaux.

———————

M.ᵐᵉ veuve DESVIGNES, à Paris, rue du faubourg du Temple, n.° 5,

Reçoit un diplôme portant rappel d'une médaille de bronze qui lui a été décernée en 1823.

Cette dame continue à dorer et à peindre le cristal et le verre avec beaucoup d'adresse, d'après les procédés dont se servait feu M. *Desvignes* son mari.

M. LUTON, à Paris, rue du Marché-Neuf, n.° 22,

Obtient le rappel d'une médaille de bronze qui lui a été décernée en 1823, et qu'il continue à bien mériter. Il a présenté des peintures, des dorures et des inscriptions sur verre, qui joignent à beaucoup de correction et d'élégance le mérite d'une grande solidité.

———————

M. ANDRÉ, à Paris, rue Notre-Dame-de-Nazareth, n.° 8,

Est mentionné honorablement pour dorures sur porcelaine très-bien exécutées.

Section II.

Dessins en demi-relief.

Citation.

M. Dignat, à Paris, rue Chabanais, n.° 15,

A exposé plusieurs dessins ornés de bordures exécutées au pinceau et en demi-relief. Ces bordures admettent l'or et l'argent au nombre des riches couleurs qui les parent; elles sont exécutées avec une grande adresse, et l'effet en est très-agréable.

Le jury a décidé que M. *Dignat* serait cité avec éloge.

Section III.

Panneaux perfectionnés.

Mention honorable.

M. Boucarut, à Paris, rue de Cléry, n.° 11,

A fait d'utiles recherches pour prévenir la dégradation des tableaux, et il est parvenu à préparer des panneaux présentant des garanties de durée que l'on n'avait point obtenues jusqu'ici. Ces panneaux, dont les avantages sont attestés par plusieurs peintres distingués, sont faits en bois de chêne bien sec; la monture en est disposée de telle sorte qu'ils ne peuvent ni se déjoindre, ni se voiler, et que néanmoins les fibres de bois ont toute la liberté pour se dilater ou se rétrécir. Pour prévenir les effets pernicieux de l'huile grasse, M. *Boucarut* couvre ses panneaux d'un enduit qui adhère fortement au bois, et qui fait promptement sécher les couleurs préparées à l'huile blanche.

M. *Boucarut* fabrique aussi des bordures dont il assortit avec goût les ornemens aux tableaux et aux dessins.

Une mention honorable lui est décernée pour l'ensemble de ses travaux.

CHAPITRE XXXVII.

ORNEMENS MOULÉS.

SECTION PREMIÈRE.

Carton-pierre.

L'ART d'exécuter en carton des ornemens de décor était florissant en France au seizième siècle. La perfection où il était parvenu dès cette époque est attestée par les beaux plafonds qui décoraient au Louvre les appartemens du roi Henri II.

Cet art se perdit ou du moins resta dans l'oubli pendant près de trois siècles. On en vit reparaître, à l'exposition de 1806, quelques produits qui furent présentés par M. *Gardeur.* Ils étaient exécutés avec une pâte à laquelle on donne le nom de *carton-pierre.* En 1819, M. *Hirsch* reçut une médaille de bronze pour de nouvelles applications de cette substance; mais jusque-là tout se bornait encore à d'heureux essais. Il était réservé aux artistes dont nous allons parler de relever complètement cet art, et de lui donner même un nouvel éclat.

Ces artistes, qui se suivent de très-près, malgré quelques légères différences dans la manière de préparer le carton-pierre, parviennent à mouler cette substance avec une telle perfection, qu'ils obtiennent de suite, et sans réparage, les contours les plus nets et les surfaces les plus unies.

De belles épreuves de statues rappelant toute la grâce, toute la finesse et tout l'esprit des originaux, des ornemens du meilleur goût, offrant tout le relief et tout l'effet pittoresque de la sculpture, des candelabres, des colonnes, des entablemens profilés avec une grande pureté, ont prouvé que le carton-pierre est susceptible, entre les mains des hommes habiles dont nous parlons, de reproduire fidèlement les inspirations du statuaire, et de se prêter, avec une facilité merveilleuse, à l'exécution des conceptions les plus délicates ou les plus grandioses de l'architecture, pour la décoration des intérieurs.

Une médaille d'argent est décernée :   Médailles d'argent.

A M. ROMAGNESI, à Paris, rue Poissonnière, n.° 12 bis;

Et à MM. VALLET et HUBERT, à Paris, rue Portefoin, n.° 3,

Qui ont obtenu chacun une médaille de bronze à l'exposition de 1823, et dont les produits, fabriqués avec la même supériorité, sont employés avec un égal succès.

SECTION II.

Pierre factice.

M. DEDREUX, à Montmartre (Seine), et à Paris, rue Taitbout, n.° 9.   Nouvelle médaille de bronze.

A exposé plusieurs statues fabriquées d'après le

procédé qui lui mérita une médaille de bronze en 1823. Elles étaient placées dans la cour du Louvre, à droite et à gauche de chacune des portes des salles de l'exposition.

La matière que M. *Dedreux*, désigne sous le nom de pierre factice, a quelque analogie avec le mastic de *Dihl*; elle est composée de carbonate de chaux et d'huile de lin siccative, substances qui, étant mêlées, prennent promptement de la consistance, et forment une pâte qui résiste bien à l'humidité ainsi qu'aux variations de la température.

Les amis des arts ont à M. *Dedreux* l'obligation d'avoir multiplié pour eux, à des prix peu élevés, les plus beaux monumens de la sculpture, qu'il fallait autrefois exécuter en bronze ou en marbre pour qu'ils fussent susceptibles d'orner les jardins et les parcs.

Le jury, prenant en considération les progrès faits par M. *Dedreux* dans cette intéressante industrie, depuis la dernière exposition, lui décerne une nouvelle médaille de bronze.

CHAPITRE XXXVIII.

ÉBÉNISTERIE ET MENUISERIE.

M. JACOB (Alphonse), à Paris, rue de Bondy, n.° 30, successeur de M. *Jacob Demalter*, son père,

Rappel d'une médaille d'or.

A exposé de très-beaux meubles en bois exotiques, et des modèles de parquets présentant différens dessins. L'élégance des formes est jointe à la solidité dans les produits qui sortent des ateliers de M. *Jacob*. Ce fabricant mérite d'occuper, dans l'ébénisterie, le rang qu'y tenait M. son père : un diplôme lui est accordé pour le rappel d'une médaille d'or qui fut décernée à ce dernier à l'exposition de 1819.

M. WERNER, à Paris, rue de Grenelle-Saint-Germain, n.° 126,

Rappel d'une médaille d'argent.

Obtient un nouveau diplôme pour le rappel d'une médaille d'argent qui lui fut décernée en 1819, et qui a déjà été rappelée en 1823. Il continue à employer avec beaucoup de succès les bois indigènes dans sa fabrique d'ébénisterie ; ses meubles sont toujours fabriqués avec goût et ajustés avec le plus grand soin.

Médaille
d'argeut.

M. BELLANGÉ, à Paris, rue Richer, passage Saulnier, n.° 8,

A exposé de très-beaux meubles en bois indigènes et en bois exotiques. Un siége de forme gothique, en bois d'ébène, se faisait particulièrement remarquer par sa belle exécution, et par le sage emploi d'un style que la mode a remis en faveur, mais dont le bon goût défend d'abuser.

Une médaille d'argent est décernée à M. *Bellangé.*

Médailles
de bronze.

Une médaille de bronze est décernée :

A. M. YOUF, à Paris, rue de Cléry, n.° 28,

Pour meubles parfaitement exécutés, notamment pour une très-belle table de salon.

Et à M. BAUDRY, à Paris, faubourg Saint-Antoine, n.° 123,

Pour beaux meubles exécutés en frêne.

Mention
honorable.

Sont mentionnés honorablement :

M. KOLPING, à Paris, rue Saint-Antoine,

Pour meubles bien construits et de formes convenables. Ce fabricant a déjà reçu la même récompense en 1823.

M. BIGOT, à Paris, rue Saint-Lazare, n.° 30,

Qui a présenté des meubles en bois indigènes et en bois exotiques, décorés en marqueterie.

MM. SIMARD père et fils, à Paris, rue Jean Robert,

Pour mosaïques en menuiserie, exécutées avec une grande précision.

Sont cités avec éloge :

M. DURAND, à Paris, rue Boucherat, n.° 9, au Marais,

Pour meubles en marqueterie, d'un bon goût.

M. CARTEREAU, à Paris, rue de Charenton, n.° 106,

Pour une table de salle à manger, susceptible de s'étendre jusqu'à procurer l'emplacement de 70 couverts.

M. GARRAULT fils, à Paris, faubourg Saint-Antoine, n.° 71,

Pour sculptures en bois, propres à l'ébénisterie.

M. COSSON, à Paris, rue de Bondy, n.° 30,

Pour billards présentant divers perfectionnemens, notamment des bandes à baguettes en cuivre, et des godets qui reçoivent les billes au dehors du corps du billard.

Il sort annuellement des ateliers de M. *Cosson* soixante-dix à cent billards, dont les prix varient entre 800 francs et 6,000 francs.

M. CHEREAU, à Paris, faubourg du Temple, n.° 26.

Pour billards à blouses mécaniques.

CHAPITRE XXXIX.

TYPOGRAPHIE
CALCOGRAPHIE, LITHOGRAPHIE.

SECTION PREMIÈRE.

Typographie.

ARTICLE [I].
Gravure et fonte de caractères.

MM. DIDOT (Henri), LEGRAND et compagnie, à Paris, rue du Petit-Vaugirard, n.º 12.

Obtinrent en 1819 une médaille d'or qui fut rappelée en 1823. Ces messieurs continuent à bien mériter cette distinction par les beaux caractères d'imprimerie qui sortent de leur fonderie *polyamatype*; un nouveau diplôme de rappel leur est accordé.

MM. DIDOT (Firmin) père et fils, à Paris, rue Jacob, n.º 24.

Qui reçurent une médaille d'or à chacune des deux dernières expositions, rendent sans cesse de nouveaux services à la typographie par les beaux caractères d'imprimerie de toutes formes et de toutes grandeurs qu'ils

Rappel d'une médaille d'argent.

Rappel d'une médaille d'or.

Nouvelle médaille

Mentions honorables.

gravent et qu'ils fondent eux-mêmes : leur établissement, qui, sous ce rapport, est depuis long-temps un
des premiers de l'Europe, a récemment acquis un plus
haut degré d'importance par l'addition qui y a été faite
d'une papeterie mécanique, très-bien organisée ; ils
occupent six cents ouvriers.

Une nouvelle médaille d'or est décernée à MM. *Didot* (*Firmin*).

———————

**Rappel
d'une
médaille
d'argent.**

M. LÉGER, à Paris, rue de l'Estrapade, n.° 28,

Qui obtint en 1823 une médaille d'argent, reçoit
un diplôme pour le rappel de cette médaille. Il a présenté des épreuves de caractères d'imprimerie et de
fleurons gravés et fondus par lui-même : ces produits
dénotent un grand talent dans l'art auquel s'est voué
M. *Léger.*

**Médaille
d'argent.**

**M. PINARD, à Paris, rue d'Anjou-Dauphine,
n.° 8 ;**

Qui obtint une médaille de bronze à l'une des précédentes expositions, et le rappel de cette médaille
en 1823, a exposé des caractères d'imprimerie parfaitement gravés, et des épreuves qui en constataient
toute la netteté. Une médaille d'argent est décernée à
M. *Pinard.*

———————

**Mentions
honorables.**

Sont mentionnés honorablement :

**MM. GARNIER père et fils, à Paris, rue de
l'Hirondelle, n.° 22,**

Pour beaux caractères d'imprimerie.

MM. RIGNOUX et BAUDOUIN, à Paris, rue des Francs-Bourgeois-Saint-Michel, n.° 8, Pour clichés en plâtre et en plomb.

Mention honorable.

ARTICLE 2.
Produits de typographie.

M. CRAPELET, à Paris, rue de Vaugirard, n.° 9,

Médaille d'argent.

Possède une imprimerie très-vaste dans laquelle il occupe cent trente à cent soixante-dix ouvriers. Les produits qu'il a présentés à l'exposition attestent la beauté des caractères qu'il emploie et l'excellente organisation de ses presses.

Une médaille d'argent est décernée à M. *Crapelet.*

M. PANCKOUCKE, à Paris, rue des Poitevins, n.° 14,

Médaille de bronze.

A présenté différens ouvrages qui soutiennent la haute réputation que son imprimerie s'est depuis long-temps acquise; une médaille de bronze lui est décernée.

SECTION II.
Calcographie.

ARTICLE I.
Gravure en taille-douce.

M. MAILESTE, à Paris, rue du Roule, n.° 17,

Rappel d'une médaille de bronze.

A exposé différentes épreuves de gravure en taille-douce, telles que titres d'ouvrages, effets de commerce, cartes de visites, &c. &c. Ce genre de gravure est exécuté avec une grande perfection par M. *Malbeste*, et au moyen de procédés tellement économiques, qu'il devient moins coûteux même que la lithographie.

Un diplôme est accordé à M. *Malbeste* pour le rappel d'une médaille de bronze qui lui a été décernée en 1823.

<hr>

Mentions honorables.

Sont mentionnés honorablement, pour cartes géographiques gravées avec beaucoup de soin et de précision :

M. BLONDEAU (Nicolas), à Paris, rue Pavée Saint-André, n.º 4;

Et M. TARDIEU (Pierre), à Paris, place de l'Estrapade, n.º 34.

<hr>

Citations.

Sont cités avec éloge :

M. NORMAND fils, à Paris, rue des Noyers, n.º 33,

Pour des épreuves de gravure en taille-douce qui annoncent un graveur exercé.

M. CHESLE, à Paris, rue de la Montagne-Sainte-Geneviève,

Pour gravures à l'usage de la typographie et de la reliure.

Et M. Berthe, à Paris, rue Saint-Jacques, Citations.
n.° 66,

Pour cartes géographiques, bien gravées.

ARTICLE 2.
Gravure sur bois.

M. Thompson, à Paris, rue des Noyers, Rappel
n.° 33, d'une
médaille
d'argent.

Qui reçut une médaille d'argent à l'exposition de 1823, continue à se rendre digne de cette distinction, et obtient un diplôme de rappel.

C'est à cet artiste que l'on doit en quelque sorte, en France, la renaissance de la gravure sur bois, qui avait été long-temps abandonnée. Il a exposé des épreuves de vignettes qui décèlent une habileté très-grande et une connaissance approfondie des ressources de son art.

M. Godard fils, à Alençon (Orne), Médaille
de bronze.

A exposé des épreuves de gravures sur bois qui donnent de son talent une idée fort avantageuse : une médaille de bronze lui est décernée.

M. Andrew, à Paris, rue du Cloître-Saint- Mention
Benoît, n.° 12, honorable.

Est mentionné honorablement.

Cet artiste s'est particulièrement attaché à la gravure

sur bois et sur métaux pour l'usage de la typographie.
A l'aide d'un procédé de son invention, il reproduit
fidèlement toute espèce de gravure, de manière à en
donner un *fac simile* très-exact.

SECTION III.

Lithographie.

Rappel
de médailles
d'argent.

**MM. ENGELMANN et compagnie, à Paris, rue
Louis-le-Grand, n.º 27;**

Qui obtinrent une médaille d'argent à l'exposition
de 1823, reçoivent le rappel de cette distinction.
Leur établissement de lithographie est toujours un des
premiers de la capitale, pour la vigueur des effets et
la netteté des épreuves.

**M. MOTTE, à Paris, rue des Marais, n.º 13,
faubourg Saint-Germain,**

Cité plus haut (page 362) relativement à une
presse lithographique de son invention, a présenté
une suite de lithographies coloriées offrant des copies
exactes des dessins du roi René. Cette suite intéressante est l'atlas d'un ouvrage qui doit être incessam-
ment publié.

Nous avons déjà annoncé que M. *Motte* obtenait,
pour l'ensemble de ses produits, le rappel d'une médaille d'argent qui lui fut décernée en 1823, et qu'il
mérite de plus en plus pour la variété de ses talens.

Une médaille de bronze est décernée :

A M. Langlumé, à Paris, rue de l'Abbaye,
    n.° 4 ;

Qui fut mentionné honorablement à l'exposition de 1823, pour lithographies exécutées avec beaucoup de soin.

Et à Mlle Fromentin, à Paris, rue Saint-
    André-des-Arcs, n.° 59,

Pour lithographies très-nettes et d'un fort bel effet.

Sont mentionnés honorablement pour produits de lithographie d'une exécution satisfaisante :

M. Desmadryl aîné, à Paris, rue des Fossés-
    Saint-Bernard, n.° 16,

Qui a déjà reçu la même distinction en 1823.

MM. Berdalle de la Pommeraye et compa-
    gnie, à Paris, rue du Croissant, n.° 20 ;

MM. Bernard et Delarue, à Paris, rue
    Notre-Dame-des-Victoires, n.° 16 ;

MM. Gaugain, Lambert et compagnie, à
    Paris, rue de Vaugirard, n.° 43 ;

Mention honorable.

Et Mlle DE COMBEROUSSE, à Lyon (Rhône).

Les lithographies qui ont été présentées par cette demoiselle, résultent de l'emploi d'un procédé nouveau.

SECTION IV.

Écriture.

Citation.

M. DEJERNON, à Paris, rue Montmartre, n.° 41,

Qui fut cité avec éloge à l'exposition de 1823, obtient de nouveau cette distinction, pour divers procédés offrant des moyens prompts d'apprendre à écrire.

SECTION V.

Reliure.

Rappel d'une médaille d'argent.

M. SIMIER, à Paris, rue Saint-Honoré, n.° 152,

Obtient un diplôme portant rappel d'une médaille d'argent qui lui fut décernée en 1823. Les reliures de M. *Simier* sont riches et solides; les ornemens en sont exécutés avec la plus grande précision.

Sont cités avec éloge :

M. Vivet, à Paris, rue du Roule, n.° 15,

Pour très-belles reliures.

M. Adam, à Paris, rue Bleue, n.° 27,

Pour reliures dites *mobiles.* Au moyen de ces reliures, on peut intercaler à volonté des feuilles dans un volume imprimé ou manuscrit.

CHAPITRE XL.

OBJETS DIVERS.

§. I.

Vernis sur métaux, blanchiment des métaux.

Médailles de bronze. M. TAVERNIER, à Paris, rue de Paradis-Poissonnière, n.° 12,

Qui fut mentionné honorablement en 18·9, a exposé des plateaux, des vases, des corbeilles et autres objets en tôle vernie. Son établissement existe depuis trente-cinq ans et n'a pas cessé de jouir de la faveur du commerce.

Une médaille de bronze est décernée à M. *Tavernier.*

M. DEVRINE, à Paris, quai de l'Horloge, n.° 7,

Obtient une semblable médaille pour un procédé particulier de blanchiment des métaux.

§. II.

Coiffure.

L'usage de porter les cheveux courts a diminué de beaucoup l'importance de l'art qui a pour objet la préparation des perruques ; cependant cet art est toujours digne d'un certain intérêt ; car, dans Paris seulement, il occupe quatre mille ouvriers, et il met chaque année, pour le commerce des cheveux, un capital de 6 millions en circulation.

Un coiffeur de Lyon, qui a eu beaucoup d'imitateurs, ayant étudié en anatomiste la manière dont les cheveux sont implantés dans l'épiderme, chercha à reproduire le même effet dans la chevelure artificielle. Il y parvint au moyen d'un crochet à broder, avec lequel les cheveux sont passés, un à un, à travers un taffetas qui représente la peau de la tête, et produit une véritable illusion.

MM. NORMANDIN frères, à Paris, rue Neuve-des-Petits-Champs, n.º 6, Citation.

Sont cités avec éloge pour avoir simplifié le procédé dont nous venons de parler, au moyen d'un changement dans la forme du crochet. L'effet de cette modification permet de faire en deux heures ce qui demandait une journée de travail.

§. III.

Lits et matelas élastiques.

Les matelas élastiques ne sauraient avoir la souplesse des matelas en laine ou en crin ; mais ils ont des avantages précieux, tels que la propreté, la salubrité et l'exemption des frais de cardage. Par cette considération, le jury croit devoir encourager les efforts des deux fabricans dont les noms suivent, qui ont approprié à divers usages ce système de lits et de matelas.

Mention
honorable.

M. NUELLENS, à Paris, rue Basse-du-Rempart,
n.° 44,

Est mentionné honorablement.

Citations.

M. THIERRY, à Paris, quai Saint-Michel,
n.° 1,

Est cité avec éloge.

§. IV.

Malles à soufflet.

M. BATTANDIER, rue de Seine, n.° 15,

A exposé des malles en cuir, dites à soufflet, d'un nouveau modèle, très-commodes et très-bien exécutées. Le jury a décidé que cet article serait cité avec éloge.

§. V.

Corderie.

M. HORTIER fils, à Nantes (Loire-Inférieure),

A introduit à Nantes la fabrication des câbles, d'après le procédé de M. *Hubert*; et par l'heureuse application qu'il en a faite, il a rendu un service important au commerce et à l'industrie du département de la Loire-Inférieure.

Les cordages de M. *Hortier* sont, à grosseur égale, plus forts que les cordages ordinaires, dans la proportion de 7 à 4. L'armateur qui les emploie dans un navire de 400 tonneaux, épargne 5,000 kilogrammes en poids et 4,000 francs en argent.

Il a été constaté qu'une mine qui usait en trois ou quatre mois un câble ancien de 9 pouces, faisait durer huit à neuf mois un câble de 6 pouces 3/4 de M. *Hortier.*

Le jury a décidé que ce fabricant serait cité avec éloge.

§. VI.

Tuyaux de pompes et seaux à incendie.

M. Guérin, capitaine adjudant-major au corps des sapeurs-pompiers de la ville de Paris, quai des Orfévres, n.° 20,

Mention honorable.

A imaginé de coudre les tuyaux de cuir, pour pompes à incendie, avec du fil de laiton, ce qui en augmente beaucoup la force et en prolonge la durée. Au moyen de cette sorte de coulisse, un boyau de cuir ayant o^{m}o41 [18 lignes] de diamètre peut supporter une pression de plus de vingt atmosphères. Cette résistance est plus que suffisante pour les pompes à incendie ; car les plus grandes pressions produites par ces machines ne sont, suivant M. le baron *de Plaçanet,* que de huit atmosphères.

M. *Guérin* a trouvé aussi le moyen de faire, avec de la toile à voile sans apprêt, des seaux à incendie réunissant toutes les qualités qu'exige ce service.

La ville de Paris, adoptant ces deux perfectionnemens, les a appliqués au matériel du corps de ses sapeurs-pompiers.

Le jury mentionne honorablement les utiles travaux de M. *Guérin.*

Citations. **M. BAUMULLER**, à Dueppigheim (Bas-Rhin),

Est cité avec éloge.

Ce fabricant a exposé des tuyaux sans conture, et des seaux à incendie, en tissu de fil de chanvre. Les seaux ainsi fabriqués sont très-légers et à bas prix; tout goudronnés, ils ne coûtent que 4 francs 50 centimes, tandis que les seaux de cuir coûtent 10 à 12 fr. Le prix des tuyaux est de 1 franc 80 centimes, 2 francs 25 centimes, 2 francs 75 centimes le mètre, suivant le diamètre.

§. VII.

Parapluies.

M. HUBERT-DESNOYERS, à Paris, rue du Faubourg Saint-Martin, n.° 74,

Est cité avec éloge pour les perfectionnemens qu'il a introduits dans la monture des parapluies. Ces perfectionnemens procurent l'avantage de démonter et de remonter les parapluies sans en rien briser, et ils préviennent la rouille des montures.

Le jury cite aussi avec éloge les parapluies à manche brisé présentés par

MM. HENAUT et GRAVET, à Paris, place de la Madeleine, n.° 16.

Les peintres et les dessinateurs se servent avec avantage de ces parapluies à la campagne, pour se mettre à l'abri du vent, de la pluie et du soleil.

§. VIII.

Porte-feuilles.

M. FENOUX, à Paris, rue de Grenelle Saint-Honoré, n.° 51,

A monté, pour la fabrication des porte-feuilles, un établissement important, dans lequel il occupe cent ouvriers. Ses porte-feuilles, surtout ceux qui sont destinés à de hauts fonctionnaires, réunissent à une exécution parfaite tous les accessoires qui peuvent être desirés dans ces sortes d'objets.

M. *Fenoux* est mentionné honorablement.

M. LIOCHE fils, à Paris, rue Meslay, n.° 4,

Est cité avec éloge pour ses porte-feuilles de poche ou *agenda*, qui déjà lui ont mérité une semblable distinction à l'exposition de 1823.

§. IX.

Briques cintrées.

M. GOURLIER, architecte des travaux publics, à Paris, rue de l'Odéon, n.° 21,

A perfectionné, par de nouvelles combinaisons, son système de tuyaux de cheminée en briques, intérieurement cintrées, dont la réunion forme un cylindre. Ce système est adopté par la direction des travaux publics, et par un grand nombre de propriétaires. Il se recommande par la simplicité, l'économie et la facilité qu'il offre pour éteindre les incendies.

M. *Gourlier* fabrique lui-même les briques cintrées dont se composent ses tuyaux de cheminée. Le mille de première qualité coûte 200 francs, et celui de seconde qualité 190 francs.

En 1823, cet artiste reçut une médaille de bronze qu'il continue à bien mériter, et pour laquelle un diplôme de rappel lui est accordé.

§. X.

Instrumens de pêche.

Mention honorable.

M. KRESZ aîné, à Paris, quai de la Mégisserie, n.° 34;

Qui fut mentionné honorablement en 1823, obtient encore la même distinction pour ses nécessaires de pêche, que les amateurs de cet exercice recherchent et apprécient de plus en plus.

§. XI.

Mamelons et biberons artificiels; Bourrelets en baleine.

Médaille de bronze.

M.me BRETON, sage-femme, à Paris, rue du Faubourg-Montmartre, n.° 24,

A eu l'heureuse idée d'envelopper les mamelons et les biberons artificiels d'une substance animale qui en assure l'effet, en produisant sur la bouche des enfans une illusion complète. Cette dame a déjà été récompensée de sa découverte par le suffrage des médecins, des chirurgiens et des accoucheurs les plus célèbres, ainsi que par l'assentiment des mères. Le Gouvernement lui a accordé gratuitement un brevet d'invention dont la durée est de quinze ans.

Le jury décerne une médaille de bronze à M.{me} *Breton.*

M.{lle} FOURNIER, à Paris, rue du Helder, n.° 13,

S'est aussi occupée de l'enfance avec autant de zèle que de succès. Les toques en baleine qu'elle fabrique réconcilieront beaucoup de personnes avec l'usage des bourrelets, contre lesquels on était prévenu. Ces toques sont formées d'une espèce de réseau qui joint à une forme agréable l'avantage de ne pas intercepter la transpiration, et d'offrir une assez forte résistance pour garantir la tête de l'enfant de chocs, même assez violens.

Le jury cite avec éloge cette heureuse innovation.

§. XII.

Ruches à abeilles.

M. le comte ALBITTE DE VALLIVON, à Paris, avenue de Neuilly, n.° 33,

A exposé deux ruches à abeilles, l'une ronde, l'autre carrée, à trois hausses, avec leurs gobelets à nourriture.

Le but de l'auteur a été d'offrir aux cultivateurs peu aisés un modèle de ruche d'une construction simple et peu coûteuse : il y est parvenu sous plusieurs rapports. Une mention honorable lui est accordée.

§. XIII.

Papier glacé et pains à cacheter.

Rappel d'une médaille de bronze.

M. QUENEDEY, à Paris, rue Neuve-des-Petits-Champs, n.° 15,

Reçoit un diplôme portant rappel d'une médaille de bronze qui lui fut décernée en 1823. Il fabrique toujours, avec de la gélatine, de très-bon papier glacé à l'usage des dessinateurs et des graveurs, ainsi que des pains à cacheter transparens, susceptibles d'être décorés de camées ou de chiffres.

Citation.

M. GARDET-HOYAU, à Paris, rue du Cimetière-Saint-Nicolas, n.° 21,

Est cité avec éloge pour pains à cacheter lissés, et offrant une grande variété de couleurs.

CHAPITRE XLI.

PRODUITS DU TRAVAIL DANS LES ÉTABLISSEMENS DE CHARITÉ.

JAMAIS la charité n'a manqué en France au malheur; sa munificence envers ceux qui souffrent est attestée par le grand nombre d'établissemens qu'elle a dotés avec largesse, et qu'elle soutient quotidiennement de ses aumônes.

Recueillir celui qui n'a point d'asile, donner à celui qui ne possède rien, ce n'est qu'une partie de la tâche que la charité s'impose : prévoyante autant que compatissante, elle veut encore empêcher que des secours prélevés souvent sur le nécessaire de l'homme laborieux, ne servent de prime à la paresse et d'encouragement aux vices qui en résultent.

Le travail, par les habitudes qu'il fait prendre et par l'indépendance qu'il prépare, ajoute aux bienfaits qui découlent des établissemens de charité; il en complète heureusement le système, et les rend tout-à-fait dignes de l'admirable vertu qui les a fondés.

Tandis qu'ailleurs tout l'art du fabricant consiste à suppléer par des machines ingénieuses à la force des hommes et à l'agilité des doigts, ici l'on ne se propose d'autre but que d'employer beaucoup de bras, et de développer le plus possible l'adresse de la main. On conçoit, d'après cela, que ce n'est point par comparaison avec les produits des fabriques dirigées dans des vues d'intérêt privé qu'il faut juger ceux que l'on obtient dans les établissemens de charité.

Ces établissemens, toutefois, ne sont pas restés étrangers à tout perfectionnement. Plusieurs d'entre eux obtiennent, pour certains articles, de véritables succès, et tiennent dans l'industrie un rang qui pourrait être envié par beaucoup de fabriques particulières.

Médaille d'argent.

L'Hospice de Pontorson (Manche),

Qui reçut une médaille de bronze à l'exposition de 1823, a présenté des blondes et des broderies qui sont exécutées avec beaucoup de talent, et qui peuvent, sans désavantage, être comparées avec les produits du même genre des ateliers les plus renommés de Nancy, de Metz et de Paris.

Une médaille d'argent est décernée à cet établissement, aussi recommandable sous le rapport du travail qu'il est précieux pour l'humanité.

Médailles de bronze.

L'Institution royale des Jeunes-Aveugles, à Paris, rue Saint-Victor,

Qui fut mentionnée honorablement à l'exposition de 1819, a présenté une foule d'objets variés, tels que livres à l'usage des aveugles, imprimés par eux-mêmes, produits de filage et de tissage de lin et de chanvre ; paniers et chapeaux en paille, tricots faits sans le secours des aiguilles ; tapis et chaussons de lisière, cravaches, bourses, bracelets, &c. &c.

La diversité autant que le mérite réel de ces produits atteste une persévérance de soins et d'efforts qui fait le plus grand honneur au directeur, M. le docteur *Pignier.*

Lors d'une des visites que le Roi a daigné faire des produits de l'industrie, Sa Majesté a adressé aux jeunes aveugles des paroles de bonté, qui sont pour ces infortunés de puissans encouragemens, et qui resteront long-temps gravées dans leurs cœurs.

Une médaille de bronze est décernée à l'institution royale des jeunes-aveugles.

Une médaille de bronze est décernée

A l'Atelier de charité de Valognes (Manche),

Qui a exposé un beau voile en dentelle. Tous les produits de cet établissement sont vendus à Paris comme dentelles de Bayeux.

Et aux Ateliers de charité de Montebourg (Manche),

Qui ont exposé des dentelles d'un bon goût et bien fabriquées.

CHAPITRE XLII.

PRODUITS DU TRAVAIL DANS LES MAISONS DE DÉTENTION ET DE CORRECTION.

LE jury central a vu avec le plus grand intérêt les produits résultant des travaux auxquels se livrent les détenus. Le mérite en doit être attribué aux soins des personnes qui se vouent à l'utile mais bien pénible fonction de soumettre à des occupations soutenues, des individus qui ne doivent peut-être qu'à l'oisiveté les peines qu'ils endurent et les condamnations qui les flétrissent.

Mentions honorables.

Sont mentionnées honorablement,

La Maison centrale de Haguenau (Bas-Rhin),

Pour cotons filés, toiles de coton, linge et ganterie.

La Maison centrale d'Ensisheim (Haut-Rhin),

Pour toiles, percales et couchettes en fer, avec garniture de lit.

La Maison centrale d'Embrun (Hautes-Alpes),

Pour draps, serges et toiles.

La Maison centrale de Loos (Nord),

Pour divers produits, tels que lin filé, coton filé, toile et prunelle bleue.

La Maison centrale de Montpellier (Hérault),

Pour toiles écrues, percales et bretelles.

La Maison centrale de Bicêtre (Seine),

Pour chapeaux et divers ouvrages en paille, serrurerie et menuiserie.

La Maison des Madelonnettes, à Paris,

Pour linge de corps et tulle brodé.

La Maison de détention de Saint - Denis (Seine),

Pour feutres fabriqués par un procédé nouveau.

La Maison de Saint-Lazare, à Paris,

Pour linge de corps, fleurs artificielles, tapis de pied, broderies, &c.

La Maison centrale de détention de Riom (Puy-de-Dôme),

Pour serviettes encadrées.

**La Maison centrale de Rennes (Ille-et-Vi-
laine),**

Pour toiles à voile, et toiles de lin écrues.

**La Maison centrale de détention de Gaillon
(Eure),**

Pour guingams et autres produits.

CHAPITRE XLIII.

RÉCOMPENSES ACCORDÉES en exécution de l'article 3 de l'Ordonnance royale du 4 octobre 1826, aux Artistes et Manufacturiers dont les produits n'étaient point susceptibles d'être exposés séparément.

———

M. Burdin, ingénieur au corps royal des mines, à Clermont (Puy-de-Dôme),

Médailles d'argent.

A donné une grande impulsion à l'exploitation des mines, et par suite à plusieurs genres d'industrie, dans les départemens qui sont confiés à sa surveillance, notamment dans celui du Puy-de-Dôme. On lui doit la connaissance d'un grand nombre de gîtes métallifères ou autres, qui sont susceptibles d'être exploités avec avantage, et dont plusieurs sont déjà devenus l'objet d'utiles spéculations.

Aussi habile mécanicien que savant ingénieur, M. *Burdin* a imaginé un nouveau système de roues hydrauliques qui permet de tirer des cours et chutes d'eau un parti plus avantageux que celui que l'on en tirait jusqu'ici. La société d'encouragement pour l'industrie nationale, qui avait fondé un prix de 6,000 fr. pour l'application en grand de ce système ingénieux, a disposé sur ce fonds d'une somme de 2,000 francs en faveur de l'auteur.

Une médaille d'argent est décernée à M. *Burdin.*

M. LEBLANC, professeur du dessin des machines au conservatoire des arts et métiers, et dessinateur de la société d'encouragement à Paris,

Est auteur d'un recueil de machines qui lui a valu une médaille de bronze en 1819 et une médaille d'argent en 1823. S. Ex. le ministre de l'intérieur lui a confié le soin de graver les dessins de machines dont les brevets d'invention sont expirés, et de préparer une collection de machines pour servir de modèles aux élèves des écoles d'arts et métiers; enfin il publie pour son compte, mais toujours avec l'approbation du ministre, les machines à filer le coton, d'après le système de *Manchestre*, système dont la supériorité sur tous les autres est bien reconnue, et qu'une compagnie a importé en France, avec franchise de droit, sous la condition d'en rendre publics les dessins et les procédés.

Par cette suite intéressante d'ouvrages, M. *Leblanc* mérite d'être compté au nombre des hommes qui ont le plus contribué aux progrès de l'industrie. Une médaille d'argent lui est décernée.

MM. CASALIS et CORDIER, mécaniciens, à Saint-Quentin (Aisne),

Obtinrent une médaille d'argent à l'exposition de 1819, pour des machines à vapeur qu'ils fabriquaient alors, selon le système de *Trevithick.* Depuis cette époque, ils n'ont plus construit que des machines à haute pression, selon le système de *Woolf*; et leur fabrique a pris un tel développement, que, dans six années, ils ont établi quarante de ces machines. Un grand nombre de manufacturiers qui en font usage attestent qu'elles sont construites avec un très-grand soin et qu'elles fonctionnent avec une parfaite régularité.

Une médaille d'argent est décernée à MM. *Casalis* et *Cordier*.

———

M. Jean-Baptiste ROUFLET, menuisier mécanicien, à Paris, rue de Perpignan, n.° 8, — Médaille de bronze.

Fabrique avec une grande précision des tours et toute sorte de modèles. Depuis nombre d'années, il s'est rendu très-utile aux artistes par la précision avec laquelle il construit sur leurs dessins les mécanismes les plus compliqués, et la parfaite intelligence avec laquelle il sait même améliorer ou rectifier leurs idées. C'est lui qui a construit le pied de la grande lunette de l'observatoire royal de Paris, dont l'invention est due, à M. *Cauchoix*.

Une médaille de bronze est décernée à M. *Rouflet*.

TABLEAU CHRONOLOGIQUE
des Expositions des Produits de l'Industrie française, depuis l'origine de l'institution.

NUMÉROS d'ordre.	ANNÉE.	OUVERTURE.	CLÔTURE.	MINISTRES DE L'INTÉRIEUR.	RAPPORTEURS DU JURY.
				MM.	MM.
1.	An 6, 1798.	3 complémentaire, 19 septembre.	5 complémentaire, 21 septembre.	FRANÇOIS DE NEUF-CHÂTEAU.	CHAPTAL.
2.	An 9, 1801.	3 complémentaire, 19 septembre.	2 vendém.re an 10, 14 septembre.	CHAPTAL.	COSTAZ.
3.	An 10, 1802.	1.er complémentaire, 18 septembre.	2 vendém.re au 11, 14 septembre.	CHAPTAL.	COSTAZ.
4.	1806.	25 septembre.	19 octobre.	DE CHAMPAGNY.	COSTAZ.
5.	1819.	25 août.	30 septembre.	DECAZES.	COSTAZ.
6.	1823.	25 août.	15 octobre.	DE CORBIÈRE.	HÉRICART DE THURY, MIGNERON.
7.	1827.	1.er août.	2 octobre.	DE CORBIÈRE.	HÉRICART DE THURY, MIGNERON.

ORDONNANCE

ET CIRCULAIRES

RELATIVES À L'EXPOSITION DE 1827.

32..

ORDONNANCE DU ROI

RELATIVE À L'EXPOSITION PUBLIQUE DES PRODUITS DE L'INDUSTRIE FRANÇAISE.

Saint-Cloud, le 4 Octobre 1826.

CHARLES, par la grâce de Dieu, ROI DE FRANCE ET DE NAVARRE, à tous ceux qui ces présentes verront, SALUT.

Sur le rapport de notre ministre secrétaire d'état au département de l'intérieur;

Vu les ordonnances royales des 13 janvier 1819, 29 janvier et 15 février 1823,

NOUS AVONS ORDONNÉ et ORDONNONS ce qui suit :

ART. 1.er Une exposition publique des produits de l'industrie française aura lieu en l'année 1827. Elle sera ouverte le 1.er du mois d'août, à Paris, en notre palais du Louvre.

2. Les dispositions de l'ordonnance du 29 janvier 1823 seront suivies pour la nomination des jurys départementaux d'admission et du jury central. Aucun produit ne concourra à l'exposition, s'il n'a été admis par le jury de département. Le jury central jugera le mérite des produits admis : après son rapport, nous nous

réservons de décerner, à titre de récompense, des médailles d'or, d'argent ou de bronze.

3. Les préfets, sur l'avis des jurys départementaux, feront connaître à notre ministre de l'intérieur les artistes qui, par des inventions ou procédés non susceptibles d'être exposés séparément, auraient contribué aux progrès des manufactures depuis 1823. S'il y a lieu, ils pourront avoir part aux récompenses.

4. Notre ministre secrétaire d'état de l'intérieur est chargé de l'exécution de la présente ordonnance, qui sera insérée au Bulletin des lois.

Donné en notre château de Saint-Cloud, le 4 octobre, l'an de grâce 1826, et de notre règne le troisième.

Signé CHARLES.

Par le Roi :

Le Ministre Secrétaire d'état au département de l'intérieur,

Signé CORBIÈRE.

MINISTÈRE DE L'INTÉRIEUR.

Paris, le 31 Janvier 1823.

MONSIEUR LE PRÉFET, Son Excellence le ministre de l'intérieur me charge d'avoir l'honneur de vous transmettre une ordonnance du Roi, du 29 de ce mois, fixant au 25 août, fête de Saint-Louis, l'ouverture de l'exposition publique des produits de l'industrie française, qui a lieu cette année en exécution de l'ordonnance du 13 janvier 1819.

Je n'ai pas besoin d'exciter votre zèle pour vous engager à aider de tous vos efforts au succès de la mesure protectrice que le Roi s'est complu à ordonner. Vous vous empresserez, Monsieur, à faciliter le concours des fabricans et de leurs produits, à lever les obstacles qui pourraient les détourner; et en contribuant ainsi à l'éclat de l'industrie nationale, vous ferez vos efforts pour que celle de votre département y conserve ou y acquière de plus en plus une part distinguée.

Les instructions que j'ai à vous donner sont les mêmes qu'à la dernière exposition, et je me borne à transcrire une partie des circulaires des 28 janvier et 10 juillet 1819.

« Le premier objet dont vous avez à vous occuper, est la » composition du jury. Vous en choisirez les membres parmi » les hommes les plus éclairés dans les arts et les plus capa- » bles d'en juger les produits.

» Ce jury prononcera sur tous les objets qui seront pré- » sentés, et n'admettra que ceux qui lui paraîtront réunir » une bonne fabrication ou une grande utilité. Il doit sur- » tout s'attacher aux objets qui forment une industrie parti- » culière au département : ceux-ci présentent toujours de » l'intérêt, et caractérisent les localités.

» Le jury observera sur-tout de ne pas rejeter les produits
» grossiers, lorsqu'ils sont à bas prix et d'un usage général.

» Il excitera le zèle et l'émulation de tous les manufac-
» turiers et fabricans, pour qu'ils donnent à leurs produits
» tous les degrés de perfection dont ils sont susceptibles; il
» leur dira que c'est moins un produit très-soigné et fabriqué
» à grands frais, sans toutefois l'exclure, qu'un bel échan-
» tillon d'une fabrication ordinaire, qu'il faut présenter à
» l'exposition.

» Tous les articles d'industrie reçus par le jury doivent
» être rendus au Louvre avant le 1.er août; le Gouverne-
» ment en paiera le port.

» Vous aurez l'attention, Monsieur, de faire mettre un
» numéro à chacun des produits, ainsi que le nom du fa-
» bricant et celui du département.

» Vous m'enverrez séparément une note détaillée, dans
» laquelle vous me ferez connaître l'étendue de la fabrication,
» les lieux de consommation, le nombre d'ouvriers em-
» ployés, l'origine des matières premières, les encourage-
» mens qu'on pourrait accorder à chaque genre d'industrie,
» &c. Ces renseignemens deviennent nécessaires au jury
» central de Paris pour déterminer son jugement, et ils se-
» ront utiles au Gouvernement pour fixer le degré d'intérêt
» qu'il doit accorder à chaque fabrique.

» Le local qui est destiné dans le palais du Louvre à la
» prochaine exposition des produits de l'industrie, offre de
» vastes emplacemens susceptibles de recevoir des mar-
» chandises d'un volume quelconque et des plus grandes
» dimensions : ainsi les fabricans qui desirent que les objets
» présentés par eux, et que le jury départemental aura jugés
» dignes du concours, attirent les regards du public et soient
» examinés et appréciés sous tous les rapports, ne doivent
» pas se borner à en remettre de simples échantillons; ils
» peuvent déposer les objets entiers, et, si ce sont des tissus,
» des pièces entières ou demi-pièces. C'est ce que vous vou-
» drez bien leur faire savoir, en vous adressant principale-
» ment aux manufacturiers de coton, de lainages, de pa-
» piers peints, &c. Quelles que soient les dimensions des
» produits industriels qu'ils offriront au concours général du
» 25 août prochain, il sera facile de les y exposer en les dé-

» veloppant dans toute leur étendue. Des mesures sont
» prises, d'ailleurs, pour qu'on en ait le plus grand soin,
» et pour qu'ils n'éprouvent pas la plus légère avarie. »

Il me reste à vous faire remarquer que le terme du
1.er août est le dernier qui soit accordé pour recevoir des
produits au Louvre, mais qu'il y aurait un encombrement
très-fâcheux si l'on attendait au dernier moment. Vous devez
nommer le jury de votre département sur-le-champ, et
presser la présentation, et le départ à mesure, de tout ce qui
se trouvera confectionné et agréé.

Les envois doivent être dirigés au palais du Louvre, à
l'adresse de M.   inspecteur de
l'exposition.

Je vous prie de m'accuser réception de cette lettre, et de
me rendre compte successivement, tant des soins que vous
aurez pris pour vous y conformer, que des résultats obtenus.

Agréez, Monsieur, l'hommage de la considération
distinguée avec laquelle j'ai l'honneur d'être

Votre très-humble et très-obéissant serviteur,

Le Conseiller d'état Directeur.

MINISTÈRE DE L'INTÉRIEUR.

Paris, le 9 Décembre 1826.

MONSIEUR LE PRÉFET, par une ordonnance du 4 octobre dernier, insérée au *Bulletin des lois*, VIII.ᵉ série, n.° 120, le Roi a fixé au 1.ᵉʳ août 1827 l'ouverture d'une exposition générale des produits de l'industrie : elle aura lieu à Paris, dans son palais du Louvre, à l'instar de celles des années 1819 et 1823.

En vous empressant d'assurer, en ce qui vous concerne, l'exécution de cette ordonnance, vous remplirez les intentions de Sa Majesté, dont la sollicitude en faveur de l'industrie nationale ne peut qu'inspirer une émulation toute nouvelle aux fabricans et aux artistes.

Les heureux effets produits par les précédentes expositions sont aussi de puissans motifs de croire que le prochain concours aura tout l'éclat que comporte son objet. Je me repose sur vous du soin d'y faire occuper à votre département un rang distingué et proportionné à l'importance de ses ressources industrielles.

Les instructions que vous devez suivre étant les mêmes qu'à la dernière exposition, j'en joins ici un exemplaire. Vous voudrez bien vous y conformer, Monsieur le Préfet, ainsi qu'à celles que je vais y ajouter en peu de mots.

Comme il est prescrit par l'article 2 de l'ordonnance du 4 octobre, aucun produit ne concourra, si le jury départemental ne l'en a jugé digne, condition qui sera observée rigoureusement ; je suis même obligé de vous prévenir que la disposition du local rend plus nécessaire que jamais la sévérité du jury pour n'admettre que des produits d'une bonne fabrication ou d'une grande utilité, et d'un mérite facilement appréciable.

Tous les objets qu'il aura admis formeront un seul et unique envoi, que vous expédierez au Louvre, le 20 juin prochain, au plus tard, à l'adresse de l'inspecteur. Le Gouvernement en paiera le port.

Vous aurez soin, Monsieur le Préfet, qu'une étiquette en matière solide soit attachée et fixée sur chaque produit séparément : elle indiquera en assez gros caractères le département, le lieu de la situation de la fabrique, les nom et prénoms du fabricant ou sa raison sociale, avec le numéro que vous lui assignerez, lequel sera écrit en chiffres romains, et fera partie d'une série où tous les exposans de votre département se trouveront compris. Au-dessous de ce premier numéro d'ordre, répété indistinctement sur tous les objets provenant de la même personne, figurera, en chiffres arabes, un second numéro particulier à chaque fabrique, numéro qui s'étendra progressivement, et plus ou moins, suivant le nombre d'articles.

Ces numéros seront repris dans les colonnes 5 et 6 du bordereau imprimé que je vous envoie, et qui est destiné à recevoir les renseignemens dont j'aurai besoin pour faire opérer la vérification des objets à leur arrivée au Louvre. Si l'abondance des matières l'exige, il sera facile d'y ajouter des feuilles intercalaires. Vous me le transmettrez en double expédition. Ne négligez pas d'y indiquer ceux des produits industriels qui seraient brevetés d'invention, et d'y mentionner les médailles et autres distinctions déjà obtenues par les fabricans, lors des précédens concours.

Je dois vous prévenir qu'aucune caisse ne sera ouverte, si je n'ai reçu d'abord les doubles bordereaux dressés sur les cadres ci-joints. Ainsi je ne saurais trop vous recommander de me les faire parvenir en temps utile.

Il ne vous échappera pas, Monsieur le Préfet, qu'aux termes de l'article 3 de l'ordonnance du 4 octobre, vous devez me signaler, sur l'avis du Jury départemental, les artistes, même les simples ouvriers, qui, par des inventions ou par des procédés et moyens non susceptibles d'être exposés au Louvre, auraient contribué aux progrès des manufactures depuis 1823, afin que, s'il y a lieu, ils puissent participer aux récompenses que le Roi a promises.

Veuillez, Monsieur le Préfet, m'accuser immédiatement

la réception de cette lettre, prendre les premières dispositions nécessaires pour vous y conformer, et me rendre
compte successivement des résultats que vous aurez obtenus.

Recevez, Monsieur le Préfet, l'assurance de ma
considération la plus distinguée.

Le Ministre Secrétaire d'état de l'intérieur,

Signé CORBIÈRE.

Pour expédition :

Le Conseiller d'état Directeur

TABLE DES MATIÈRES.

33..

LISTE ALPHABÉTIQUE

DES FABRICANS ET DES ARTISTES

QUI ONT OBTENU DES MÉDAILLES OU AUTRES DISTINCTIONS À L'EXPOSITION DE 1827.

NOMS des ARTISTES ou FABRICANS.	DÉSIGNATION DES PRODUITS PRÉSENTÉS.	DISTINCTION obtenue.	PAGE du rapport.
	A		
Abat père et fils et comp..	Limes et carreaux..........................	R. m. d'arg.	272
	Acier cémenté............................	Ment. hon..	257
Achez-Portier..............	Plaques et rubans de cardes à la mécanique.	Citation ...	282
Adam......................	Reliures dites mobiles...................	Citation....	179
Adler.....................	Basson en bois des îles..................	Ment. hon..	402
Ador et Bonnaire..........	Soude factice et chlorure de chaux.	M. bronze..	424
Ajac......................	Châles en bourre de soie et étoffes pour meubles.	R. m. d'or.	74
Alais-Benoît..............	Modèle de bateau remorqueur........	Ment. hon..	350
Alavoine fils.............	Broderies sur tulle.....................	Citation...	133
Albert-Bernard...........	Canons de fusils en damas et en rubans.	Ment. hon..	321
Allizeau.................	Modèles de solides polyédriques...	Ment. hon..	378
Amadéo...................	Pâtes à l'instar de celles de Gênes..	Ment. hon..	447
Amant...................	Timbres de pendules...................	Citation....	233
André...................	Balcons en fonte......................	Citation...	244
André...................	Dorure sur porcelaine................	Ment. hon..	246
André (*Pierre-Nicolas*)...	Sucre de betterave....................	M. bronze..	475
Andrew..................	Gravure sur bois et sur métaux......	Ment. hon..	475

NOMS des ARTISTES ou FABRICANS.	DÉSIGNATION DES PRODUITS PRÉSENTÉS.	DISTINCTION obtenue.	PAGE du rapport.
Angers (l'École royale des arts et métiers d').	Outils divers.	Ment. hon..	313.
Angrand.	Papiers gaufrés, marbrés, maroquinés.	M. bronze..	199.
Anfel.	Modèles d'escaliers et de parquets, .	Citation.	376.
Antiq.	Sonde de mineur.	M. bronze..	308.
Appert.	Substances alimentaires et conservation de comestibles.	M. d'or....	412.
Arbaud-Pradier.	Coutellerie fine et commune.	Citation...	304.
Arguillière et Mourron...	Crêpe et gros de Naples.	M. d'argent.	83.
Armand (M.c).	Broderies et robes de bal.	M. bronze..	132.
Armbruster.	Limes et rapes.	Ment. hon..	276.
	Riffloirs et brunissoirs.	Citation...	315.
Armfield (M.lle).	Casimir, flanelle, &c.	R. m. d'arg.	42.
Arnaud et Fournier.	Mécanisme pour le filage et cotons filés.	M. d'or....	104. 355.
Arnheister et Petit.	Instrumens et outils à l'usage de l'agriculture.	Ment. hon..	316.
Assy Guérin fils et Givelet.	Flanelle.	Ment. hon..	46.
Atramblé, Briot et comp.	Tapisseries, tapis cirés et stores transparens,	M. bronze..	166.
Aubé frères et compagnie.	Draperie.	R. m. d'or..	81.
Aubertot père et fils.	Cheminée en fonte de fer.	R. m. d'arg.	237.
	Fer forgé.	Ment. hon..	250.
Aucoc.	Nécessaires.	R. m. d'arg.	341.
Audollent.	Outils à l'usage des filatures.	Ment. hon..	101.
Auger.	Plaques et rubans de cardes à la mécanique.	Ment. hon..	282.
Auloy (Philibert).	Nappes en toile.	Citation...	99.

NOMS des ARTISTES OU FABRICANS.	DÉSIGNATION DES PRODUITS PRÉSENTÉS.	DISTINCTION obtenue.	PAGE du rapport.
Averty	Zinc	M. bronze	229
Avit aîné	Cartes propres à la fabrication de la dentelle.	M. bronze	359
Aynard et fils	Draperie	R. m. d'arg.	26

B

NOMS des ARTISTES OU FABRICANS.	DÉSIGNATION DES PRODUITS PRÉSENTÉS.	DISTINCTION obtenue.	PAGE du rapport.
Bacot et compagnie	Couvertures en laine, en coton et en bourre de soie.	R. m. d'arg.	238
Bacot père et fils	Draperie	R. m. d'or	18
Baccarat (Société anonyme de mines et cristalleries de).	Cristaux	R. M. d'or	155
Badin aîné et Lambert	Draperie	R. m. d'arg.	26
Bainée	Couchettes en fer	Citation	324
Balaîne (*Charles*)	Plaqué d'argent pour service de table.	M. bronze	331
Balbâtre	Broderies	M. d'argent	131
Balme et d'Hautencourt	Châles en bourre de soie	M. d'or	78
Barbeau	Foyers en fonte de fer	Citation	241
Barbet (*Henri*) et comp.	Tulle de coton	M. bronze	141
Bardel	Tissus de crin	R. m. bronze	90
Bardel et compagnie	Toiles peintes	R. m. d'arg.	173
Bardon et Segrétain	Cachemires français	Ment. hon.	60
Barraud	Coutellerie en acier fondu	Citation	304
Barthelemy	Joaillerie en pierres fausses	R. m. bronze	339
Barach-Weil	Porcelaine	Ment. hon.	451
Basgle et compagnie	Piqués imprimés	M. bronze	57
Battandier	Malles à soufflet	Citation	482
Baudoin	Papiers peints	M. bronze	16

NOMS des ARTISTES ou FABRICANS.	DÉSIGNATION DES PRODUITS PRÉSENTÉS.	DISTINCTION obtenue.	PAGE du rapport.
Baudry	Instrumens divers	Ment. hon..	372.
Baudry	Meubles en frêne	M. bronze..	468.
Baumgartner	Percales	M. d'arg...	114.
Baumuller	Tuyaux de pompes et sceaux à in- cendie.	Citation...	484.
Bauvais	Pianos	Ment. hon..	397.
Baverel et fils	Faulx	M. bronze..	270.
Bayen	Pianos	Ment. hon..	397.
Bayle et compagnie	Châles en cachemires	R. m. d'arg.	54.
Bazires (Mmes)	Broderies	Citation...	134.
Beauguillot (Mlles)	Broderies	M. bronze..	132.
Beaunier	Bas de soie	Ment. hon...	143.
Beauvisage et compagnie	Teinture	R. m. d'arg.	164.
Bécasse	Coffre-forts	M. bronze..	292.
Béchet (*Étienne*) et comp.	Draperie	M. d'argent.	27.
Beckers	Pianos et harpes	M. bronze..	395.
Beillet	Rasoirs, couteaux et canifs, etc.	Citation...	304.
Belin et Gérard	Couvertures en laine et en coton	Ment. hon..	139.
Bélissent	Flûtes	Ment. hon..	402.
Bellangé	Meubles en bois indigène et exo- tique.	M. d'argent.	468.
Bellanger (*Charles*)	Basins, madras et circassiennes	Citation...	123.
Bellanger-Pagé	Tapis et couvertures en poil de chevreaux.	M. bronze.	156.
Belloni	Mosaïques		210.
Bellot de la Digne	Marbres	Ment. hon..	206.
Bemont	Outils pour les tonneliers	Ment. hon..	311.
Benoist-Mérat et Desfrancs	Bonneterie orientale	R. m. d'arg.	144.

NOMS des ARTISTES ou FABRICANS.	DÉSIGNATION DES PRODUITS PRÉSENTÉS.	DISTINCTION obtenue.	PAGE du rapport.
Benoît	Vases en fonte moulée	M. bronze	240
Bérard et fils	Produits chimiques, alun	R. m. d'arg.	422
Berdalle de la Pommeraye et compagnie.	Lithographies	Ment. hon.	477
Berger (*Michel*)	Toile écrue	Ment. hon.	98
Berger (*Victor*)	Exploitation du jais	M. bronze	201
Bergougnan	Coutellerie	R. m. bronze	298
Bernard	Canons de fusils en damas	Ment. hon.	321
Bernard aîné	Chandelle économique	Citation	407
Bernard de Sussy	Échantillon de laine lisse		11
Bernard et Delarue	Lithographies	Ment. hon.	477
Bernardel	Violons et basses	Ment. hon.	399
Bernard-Gillet et fils	Machines à fouler et dégorger les draps.	M. bronze	358
Bernauda (*Charles*)	Bijoux avec des alliages de platine et d'autres métaux.	R. m. bronze	336
Bernhardt	Pianos	M. bronze	395
Bérolla	Horlogerie commune	Ment. hon.	388
Berthéche – Lambquin et fils.	Draperie	M. d'argent	28
Berthe	Cartes géographiques	Citation	475
Berthe et Grevenich	Papier	M. d'argent	195
Berthier père	Étau et lit en fer étamé	Citation	314
Bertholon	Statue de la vierge en plaqué d'argent.	M. bronze	332
Berthoud frères	Montres marines	M. d'argent	384
Bertrand (M.me veuve)	Fleurs artificielles	Citation	137
Bertrand et Vidil	Broderies	Ment. hon.	138
Bertrand-Paraud	Orfévrerie à l'usage du culte	Ment. hon.	330

NOMS des ARTISTES ou FABRICANS.	DÉSIGNATION DES PRODUITS PRÉSENTÉS.	DISTINCTION obtenue.	PAGE du rapport.
Besaucèle frères	Draperie	Citation	38
Besnard de la Garde	Bonneterie en bourre de soie et filoselle.	Ment. hon.	343
Besson	Modèles de charrue et de herse	Ment. hon.	345
Beugé	Presses pour timbre sec et à copier.	R. m. bronze	367
Bouvart-Lenoble	Draperie	M. bronze	34
Binis aîné	Ornemens d'église	M. bronze	89
Bicêtre (La maison centrale de).	Chapeaux de paille, serrurerie et menuiserie.	Ment. hon.	493
Bierstedt	Pianos	Ment. hon.	397
Biesta (*Jean*)	Horlogerie de précision	Ment. hon.	385
Biétry (*Laurent*)	Fils et tissus de cachemire	M. d'argent	50
Bigot	Meubles en bois indigène et exotique.	Ment. hon.	469
Bigot aîné	Coutils	Citation	105
Bigot-Gaffet	Coutils	Citation	101
Billod	Faulx	R. m. bronze	269
Billon	Chaudronnerie en cuivre	Ment. hon.	227
Binet	Pompes à tubes-mobiles	Ment. hon	349
Blanc (*Paul*) et Guilhaumont aîné.	Noir minéral	Ment. hon.	426
Blanchard	Outils pour les selliers et les bourreliers.	M. bronze	308
Blerzy	Bronzes dorés	Ment. hon.	328
Blondeau	Horlogerie de précision	Ment. hon.	385
Blondeau (*Nicolas*)	Cartes géographiques	Ment. hon.	474
Blot	Tapis de chanvre indien	Citation	157
Bobillière	Faulx	M. bronze	269
Boche et Aubin	Amorces et poires à poudre	Citation	323

NOMS des ARTISTES, ou FABRICANS.	DÉSIGNATION DES PRODUITS PRÉSENTÉS.	DISTINCTION obtenue.	PAGE du rapport.
Boigues et fils	Fer en barres	M. d'or	246.
	Fonte de fer	Ment. hon.	24.
Boileau	Pendules et montres	Citation	385.
Boilleau et compagnie	Porcelaine	Ment. hon.	452.
Boilvin frères	Alènes	R. m. d'arg.	285.
Boniface et fils	Baptiste	Ment. hon.	97.
Bonnemain	Appareil nommé *couveuse artificielle.*	M. d'argent	409.
Bontems	Cristaux et verres	M. d'argent	456.
Boquet	Urinoir public inodore	Ment. hon.	419.
Bordier-Marcet	Appareils d'éclairage	R. m. d'arg.	403.
Borel	Espagnolettes de fenêtre	Ment. hon.	293.
Burey aîné	Acier cémenté	Citation	258.
Bosquillon	Châles en cachemire	R. m. d'or	53.
Bost-Membrun	Coutellerie	R. m. d'arg.	297.
Boucarut	Panneaux perfectionnés	Ment. hon.	462.
Boucher	Instrumens de perspective	Ment. hon.	373.
Boudet frères	Étoffes rayées	Citation	122.
Boudin	Toile cretonne	Ment. hon.	98.
Boudon (*Félix*)	Marbres	M. d'argent	304.
Bouffon	Faulx	R. m. bronze	269.
	Scies	Ment. hon.	279.
Boullenois (De)	Échantillons de laine ondée	M. d'argent	5.
Bourcard, Vankobais et compagnie.	Fer-blanc	Ment. hon.	263.
Bourgeois	Échantillons de laine ondée	M. d'argent	7.
Bourgeois-Audoux	Ceinture en camelot	Citation	122.
Bourget aîné	Oseille	M. bronze	435.

NOMS des ARTISTES ou FABRICANS.	DÉSIGNATION DES PRODUITS PRÉSENTÉS.	DISTINCTION obtenue.	PAGE du rapport.
Bourget (*J. M.*)	Orseille	M. d'argent.	434
Bourgoin	Outils et instrumens à l'usage des graveurs et des ciseleurs.	Citation	315
Bourguignon	Appareil condensateur	Citation	407
Bourguignon	Joaillerie en pierres fausses	M. bronze.	340
Bousquet-Dupont	Fichus en gaze	M. bronze.	87
Boussard	Mécanisme relatif à l'horlogerie	Ment. hon.	387
Boutet et Rochon	Châles en bourre de soie	M. d'argent	83
Boutron et Duport	Pianos	Ment. hon.	396
Bouvier-Dumolard	Produits chimiques		415
Bouxviller (La société des mines de).	Produits chimiques et colle forte.	M. d'argent	422
Bréant	Coupe en palladium et échantillons de platine.		233 234
Breffort	Papier marbré	Ment. hon.	199
Breguet	Horlogerie de précision	M. d'or	383
Brès	Sumac indigène ou redoux	Citation	180
Breton (Mme)	Mamelons et biberons artificiels	M. bronze.	486
Briery	Étoffe en duvet de cigne	Citation	88
Brincourt père et fils	Draperie	M. d'argent	29
Brisseau	Bijoux dorés	Citation	335
Brisset	Presses lithographiques	Ment. hon.	374
Brocchi	Divers modèles de machines	M. bronze	378
Brocot	Pendules	M. bronze.	387
Brosset, Thanaron et Ripert.	Châles en soie	M. d'argent	81
Broyon	Étoffes en laine	M. bronze.	45
Brun (Mme v.^e) et Hourdequin (*Paul*).	Broderies	Ment. hon.	132

NOMS des ARTISTES ou FABRICANS.	DÉSIGNATION DES PRODUITS PRÉSENTÉS.	DISTINCTION obtenue.	PAGE du rapport.
Bruneel et Callemieu....	Linge ouvré et damassé..........	M. bronze..	125.
Brunet frères..........	Tapis et couvertures en poil de bœuf.	M. bronze..	156.
Brunier frères..........	Crêpes de Chine...............	M. d'argent.	82.
Buchy (De) J. B........	Étoffes à pantalons	M. bronze..	121.
Bugnot père et fils......	Bronzes dorés...............	Ment. hon..	328.
Buirette (*Félix*)........	Flanelles...............	Ment. hon..	46.
Buisson-Martignac.......	Coutellerie fine et commune......	Ment. hon..	302.
Bumler.............	Pianos...............	Ment. hon..	397.
Bunten.............	Instrumens de physique..........	M. bronze..	378.
Buran.............	Produits chimiques............	....	425.
Burdalet............	Maroquin...............	Citation....	187.
Burdin.............	Exploitation des mines, nouveau système de roues hydrauliques.	M. d'argent.	495.
Bureau.............	Faïence fine...............	Ment. hon..	449.
Burel et Beroujon.......	Ornemens d'église............	M. bronze..	87.
Buyer (De) oncle et neveu.	Fer noir laminé...............	Ment. hon..	260.
	Fer-blanc...............	M. d'or....	261.

C

Cabau jeune..........	Instrumens de jardinage, rasoirs et taille-plumes.	Citation....	303.
Cagniard-Damainville....	Sonde de fontenier-sondeur.......	Ment. hon..	310.
Cahier.............	Orfévrerie...............	R. m. d'or..	329.
Cahier et compagnie.....	Horlogerie...............	M. bronze..	390.
Caillon (*François*).......	Marbres...............	....	208.
Calla.............	Borne en fonte de fer..........	Citation....	244.
Calla.............	Machines propres à la fabrication des tissus.	M. d'or....	351.

NOMS des ARTISTES ou FABRICANS.	DÉSIGNATION DES PRODUITS PRÉSENTÉS.	DISTINCTION obtenue.	PAGE du rapport.
Cambacérès et compagnie.	Bougie d'acide stéarique.	M. bronze.	405
Cambray.	Charrues, moulin à l'usage des brasseurs, &c.	Citation.	346
Camus.	Éperons et produits analogues.	Ment. hon.	311
Camus.	Four de boulanger.	Citation.	411
Camus.	Savons de toilette et de ménage.	M. bronze.	428
Capelle-Bayart.	Étoffes croisées et siamoises.	Citation.	123
Capron-Lenfant.	Mouchoirs façon madras.	Citation.	123
Carcassonne frères.	Châles en bourre de soie.	R. m. d'arg.	80
Cardeilhac.	Coutellerie fine.	M. d'argent.	298
Cardin-Méauzé.	Robes, voiles et écharpes en tulle brodé.	M. bronze.	132
Caron.	Lampes.	Ment. hon.	406
Caron-Langlois fils.	Toiles de lin, tapis point de Hongrie, tapis imprimés.	M. d'argent.	98 154 169
Caron-Motel.	Blanchîmerie de toiles.	R. m. d'arg.	166
Carpentier (M.me veuve).	Dentelles.	M. d'or.	127
Cartereau.	Ébénisterie.	Citation.	469
Cartier.	Machine à carder les matelas.	R. m. bronze.	367
Cartier fils et Grieu.	Produits chimiques et minium.	M. bronze.	424
Cartier fils et Guérin.	Cuivre, étain, &c.	M. bronze.	225
Casalis et Cordier.	Machines à haute pression.	M. d'argent.	496
Casiez-Dehollain.	Cotons filés.	M. bronze.	106
Cassé fils.	Bustes en cuivre rouge.	Ment. hon.	227
Casse (Jean).	Étoffes à pantalons.	Ment. hon.	123
Cauchoix.	Lunettes achromatiques.	R. m. d'or.	380
Canson.	Papier blanc.		94
Cavaignac et Beaulès.	Encre d'imprimerie.	Ment. hon.	437

NOMS des ARTISTES ou FABRICANS.	DÉSIGNATION DES PRODUITS PRÉSENTÉS.	DISTINCTION obtenue,	PAGE du rapport.
Cavé....................	Machines à vapeur.............	Ment. hon..	350
Cayla (M.me la C.tesse Du).	Échantillons de laine lisse........	M. d'or....	101
Cessier	Fusils doubles à percussion.......	M. bronze..	320
Chagot et compagnie....	Cristaux................	R. m. d'or..	456
Chaillot.................	Harpes.................	M. bronze..	395
Champion..............	Vernis transparent, taffétas diaphane, &c.	M. bronze..	190
Champoiseau...........	Soie grège et ouvrée..........	M. bronze..	67
Chanot.................	Instrumens à cordes et archets....	Ment. hon..	399
Chapelle................	Presse hydraulique...........	Ment. hon..	374
Chapoulaud (*François*)...	Papier.................	Ment. hon..	198
Chappuis	Papier.................	Citation...	199
Charbonneaux-Denizet...	Laine peignée, flanelle........	M. d'argent.	15. 43
Charbonnel.............	Bonneterie en laine..........	Citation...	144
Chardron (*Maxime*).....	Machines à fouler et dégorger les draps.	M. bronze..	358
Charles (M.me veuve)....	Rasoirs, façon de Damas.......	R. m. bronze	298
Chartron père et fils.....	Soie blanche.............	M. d'argent	66
Chassaigne L'Héraud....	Coutellerie fine et commune.....	Citation...	304
Chastagnac.............	Lampes...............	Citation...	407
Chatelard et Perrin......	Peignes d'acier pour les fabriques de draps.	M. bronze..	284
Chatoney, Leutner et compagnie.	Mousselines unies et brodées.....	R. m. d'or..	114
Chauveau	Chaussures imperméables........	Ment. hon..	189
Chavassu (*Mathias*).....	Gemmes et perles fausses.......	Ment. hon..	24
Chayaux frères..........	Draperie...............	R. m. d'or..	19
Chedeaux et compagnie..	Broderies...............	M. d'argent.	130

NOMS des ARTISTES ou FABRICANS.	DÉSIGNATION DES PRODUITS PRÉSENTÉS.	DISTINCTION obtenue.	PAGE du rapport.
Chefdrue et Chauvreulx.	Draperie.	M. d'argent.	31.
Chenu jeune.	Broderies.	M. d'argent.	130.
Chereau	Billards.	Citation	470.
Chéron	Ouvrages divers exécutés au tour.	Ment. hon.	343.
Chesle.	Gravures.	Citation	474.
Chevallier.	Instrumens d'optique.	M. bronze.	382.
Chevallier (*Vincent*) et fils.	Instrumens d'optique	R. m. d'arg.	381.
Chochina	Diverses préparations de la pomme de terre.	Citation	417.
Choiselat-Gallien.	Bronzes dorés pour ornemens d'église.	M. d'argent.	327.
Choquet.	Rasoirs à rabot et communs.	Ment. hon.	302.
Christin aîné, père et fils.	Ganterie et chamoiserie.	Ment. hon.	184.
Cristofle.	Boutons en écaille et en corne.	M. d'argent.	342.
Chuard, Delore et compagnie.	Étoffes de soie pour meubles.	R. m. d'or.	74.
Claisse (*Nicolas*).	Draperie.	M. bronze.	34.
Clancau	Étain laminé.	M. bronze.	230.
Clavaud et Georgeon.	Papier.	M. d'argent.	196.
Clément.	Violons, basses et guitares.	R. m. bronze.	398.
Clerc.	Machines et outils pour l'horlogerie.	M. bronze.	370.
Clerc neveu.	Draperie.	M. d'argent.	29.
Clerembault et Lecoq-Guébé.	Mousselines diverses.	M. d'or.	112.
Clicquot.	Outils pour les horlogers et les bijoutiers.	Ment. hon.	350.
Cluesmann.	Pianos.	Ment. hon.	397.
Colignon fils.	Châles en laine.	M. bronze.	159.
Colin Saint-Michel.	Pâtes, façon d'Italie.	Citation	417.

NOMS des ARTISTES ou FABRICANS.	DÉSIGNATION DES PRODUITS PRÉSENTÉS.	DISTINCTION obtenue.	PAGE du rapport.
Colletta (*Lefèvre*).............	Tabatières dites *écossaises*..........	Ment. hon.	343
Colliau et compagnie....	Fil de fer et d'acier............	M. d'argent.	265
Collier (*John*)..........	Machine à peigner la laine.......	M. d'or....	353
Colombel..............	Coutils.............	Citation.	101
Colombet.............	Ceintures et bourses en soie.....	Citation.	144
Colombet, et compagnie..	Tulle et tricot en soie...........	Citation.	88
Comberousse (M.lle de)..	Lithographies.............	Ment. bon.	478
Combié-Rossel.........	Taffetas.............	Ment. hon.	87
Cordier et compagnie....	Étoffes diverses en laine.........	M. d'argent.	44
	Calicot et percale.............		115
	Coton filé...........	Ment. hon.	106
Corderier et Lemire.....	Damas et brocards pour meubles ..	M. d'or....	77
Cornier..............	Bronzes dorés............	Ment. bon.	328
Cosseron,.............	Couleurs lucidoniques.........	Ment. hon.	436
Cosson.............	Billards.............	Citation.	469
Couchonnat.........	Châles en soie...........	R. m. d'arg.	80
Couder.............	Pianos.............	Ment. hon.	398
Coulaux et compagnie..	Cuirasses.............	M. d'or....	316
	Aciers bruts et raffinés.........		757
	Outils pour les menuisiers, les charrons et les tourneurs.		399
	Limes en acier fondu..........	Ment. hon.	273
	Scies, racles et buscs.........		278
	Faulx.............		270
Coulon-Rival.........	Dentelles.............	Citation ?	126
Courtier...........	Ouvrages en fil de fer.......	Citation.	167
Courtin.............	Procédé à l'effet de rendre le plâtre imperméable.	Citation.	444

NOMS des ARTISTES ou FABRICANS.	DÉSIGNATION DES PRODUITS PRÉSENTÉS.	DISTINCTION obtenue.	PAGE du rapport.
Crapelet	Produits de typographie	M. d'argent.	473
Crespel-Delisse	Sucre de betterave	M. d'or	414
Crespel-Destombes	Fils à dentelles	M. bronze.	94
Crespel-Pinta	Sucre de betterave	M. bronze.	415
Croizez	Filières, vis et boulons	Citation	316
Cunin-Gridaine	Draperie	R. m. d'or.	20
Cuoq, Cénturier et compagnie.	Platine		234
Cuyru de Surmont	Étoffes pour pantalons	M. bronze.	121

D

NOMS des ARTISTES ou FABRICANS.	DÉSIGNATION DES PRODUITS PRÉSENTÉS.	DISTINCTION obtenue.	PAGE du rapport.
Dablaing-Estabel père et compagnie.	Tulle de coton	M. d'argent.	110
Daillé-Augeard	Couteaux divers	Ment. hon.	301
Dalfger et Martin	Ouvrages en tapisserie sur étoffe.	Citation	157
Dallet (Paul) et Chelle	Papier commun	Ment. hon.	198
Dallet-Fontaine	Toiles cretonnes	Ment. hon.	98
Darlo	Cuir à la garouille	Ment. hon.	179
Dartois	Bronzes dorés	Ment. hon.	328
Davenport	Molettes propres à graver les rouleaux de cuivre destinés à l'impression des étoffes.	M. bronze.	368
David	Tordoir et machine à lacets	Ment. hon.	360
David et Danguin	Ornemens d'église	M. bronze.	86
David-Verdier	Étoffe dite *cilt-pali*	R. m. d'arg.	120
Dayilla et Dabbé	Chapeaux imperméables	Citation	140
Debergue	Peignes pour le tissage	Ment. hon.	286
Debergue et compagnie	Peignes mécaniques pour le tissage.	M. d'argent.	356

NOMS des ARTISTES ou FABRICANS.	DÉSIGNATION DES PRODUITS PRÉSENTÉS.	DISTINCTION obtenue.	PAGE du rapport.
Debladis, Auriacombe Guérin jeune et Bronzac.	Cuivre rouge.	M. d'or.	221
	Tôle.	Ment. hon.	259
	Fer-blanc.	Ment. hon.	264
Dechamps et compagnie.	Objets à l'usage des bâtimens.	M. bronze.	306
Dedreux.	Statues en pierre factice.	M. bronze.	465
Defrenne (M.me veuve) et fils.	Coton filé.	R. m. d'or.	103
Degrand.	Appareil propre à évaporer les dissolutions de sucre à l'abri de la pression atmosphérique.	M. bronze.	409
Deguette et Maguier.	Papiers peints.	Citation.	162
Dehèque.	Bronzes dorés.	Ment. hon.	328
Dejernon.	Procédés d'écritures.	Citation.	478
Delabbaye.	Cors à pistons et cimballes.	M. d'argent.	401
Delacre-Snaude.	Tiges de bottes.	M. bronze.	181
Delaforge.	Forge portative.	Ment. hon.	294
Delaforge.	Chandeliers en fer, étrilles, &c.	Ment. hon.	309
Delaporte.	Dés à coudre.	Ment. hon.	312
Delaroche.	Appareils chenets.	Citation.	41
Delaroche fils.	Cheminées en fonte de fer.	Citation.	243
Delarue.	Outils divers.	M. bronze	307
Delasalle.	Broderie sur tulle.	Ment. hon.	133
Delaunay.	Coutil.	Citation.	101
Delavelye (*Auguste*).	Dynanomètre.	M. bronze.	369
Delbarre.	Gaze unie et brochée.	M. d'argent.	120
Delbeuf.	Chaudronnerie.	Citation.	228
Deldevez.	Pendule à remontoir.	Citation.	388
Delebourse.	Fusils tournans doubles à percussion.	M. bronze.	220

NOMS des ARTISTES ou FABRICANS.	DÉSIGNATION DES PRODUITS PRÉSENTÉS.	DISTINCTION obtenue.	PAGE du rapport.
Delecroix (*Édouard*).....	Fil de lin.......................	M. bronze.	93.
Delesse et Armand......	Châles en bourre de soie.........	Ment. hon.	87.
Defeuil...............	Scarificateur destiné à remplacer les sangsues.	Ment. hon..	312.
Delloye (M.me veuve) et fils.	Batiste.......................	M. d'argent.	96.
Delobel de Surmont.....	Circassienne et autres étoffes.....	M. bronze.	121.
Deloynes, Hallier, Dujoncquoy et compagnie.	Bonneterie orientale............	R. m. d'arg.	145.
Delpech et fils........	Alun raffiné et couperose........	R.m. bronze	423.
Delpon, Bruguière et compagnie.	Draperie.......................	Ment. hon.	37.
Demarson............	Savons de toilette et de ménage...	R.m. bronze	427.
Demeneguëret fils......	Couvertures en laine et en coton..	Ment. hon.	132.
Demenegueret père.....	Couvertures en laine et en coton..	Ment. hon.	139.
Deneirouse et Gaussien...	Châles en cachemire............	M. d'or.....	53.
Denevers et Rouyer......	Fleurs en papyrus..............	Ment. hon.	136.
Denielle (*Thomas*).....	Draperie.......................	Citation....	37.
Denière.............	Bronzes dorés................	M. d'or....	326.
Denimal et Miniscloux...	Toiles métalliques.............	M. bronze.	288.
Derosne (*Charles*)......	Calcination du sang des animaux..	M. d'or....	421.
Derovray-Dobigny......	Cotons retors................	Citation....	108.
Descermont-Chombart...	Échantillons de laine filée.......	M. d'argent.	15.
Deschamps............	Couvertures en laine et en coton..	Ment. hon.	132.
Descoins fils..........	Draperie.......................	M. bronze.	35.
Désétables............	Papier à gargousse............	Ment. hon.	200.
Desfeuilles...........	Papier de fantaisie............	Ment. hon.	200.
Desfresches et fils.......	Draperie.......................	R. m. d'arg.	25.
Desfresches et Chennevières.	Draperie.......................	M. d'argent.	30.

NOMS des ARTISTES ou FABRICANS.	DÉSIGNATION DES PRODUITS PRÉSENTÉS.	DISTINCTION obtenue.	PAGE du rapport.
Deshays	Régulateur	M. d'argent.	386
Desmadryl aîné	Lithographies	Ment. hon.	477
Desmoulins	Vermillon		436
Désormeaux	Divers ouvrages au tour	Ment. hon.	372
Dessoye et Paintendre	Limes	M. d'argent	272
Destoup	Cuir à la garouille	Ment. hon.	179
Desquinemare	Toiles imperméables	R. m. bronze	190
Desvignes (M.ᵐᵉ veuve)	Dorure et peinture sur cristal et verre.	R. m. bronze	460
Detrey père	Bonneterie en fil et en soie		144
Devalois	Tabatières en carton verni	Ment. hon.	343
Devilleneuve et Mathieu	Ornemens d'église et étoffes en soie.	R. m. d'arg.	272
Devaine	Blanchîment des métaux	M. bronze	489
Deyeux fils	Creusets	Ment. hon.	441
Dez-Maurel	Culture du mûrier et éducation du ver à soie.	M. d'argent.	66
Dida	Casques en laiton doré et objets d'armement.	Citation	357
Didelot frères	Fil de bourre de soie	M. d'argent	70
Didiée	Machine à forer les métaux	R. m. bronze	266
Didier-Petit	Étoffes pour ornemens d'église	M. d'argent.	8
Didot (*Firmin*) père et fils	Gravure et fonte de caractères d'imprimerie.	M. d'or	471
Didot (*Henri*), Legrand et compagnie.	Gravure et fonte de caractères d'imprimerie.	R. m. d'or.	471
Diétrich (M.ᵐᵉ veuve) et fils.	Objets divers en fonte moulée.	M. bronze.	250
	Fer en barre et autres.	Ment. hon.	250
Dietz (*Christian*)	Pianos	M. d'argent.	393

NOMS des ARTISTES ou FABRICANS.	DÉSIGNATION DES PRODUITS PRÉSENTÉS.	DISTINCTION obtenue.	PAGE du rapport.
Dietz fils........................	Machines hydrauliques et pompes .	M. d'argent.	347
Dignat...........................	Dessins en demi-relief............	Citation...	462
Dihl.............................	Ciment,..........................	M. d'argent.	438
Dinant...........................	Outils à l'usage des ébénistes et des menuisiers....................	Citation.....	345
		Ment. hon.	325
Dieudonnat.......................	Collection de maillons et de poulies en verre à l'usage des fabricans d'étoffe.	M. bronze..	359
Discry...........................	Porcelaine.......................	Ment. hon.	451
Dismematin de Salles....	Papier d'impression..............	Ment. hon.	198
Dobler (*Henri*) et Rouchand (*Émile*).	Fil de bourre de soie............	M. d'argent.	71
Dobrée (*Thomas*)......	Feutre pour le doublage des navires.	M. bronze.	147
Doguin et compagnie	Tulles et dentelles..............	M. d'argent.	85
Dollé (*Alexandre*).........	Service damassé en fil...........	M. d'or....	124
Domeny...........................	Harpes...........................	M. d'argent.	394
Domet-Demont.....................	Pierres lithographiques.......... Objets achromatiques.............	M. d'argent.	215 381
Doniol père et fils.........	Fil de lin.......................	Citation....	94
Donaule-Wiéland........	Joaillerie en pierres fausses.......	M. d'argent.	347
Doulnet et compagnie....	Châles en cachemire..............	R. m. bronze	58
Douris-Fumeaux.........	Coutellerie......................	M. bronze..	300
Don ay...........................	Goudron minéral et mastic bitumineux.	M. bronze..	440
Doyen oncle et neveu....	Laine filée; — étoffes mérinos....	R. m. d'or...	13 41
Drulon-Mhergue et compagnie.	Chapeaux imperméables...........	Citation....	49
Dubief...........................	Alambic d'essai..................	Citation....	45
Dubois-Fournier..........	Batiste..........................	Ment. hon.	97

NOMS des ARTISTES ou FABRICANS.	DÉSIGNATION DES PRODUITS PRÉSENTÉS.	DISTINCTION obtenue.	PAGE du rapport.
Dubreuil fils	Gilets en feutre	Ment. hon.	147
Dubuc	Cheminées en marbre	M. bronze	200
Duchaussoy	Bonneterie en coton	Ment. hon.	[illegible]
Duchemin	Draperie	Citation	37
Duchemin	Horlogerie de précision	R. m. d'arg	384
Duclos	Horlogerie en carton	Ment. hon.	[illegible]
Dufort fils	Cuirs factices pour chaussures	R. m. bronze	188
Dugaz frères et compagnie	Rubans	[illegible]	88
Dulud frères	Calicot, percale et madopolams	M. bronze	[illegible]
Dumas père et fils	Draperie	M. d'argent	33
Dumas père et fils	Fonte de fer; — bijouterie en fonte	R. m. bronze	239 345
Dumas et Girard	Rasoirs	R. m. d'arg	296
Dumesnil	Coutils, cotonnades et siamoises	Citation	123
Dupont	Couvertures en laine et en coton	Ment. hon.	39
Duport	Soques brisés	Ment. hon.	80
Dupré	Chapeaux de paille façon d'Italie	M. d'argent	50
Dupré fils et compagnie	Céruse	M. bronze	43
Déquennoy-Delépouille	Tapis moquettes	Ment. hon.	[illegible]
Durand	Bougie diaphane	Ment. hon.	[illegible]
Durand	Meubles en marqueterie	Citation	469
Durand frères	Châles en laine	M. bronze	60
Durand (*Pierre*)	Peaux de mouton tannées	Ment. hon.	179
Durand-Brasset-L'hérand	Coutellerie fine et commune	Ment. hon.	302
Durand-Quentin	Instrumens à l'usage de l'agriculture	Ment. hon.	[illegible]
Duval	Lit en fonte de fer	Citation	[illegible]
Duval	Fil de laiton		
Duvergier	Farine de légumes cuits	M. bronze	[illegible]

NOMS des ARTISTES ou FABRICANS.	DÉSIGNATION DES PRODUITS PRÉSENTÉS.	DISTINCTION obtenue.	PAGE du rapport.
E			
École royale d'arts et métiers d'Angers (L').	Outils divers.	Ment. hon.	313
Eggly-Roux et compagnie.	Tissus de cachemire et mérinos.	M. d'argent.	44
Egrot.	Brocs en cuivre.	Citation.	128
Ehrenberg.	Outils pour les ébénistes et les menuisiers.	Ment. hon.	311
Elaud.	Tissus de crin.	Ment. hon.	90
Embrun (La maison centrale d').	Draps, serges et toiles.	Ment. hon.	492
Endres.	Pianos.	M. bronze.	394
Engelmann et compagnie.	Lithographies.	R. m. d'arg.	476
Ensisheim (La maison centrale d').	Toiles, percales, couchettes en fer, &c.	Ment. hon.	492
Entrepreneurs de la cuisson des abatis (les).	Gélatine extraite des os ; — colle fabriquée avec cette gélatine.	R. m. d'arg.	415 429
Epinay-Saint-Denis (Le colonel marquis d').	Diverses armes de guerre.		322
Erard.	Pianos et harpes.	M. d'or.	391
Escot.	Exploitation du jais.	M. bronze.	341
Estivant de Braux et Estivant fils.	Colles diverses.	R. m. d'arg.	429
Estlin-Villette et compagnie.	Plaques et rubans de cardes à la mécanique.	Citation.	282
F			
Fabier-Pillet et compagnie.	Blondes.	M. bronze.	128
Fabre.	Plaqué d'or et d'argent.	R. m. d'or.	330
Fabre.	Bas en filoselle.	Ment. hon.	142
Fabre (André).	Bonnets en laine mérinos.	Ment. hon.	143

NOMS des ARTISTES ou FABRICANS.	DÉSIGNATION DES PRODUITS PRÉSENTÉS.	DISTINCTION obtenue.	PAGE du rapport.
Fabre, Chiboust et compagnie.	Tulles de coton	M. d'argent.	110
Faciot (*Robert-Charles*)	Duvet de chèvre	M. bronze.	49
Fagès (*Jean-Louis*)	Draperie	M. d'or.	24
Falatieu (*Joseph-Louis*)	Acier naturel brut et raffiné	M. bronze.	255
Falatieu (le baron)	Fil de fer	M. d'or.	264
	Fer-blanc	Ment. hon.	262
Farcot	Pompes	M. bronze.	347
Farel et fils	Fichus en côte-pali et mouchoirs façon madras.	R. m. bronze	121
Faucomprez	Coton filé	M. bronze.	106
Fauconnier	Orfévrerie	R. m. d'or.	329
Faulquier (*Fulcrand*)	Draperie	R. m. d'arg.	27
Fauze	Céruse	M. bronze.	433
Favreau	Métier pour la fabrication des tricots.	M. d'argent.	357
	Outil propre à l'extraction de l'argile.	Ment. hon.	312
Fenoux	Portefeuilles	Ment. hon.	485
Feuchère et Fossey	Figures en bronze et pendules	M. d'argent.	327
Fichtemberg et compagnie.	Papiers de fantaisie	Ment. hon.	200
Finot	Affiloir sous le nom d'*enthegone*	Citation	305
Flamen-Fleury	Porcelaine	Ment. hon.	451
Flavigny (*Louis-Robert*) et fils.	Draperie	M. d'or.	23
Foncier	Fil de laine	Ment. hon.	16
Fonsés (*Guillaume*)	Draperie	R. m. d'arg.	25
Forges de la Basse-Indre (La compagnie des).	Fer feuillard et fer fort.	M. bronze.	248

NOMS des ARTISTES ou FABRICANS.	DÉSIGNATION DES PRODUITS PRÉSENTÉS.	DISTINCTION obtenue.	PAGE du rapport.
Fossey...............	Cisaille...................	Citation...	316
	Mécanismes et instrumens divers...	R. m. bronze	367
Foster-Stair...........	Fils et tissus de cachemire........	R. m. d'arg.	50
Foucault (M.me) et fils....	Cuir corroyé...............	Ment. hon.	181
Fouet (Claire-Louis)....	Bluteaux de divers degrés.......	Ment. hon.	373
Fouque et Arnoux........	Faïence ordinaire...........	R. m. bronze	445
	Fer-blanc................	R. m. d'or..	261
Fouques fils............	Tôle et fer noir laminés.......	Ment. hon.	160
	Essieux.................	Ment. hon.	172
Fouquet..............	Cachemires français.........	Ment. hon..	60
	Clous et épingles en laiton et en fer.	M. d'argent.	289
Fouquet..............	Fils de fer et de laiton.........	Ment. hon..	166
Fourmand.............	Câbles en fer à l'usage de la marine.	M. d'argent.	306
Fournier (M.lle)........	Bourrelets en baleine........	Citation...	487
Frerejean et fils.........	Cuivre rouge; — laiton et zinc.....	M. d'or.....	122 228 229
Fressange.............	Figures en bronze...........	Ment. hon..	328
Frestel..............	Rasoirs, serpettes, &c.........	M. bronze..	299
Freudenthaler..........	Pianos et pupitres mécaniques.....	Ment. hon..	395
Frichot.............	Pendule, candelabres et bijouterie en acier poli.	R. m. d'or..	333
Fromentin (M.lle).......	Lithographies............	M. bronze..	477
Fruglaye (Le comte de la).	Marbres...............	Citation.. 2	207

G

NOMS des ARTISTES ou FABRICANS.	DÉSIGNATION DES PRODUITS PRÉSENTÉS.	DISTINCTION obtenue.	PAGE du rapport.
Gagneux............	Cuir pour brides..........	Ment. hon.	170
Gaidon.............	Pianos...............	Ment. hon..	396

NOMS des ARTISTES ou FABRICANS.	DÉSIGNATION DES PRODUITS PRÉSENTÉS.	DISTINCTION obtenue.	PAGE du rapport.
Gaillard	Tissus métalliques	R. m. d'arg.	287
Gaillon (La maison centrale de détention de).	Guingams et autres produits	Ment. hon.	494
Gaillon-Troullier aîné	Coutellerie fine et commune	Ment. hon.	302
Galais	Toiles	Citation	191
Galle	Figures en bronze, pendules et candelabres	R. m. d'or	325
Gallet	Robinets pour le gaz	Ment. hon.	407
Galon frères	Châles au lancé	R. m. bronze	58
Gambey	Lunette méridienne	M. d'or	377
Gampé	Ganterie et culotterie	Ment. hon.	186
Ganoel (*Pierre*)	Chapeaux en laine et en poil de veau	Ment. hon.	148
Gannal	Colles diverses	M. bronze	430
Ganneron fils	Laine cardée	M. d'argent	6
Gardet-Hoyau	Pains à cacheter	Citation	488
Gard-Letertre	Blondes et broderies	R. m. d'arg.	127
Garnier	Horlogerie	M. d'argent	386
Garnier père et fils	Caractères d'imprimerie	Ment. hon.	472
Garrault fils	Sculptures en bois	Citation	462
Garrigou, Massenet et compagnie.	Faulx	R. m. d'or	268
	Acier cémenté ;— limes	Ment. hon.	256 274
Gastine fils	Draperie	M. bronze	26
Gaudechaux-Picard frères	Draperie	Citation	39
Gaudy	Marbres de Boulogne	M. d'argent	204
Gaugain, Lambert et compagnie.	Lithographies	Ment. hon.	473
Gaultier de Claubry	Acier cémenté et fondu	M. d'argent	294

NOMS des ARTISTES ou FABRICANS.	DÉSIGNATION DES PRODUITS PRÉSENTÉS.	DISTINCTION obtenue.	PAGE du rap- port.
Gaultier (*Henri*) et Le-noble.	Draperie.	M. bronze.	35
Gautheron	Peignes de tissage	Citation	284
Gavet	Coutellerie	M. d'argent	295
Gense et Lajonkaire	Blanc de baleine raffiné et bougie fabriquée avec cette matière.	M. d'argent	404
Georger	Maroquin bronzé	R. m. d'arg.	186
Gérard (M.lle)	Ouvrages en tapisserie faits à la main.	Ment. hon.	156
Gerdret	Draperie	R. m. d'or.	19
Germain (*Jean-Baptiste*)	Draperie	Citation	38
Gernon (M.me veuve de)	Appareils de chauffage	Ment. hon.	410
Gignoux et compagnie	Fer en barres	M. bronze	249
Gilbert	Foyers et chenets en fonte de fer	Citation	244
Gilbert (*Laurent*)	Creusets	R. m. bronze	444
Gillard et compagnie	Flanelles	M. bronze	46
Gille	Pendule à sonnerie nouvelle	Citation	388
Gilles (*Barthélemi*)	Couvertures en laine et en coton	Ment. hon.	139
Gillet	Rasoirs en acier fondu	M. d'argent	297
Girard	Châles en cachemire	M. d'argent	55
Giraud	Marbres	M. bronze	206
Giraud et fils	Cuir tanné	Ment. hon.	79
Girandau et Mangon	Mégisserie, chamoiserie et ganterie, échantillons de dégras.	Ment. hon.	85 425
Giroux	Chapeaux en feutre	Ment. hon.	148
Gleizal	Blondes et broderies	Citation	133
Gobert	Passementerie	R. m. bronze	88
Gobert	Velours peint	Citation	158

NOMS des ARTISTES ou FABRICANS.	DÉSIGNATION DES PRODUITS PRÉSENTÉS.	DISTINCTION obtenue.	PAGE du rapport.
Godard fils..........	Gravure sur bois..............	M. bronze..	475.
Godefroy............	Flûtes.................	M. bronze..	402.
Godin.............	Colles diverses.............	Ment. hon.	431.
Godin-Rigault........	Cuir tanné........	Ment. hon..	172.
Gombert père et fils.....	Cotons retors et à coudre........	M. d'argent.	107.
Gompertz..........	Colle de Flandre..........	Citation....	431.
Gorillot-Quingnart......	Machine à rayer le papier.......	Ment. hon..	376.
Gotten........	Lampes................	R. m. bronze	404.
Goupil...........	Balance romaine...........	Ment. hon..	376.
Gouré............	Cachemires français.........	Ment. hon..	60.
Gourjon de Laplanche...	Limes demi-rondes et façon d'Allemagne.	Ment. hon..	276.
	Charrue à la *Mathieu-Dombasle*, avec soc de rechange.	Citation....	346.
Gourlier.........	Briques cintrées.............	R. m. bronze	485.
Gouvenain (De)......	Vinaigres.............	R. m. bronze	417.
Goyon...........	Composition servant à nettoyer les meubles.	Citation...	442.
Grand frères et Prades....	Draperie.............	R. m. bronze	33.
Granier.........	Couvertures en coton et en laine...	Ment. hon..	139.
Gravant.........	Régulateur à secondes.........	M. bronze..	387.
Gravier.........	Essieux.............	Ment. hon..	313.
Grêau aîné.......	Coutils divers, futaine, finette, &c.	M. d'or.....	118.
Grégoire.........	Velours imitant la peinture.......	R. m. d'arg.	158.
Greiling.........	Instrumens de chirurgie.........	M. bronze..	306.
Grellet.........	Tapis en étoupe...........	Ment. hon..	197.
Grenard et compagnie....	Papier et parchemin artificiel.....	Citation....	199.
Grenet...........	Colles et gélatine alimentaire......	M. bronze..	430.

NOMS des ARTISTES ou FABRICANS.	DÉSIGNATION DES PRODUITS PRÉSENTÉS.	DISTINCTION obtenue.	PAGE du rapport.
Griines	Marbres	M. bronze	205
Grimoult	Minium	Ment. hon.	424
Gridlet (*Eugène*)	Laine filée	M. d'argent	14
Grün	Clouterie; — objets divers de serrurerie.	Ment. hon.	291 315
Grus	Pianos	Ment. hon.	267
Guatin (De) et compagnie.	Scies	Ment. hon.	278
	Outils et ustensiles divers	M. bronze	308
Guenan père et fils	Limes et râpes	Ment. hon.	270
Guérin	Tuyaux de pompes et seaux à incendie.	Ment. hon.	482
Guérin et Philippon	Velours de soie	R. m. d'or	73
Guérineau fils aîné	Peaux de lièvre apprêtées	R. m. bronze	481
Guerne	Clarinettes	Ment. hon.	402
Guibal-Anne-Vaute	Draperie	R. m. d'or	22
Guibert et Hunout	Toiles et cordes humidifuges	Ment. hon.	194
Guigardet	Rasoirs en acier fondu et taille-plumes.	Ment. hon.	303
Guignet	Produits en porcelaine et en grès	Citation	
Guillemet aîné	Basin, coutil et flanelle	Ment. hon.	
Guillemot	Passementerie	Citation	89
Guion *dit* Desmoulins	Marbres	Ment. hon.	207
Guiraud-Fourmil	Draperie	M. d'argent	32

H

NOMS des ARTISTES ou FABRICANS.	DÉSIGNATION DES PRODUITS PRÉSENTÉS.	DISTINCTION obtenue.	PAGE du rapport.
Hache-Bourgeois	Cardes		282
Haguenau (La maison centrale de).	Coton filé, toiles et ganterie	Ment. hon.	492

NOMS des ARTISTES ou FABRICANS.	DÉSIGNATION DES PRODUITS PRÉSENTÉS.	DISTINCTION obtenue.	PAGE du rapport.
Ha'ary	Cors, clarinettes et flûtes en cuivre.	M. bronze.	401.
Hanriot.	Pendules.	R. m. d'arg.	386.
Hatel	Ustensiles de cuisine et fourneaux.	R. m. d'arg.	408.
Harmey	Plaques et rubans de cardes à la main.	Ment. hon.	281.
Hartmann	Peignes en acier pour la préparation des laines; — instrumens à l'usage des mécaniciens.	Citation.	285. 315.
Hartmann (M.me)	Tissus métalliques.	Ment. hon.	289.
Hatey	Couvertures en laine et en coton.	Ment. hon.	139.
Haussmann frères.	Coton filé; — étoffes de coton imprimées.	R. m. d'or.	170. 171.
Havard.	Couvertures en laine et en coton.	Ment. hon.	130.
Haverna et Parent.	Filés de lin.		94.
Hazard.	Batiste.	R. m. bronze.	97.
Hébert (*Frédéric*), et compagnie.	Châles en cachemire.	M. d'argent.	56.
Heilmann frères et compagnie.	Coton filé.	M. d'argent.	105.
Heining.	Colle de Flandre.	Citation.	431.
Hénault (*Charles-François*).	Machine à carder la laine.	Ment. hon.	360.
Hénant et Gravet.	Parapluies.	Citation.	484.
Hennequin et compagnie.	Châles en cachemire.	M. d'argent.	57.
Bennet.	Échantillons de laine lisse.	M. bronze.	19.
Hénon fils aîné.	Peignes en écaille et en corne.	M. bronze.	342.
Henriot frère, sœur et compagnie.	Flanelles.	M. d'or.	42.
Henriot (M.me veuve) et fils.	Casimirs, flanelles, &c.	M. d'argent.	43.
Henry aîné.	Tapisserie pour meubles.	M. d'argent.	154.

NOMS des ARTISTES ou FABRICANS.	DÉSIGNATION DES PRODUITS PRÉSENTÉS.	DISTINCTION obtenue.	PAGE du rapport.
Herbin	Cire à cacheter...................	R. m. bronze	439.
Herfort.	Bijoux en acier poli..............	Ment. hon..	334.
Hildebrand	Cloches, carillons, sonnettes et timbres pour pendules.	R. m. bronze	231.
Hindenlang fils aîné	Fils et tissus de cachemire.........	R. m. d'or..	59.
Hofer (*Jean*) et compagnie.	Indiennes,....................	R. m. d'or..	172.
Honoré.................	Porcelaine et vitraux peints........	Ment. hon..	452.
Horne fils...............	Papier blanc divers formats.......	R. m. d'or..	195.
Hortier fils.............	Câbles......................	Citation...	482.
Houdaille...............	Bijouterie en fonte de fer.........	Citation...	244.
	Bijouterie en cuivre, en bronze et en fonte.	Ment. hon..	336.
Houdin.................	Mécanisme relatif à l'horlogerie...	Ment. hon..	388.
Houdouard-Detrey.......	Bas de fil superfins...............	Ment. hon..	142.
Houtou la Billardière.....	Instrument appelé *colorimètre*, et échantillons d'indigo.	M. d'argent.	432.
Hubert-Desnoyers.......	Parapluies....................	Citation...	484.
Hue...................	Acier préparé,.................	M. d'argent.	255.
	Marteaux propres à tailler les meules de moulin.	Ment. hon...	310.
Hulin-Pelgé	Cuir corroyé..................	Ment. hon..	181.
Hulot, Larminat et Prat ..	Broderies....................	R. m. bronze	131.
Huret..................	Serrures à combinaison...........	R. m. d'arg,	291.
Huvelin de Bavilliers.....	Modèle de l'enveloppe d'un haut fourneau coulé en fonte de première fusion.	Citation...	243.

NOMS des ARTISTES ou FABRICANS.	DÉSIGNATION DES PRODUITS PRÉSENTÉS.	DISTINCTION obtenue.	PAGE du rapport.
I			
Illkirch (La fabrique d'acier d').	Acier de cémentation..............	M. bronze..	255
	Limes en acier corroyé et en acier fondu.	Ment. hon..	275
Isnard de Sainte-Lorette..	Fleurs en fanon de baleine........	M. bronze..	136
J			
Jacmart...............	Cuir-verni................	Ment. hon..	188
Jacob (*Alphonse*)........	Meubles en bois exotique et modèles de parquets.	R. m. d'or..	467
Jacoby-Lesourd..........	Bas en bourre de soie............	Ment. hon..	142
Jacquemart.............	Papiers peints..............	R. m. d'arg..	161
	Châssis de fenêtre à tabatière.....	Ment. hon..	293
Jacquet (*Louis*).........	Teinture sur étoffes de coton.....	M. bronze.	166
Jacquet, Demay et compagnie.	Couvertures en laine et en coton...	R. m. d'arg..	138
Jacqueton frères........	Coutellerie fine et commune.......	Citation...	304
Jacquinet jeune et Millet..	Cheminées imitant celles à la *Désarnod.*	Ment. hon..	410
Jacquot-Stoffels.........	Étoffes imperméables..........	Citation...	192
Jalade-Lafond.........	Lits mécaniques............	Ment. hon..	371
Janssen.............	Draperie.............	M. d'argent.	29
Janus (*Frédéric*).......	Pianos.............	Ment. hon..	397
Japy frères..........	Acier fondu et enclumes.........	Ment. hon..	258
	Casseroles et chaînettes en fer étamé.	R. m. d'or..	305
Javal frères et compagnie.	Mousselines et calicots imprimés...	M. d'or..	172
Jeandeau...........	Appareil tenant lieu de pompe alimentaire pour les chaudières des machines à vapeur.	Ment. hon..	349

NOMS des ARTISTES ou FABRICANS.	DÉSIGNATION DES PRODUITS PRÉSENTÉS.	DISTINCTION obtenue.	PAGE du rapport.
Jeannest	Pendules en bronze	M. bronze	328
Jecker frères	Instrumens de marine	R. m. d'arg.	377
Jessaint (Le vicomte de)	Échantillons de laine ondée	M. d'or	5
Jeunes-Aveugles (Institution royale des)	Objets divers	M. bronze	490
Jobert-Lucas et Ternaux (*Louis*)	Casimirs et flanelles; — tapis en moquette.	M. d'argent	43 154
John-Détruissart	Bas de coton	M. bronze	141
Joliet	Tissus de crin	M. bronze	90
Jolis	Broderies et dessins de bróderie	Ment. hon	133
Josselin (Mme veuve)	Ceintures chinées or et argent	Ment. hon	89
Joubert, Bonnaire et Girand.	Toile à voile	R. m. d'arg	100
Jourdain (*Frédéric*)	Draperie	R. m. d'or	18
Jourdan (*Charles*)	Cachemires français	Ment. hon	60
Joyard et Dambuant	Velours et peluches	M. bronze	87
Juillerat et Desolme	Châles en cachemire	M. d'argent	56
Julien	Diverses préparations pour le collage des vins; et ustensiles servant à soutirer les vins.	M. d'argent	418
Julien et compagnie	Produits chimiques	M. bronze	423
Junot	Machines à l'usage des filatures de coton.	Ment. hon	300

K

NOMS des ARTISTES ou FABRICANS.	DÉSIGNATION DES PRODUITS PRÉSENTÉS.	DISTINCTION obtenue.	PAGE du rapport.
Kayser (*Xavier*)	Guingams	M. d'argent	118
Keller	Faïence ordinaire	R. m. bronze	445
Kermelec (*Léonard*)	Pompes destinées au service des vaisseaux; et échelle à incendie.	M. d'argent	305

NOMS des ARTISTES ou FABRICANS.	DÉSIGNATION DES PRODUITS PRÉSENTÉS.	DISTINCTION obtenue.	PAGE du rapport.
Klepfer (*Henri*).........	Pianos..........................	M. bronze..	394
Kolping..................	Ébénisterie...................	Ment. hon..	468
Kresz aîné..............	Instrumens de pêche...........	Ment. hon..	486
Kurtz...................	Velours de soie...............	M. d'argent.	84

L

Labiois.................	Cheminées et fontaines en marbre..	Ment. hon..	209
Laborde et compagnie...	Mécanismes pour le filage........	R. m. d'arg.	355
Lacompar et compagnie.	Objets à l'usage des selliers, et articles de quincaillerie.	M. bronze..	307
Lacohrade (*Henri*) et compagnie.	Papier..........................	R. m. bronze	197
Laforgue...............	Papiers peints.................	Citation...	562
Laiguadier et compagnie..	Objets divers de serrurerie......	Ment. hon..	311
Lainé (M.me)...........	Gélatine extraite des os........	Ment. hon..	416
Lainné (*Étienne*) et compagnie.	Châles en cachemire............	M. d'argent.	55
Laisney................	Châles en cachemire et en laine...	M. bronze..	59
Laloge.................	Cuir verni.....................	R. m. bronze	187
Lalouette (M.lle).......	Ouvrages en tapisserie faits à la main.	Ment. hon..	157
Lambert...............	Cardes à la mécanique..........	Ment. hon..	281
Lambert...............	Droguets.......................	Citation...	123
Lambert (*Amélie*)......	Faïence ordinaire..............	Ment. hon..	446
Lainotté...............	Pistolets genre oriental.........	R. m. bronze	320
Lançon père et fils......	Pierres gemmes artificielles......	M. bronze..	340
Langlois...............	Porcelaine.....................	M. bronze..	450
Langlumé..............	Lithographies..................	M. bronze..	477

NOMS des ARTISTES ou FABRICANS.	DÉSIGNATION DES PRODUITS PRÉSENTÉS.	DISTINCTION obtenue.	PAGE du rapport.
Lansot jeune............	Parchemin...............	Ment. hon..	183.
Lantussa............	Fusil à deux coups...........	Citation...	322.
Laperrine (*Dominique*)...	Draperie...............	M. bronze..	36.
Laporte............	Rasoirs en acier français........	M. bronze..	300.
Laprévote............	Violons...............	M. bronze..	399.
Lardin frères...........	Fils de bourre de soie et de cachemire.	M. d'argent.	72.
Larenaudière et Noël....	Cire à cacheter et colle à bouche...	R. m. bronze	440.
Laresche............	Pendules...............	M. d'argent.	387.
Larguèse (*Cadet*)......	Cuir tanné et corroyé.........	R. m. bronze	180.
La Rochefoucault (*Sosthène* le vicomte de).	Échantillons de laine lisse.......	....	11.
Laruaz-Tribout........	Broderies...............	M. bronze..	131.
Laurent (*Henri*).......	Tapis en moquette........	R. m. bronze	155.
Laverrière et Gentelet....	Peignes pour le tissage des étoffes de soie.	M. d'or....	183.
Laydet fils aîné........	Chamoiserie et ganterie........	Ment. hon..	185.
Layerle-Capel.........	Marbres...............	M. d'argent.	203.
Lebail (*Eugène*)........	Toiles écrues et blanches........	Ment. hon..	99.
Lebel (*Joseph-Achille*)....	Pétrole raffiné.............	M. bronze..	440.
Lebihan............	Chariots bobines propres à la composition du tulle.	Ment. hon..	360.
Leblanc............	Gravure de machines et instrumens aratoires.	M. d'argent.	496.
Leblanc (*Julien-Thimotée*).	Coton filé...............	R. m. d'arg.	405.
Lebœuffle (*Louis*)......	Calicot et linge de table en coton..	Ment. hon..	117.
Leboucher-Villegaudin...	Toile à voiles.............	R. m. d'arg.	100.
Lebreton, Nouel et compagnie.	Divers objets en albâtre.........	Ment. hon..	215.

NOMS des ARTISTES ou FABRICANS.	DÉSIGNATION DES PRODUITS PRÉSENTÉS.	DISTINCTION obtenue.	PAGE du rapport.
Lebrun............................	Orfévrerie...........................	R. m. d'arg.	330.
Leclerc et Dequenne...........	Acier cémenté	R. m. d'or..	253.
	Feuilles de fer, d'acier et de tôle; — fil de fer et de laiton; — limes; — lames de sabre.	Ment. hon..	260. 266. 274. 317.
	Ressorts de voitures et objets de taillanderie.	Citation ...	316.
Lecomte..........................	Carde montée.....................	Citation ..	282.
Lecouturier.......................	Soude raffinée et de l'iode.	Ment. hon..	414.
Ledru (*Hector*)................	Sucre de betterave.................	M. d'argent.	414.
Lefaucheux.......................	Fusils doubles et à la Pauly.......	Ment. hon..	322.
Lefeburé et Berthelemy...	Colle fabriquée avec la gélatine extraite des os.	M. bronze..	430.
Lefebvre........................	Fourneau de cuisine...............	Citation ...	410.
Lefebvre........................	Clarinettes et flûtes...............	M. bronze.	401.
Lefebvre et compagnie...	Céruse.............................	M. d'argent.	433.
Lefebvre (*Jacques*)......	Échantillons de soie...............		69.
Lefebvre-Jacquet..........	Tapis imprimés....................	R. m. d'arg.	168.
Lefebvre-Moussy..........	Tulle de coton....................	Citation ...	111.
Léger...........................	Chandelle perfectionnée..........	Citation ...	408
Léger...........................	Gravure et fonte de caractères d'imprimerie.	R. m. d'arg.	472.
Leglatre........................	Cuir tanné........................	M. bronze..	177.
Leglay frères.................	Affut en fer forgé.................	Ment. hon..	315.
	Petite pièce d'artillerie en ruban de fer forgé.	Citation ...	323.
Legrand-Lemor (M.me v.e)	Châles en cachemire	R. m. d'arg.	55.
Legrand-Rigaud et comp.	Étoffes moirées en laine..........	M. bronze..	45.
Leguby et compagnie	Glaces............................	M. bronze.	454.

NOMS des ARTISTES ou FABRICANS.	DÉSIGNATION DES PRODUITS PRÉSENTÉS.	DISTINCTION obtenue.	PAGE du rapport.
Lejeune	Poterie commune	Citation	445
Lelong	Bijouterie en bronze doré	R. m. bronze	335
Lelong oncle et neveu	Étoffes diverses mélangées de coton	M. d'or	120
Lelong, Constant et Forestier	Perles fausses	Ment. hon	341
Lelyon	Fusils à un seul canon à quatre coups avec cylindres tournans	M. bronze	320
Lemaire	Couteaux et serpettes	Citation	304
Lemaire fils	Rasoirs et cuirs à rasoirs	Ment. hon	302
Lemarchand	Cuir tanné	Ment. hon	179
Lemare	Appareil caléfacteur	R. m. d'arg	408
Lemeneur	Toile blanche dite cretonne	M. bronze	98
Lemétayer	Calicot et jaconat	M. d'argent	115
Lemire	Clouterie	M. bronze	290
Lemmé	Pianos	Ment. hon	397
Lemoine	Étoffe dite printannière	Citation	122
Lemoine et Meurice	Chaînes d'engrenage	Citation	376
	Procédé mécanique pour broyer les couleurs	Ment. hon	437
Lenain	Peignes de tissage	Citation	284
Lenoble	Tuyaux de plomb étirés	R. m. bronze	218
Lenoble fils	Cloche et sa monture	Citation	233
Lenoir (*Épiphane*)	Chapeaux en laine	Ment. hon	148
Lenoir et compagnie	Conservation de substances alimentaires et glacières portatives	Ment. hon	413
Lenoir-Ravrio	Buste du Roi en bronze, table en mosaïque, &c.	R. m. d'arg	326
Lenoir et Manger	Couvertures en laine et en coton	Ment. hon	139
Lenormand	Acier travaillé, burins	Citation	258 315

NOMS des ARTISTES ou FABRICANS.	DÉSIGNATION DES PRODUITS PRÉSENTÉS.	DISTINCTION obtenue.	PAGE du rapport.
Lenseigne..................	Cadenas à combinaison............	Citation....	494
Lepage....................	Fusils à quatre coups et fusils doubles à percussion.	M. d'argent.	348
Lepaul...................	Coffre-forts................	M. bronze.	293
Leprevost (*Robert*)......	Étoffe dite damier...........	Citation....	123
Lerebours................	Lunettes achromatiques.......	R. m. d'or..	380
Leroux-Tupigny..........	Linon en fil................	Citation....	97
Leroy....................	Passementerie..............	Ment. hon..	89
Lesellier................	Coton filé.................	Citation....	108
Lestiboudois et compagnie.	Coton retors..............	Citation....	108
Letexier-Ponsard........	Fil de lin.................	Citation....	93
Levaillant...............	Sulfates de quinine et de cinchonine	M. bronze..	416
Levasseur...............	Miroirs concaves et convexes....	Ment. hon..	382
Levillain................	Coton filé.................	Citation....	107
Leyris..................	Châssis de fenêtre en tôle......	R. m. bronze	293
L'Homond...............	Cheminées imitant celles à la *Désarnod.*	Ment. hon..	410
Ligneville (le comte de) et Ferry-Milon.	Papier superfin............	M. bronze..	197
Lignières................	Farines de minot et de blé de Turquie.	M. bronze..	416
Lignières fils aîné et comp.	Cuir tanné................	Ment. hon..	278
Lioche fils...............	Portefeuilles, agendas........	Citation....	485
Loiseleur-Deslongchamps.	Cocons obtenus à Paris........	Citation....	69
Lombart jeune et Grégoire aîné.	Châles en tricot de soie.......	M. d'argent.	84
Loos (La maison centrale de)	Lin filé, coton filé, toile, &c....	Ment. hon..	493
Lorillard (*Michel*)......	Machine propre à broyer le lin et le chanvre.	Citation....	545

NOMS des ARTISTES OU FABRICANS.	DÉSIGNATION DES PRODUITS PRÉSENTÉS.	DISTINCTION obtenue.	PAGE du rapport.
Louvet fils (*Nicolas*)	Draperie	M. bronze	35
Lucas (*Théophile*)	Fil de lin	Citation	94
Luces	Chamoiserie et ganterie	Ment. hon.	185
Luton	Peinture, dorure et inscriptions sur verre.	M. bronze	461

M

NOMS des ARTISTES OU FABRICANS.	DÉSIGNATION DES PRODUITS PRÉSENTÉS.	DISTINCTION obtenue.	PAGE du rapport.
Mabru (*Antoine*)	Encre d'imprimerie	Ment. hon.	437
Madelonnettes (la maison des)	Linge de corps et tulle brodé	Ment. hon.	493
Mader	Papiers peints	Ment. hon.	162
Madoré	Tissus en crin et en soie	Citation	91
Mafflet Blot et Audouard	Coton filé		107
Maffran	Échantillons de laine ondée	Ment. hon.	8
Maguin (*Philibert*) et comp.	Fil de lin	Citation	93
Mahé fils	Toiles écrues et blanches	Citation	99
Mahfet fils	Fusils à canon damassé et à percussion.	Ment. hon.	322
Maille-Pierron et comp.	Étoffes façonnées en soie	M. d'argent	82
Maisiat	Tableaux en soie brochée	M. d'or	76
Malbeste	Gravure en taille douce	R. m. bronze	473
Malézieux frères et Robert.	Tulle de coton	Citation	111
Manby et Wilson	Fonte de fer	M. d'or	236
Manby et Wilson	Fer	Ment. hon.	249
Manceaux (M.mes)	Chapeaux en soie imitant la paille d'Italie.	R. m. d'arg.	151
Manouvrier	Ciseaux et greffoir	Ment. hon.	301
Manteau	Plaques et rubans de cardes à la mécanique.	Ment. hon.	281

NOMS des ARTISTES ou FABRICANS.	DÉSIGNATION DES PRODUITS PRÉSENTÉS.	DISTINCTION obtenue.	PAGE du rapport.
Marchand	Bijouterie en fonte de fer	Citation	244
Marchand et Vanhouten	Aiguilles	M. bronze	279
Maréchal	Bijoux en strass	Ment. hon.	340
Mareschal	Cire à cacheter et encre	R. m. bronze	439
Martin	Naturalisation du ver à soie dans le département de l'Allier et échantillons de soie.	M. bronze	68
Martin et compagnie	Objets en fonte de fer	M. d'argent	238
Martin et compagnie	Lit en fonte de fer	Citation	314
Martin frères	Châles en bourre de soie	R. m. bronze	8
Martin et Horer	Calicot	Citation	117
Marquet	Couteaux de poche	Ment. hon.	302
Mascré	Châles en laine	Ment. hon.	6
Masset	Couvertures en laine et en coton	Citation	139
Masson (*Dominique-Joseph*)	Sucre de betterave	M. bronze	41
Matagrin père et fils	Mousselines diverses	R. m. d'or	112
Mathevon et Bouvard	Étoffes pour ornemens d'église et pour meubles.	M. d'argent	80
Mathey frères et Guénard	Fer en barres et en rubans	R. m. bronze	247
Mathieu Quesné et fils	Draperie	R. m. d'or	22
Maugin	Couvertures en laine et en coton	Ment. hon.	139
Maupetit et compagnie	Châles, chasublerie et étoffes pour meubles.	M. d'argent	57
Maupin (*Abner*)	Draperie	Ment. hon.	36
Maupin (*frères*)	Draperie	Ment. hon.	36
Maurel	Bonneterie	M. bronze	141
Maurel (*Jean-Baptiste*)	Teinture sur soie	Ment. hon.	166
Maurel-Courrent et compagnie	Marbres	M. bronze	205

NOMS des ARTISTES OU FABRICANS.	DÉSIGNATION DES PRODUITS PRÉSENTÉS.	DISTINCTION obtenue.	PAGE du rapport.
Mazarin	Cuivre rouge	M. bronze.	225.
Mégret	Robes brodées en plumes	Citation.	134.
Ménétrier	Bijouterie en fonte de fer	Citation.	244.
Mentzer	Mortier en fer poli.	R. m. bronze	239.
Menut	Roue d'engrenage	Ment. hon.	376.
Mercier père et fils	Mousselines unies et brodées	M. d'or.	113.
Méricant	Taille-plumes, couteaux de table, &c.	Ment. hon.	301.
Mérilon	Marqueterie	Ment. hon.	210.
Merle frères	Draperie		38.
Mesnil	Instrumens aratoires	Ment. hon.	316.
Mestivier et Hamoir	Batiste.	R. M. bronze	96.
Metcalfe	Plaques pour machines à carder le coton et rubans de cardes.	M. d'argent.	280.
Meusnés (le maire de la commune de)	Pierres à fusil	Ment. hon.	214.
Meyer (*Jean-Antoine*)	Broderie au crochet	Citation.	134.
Michel jeune	Fer en barres	M. bronze.	248.
Michelon-Polydore	Machine propre à la confection des câbles.	Citation.	376.
Michon frères	Calicot	Ment. hon.	116.
Middemdorp et Gaultier-Lagutonie	Presse typographique	M. bronze.	367.
Mieg (*Charles*)	Calicot et percale.	M. bronze.	116.
Mignard-Billinge	Fil en acier fondu.	M. d'argent.	265.
Milan aîné	Lampes suspendues pour billards.	Ment. hon.	406.
Milcent-Scherkenbick	Chapeaux imperméables en soie et en lin.	Ment. hon.	151.
Millet	Appareil destiné à empêcher la fumée dans les appartemens.	Citation.	411.

NOMS des ARTISTES ou FABRICANS.	DÉSIGNATION DES PRODUITS PRÉSENTÉS.	DISTINCTION obtenue.	PAGE du rapport.
Miné	Broderie	M. bronze	131
Molin	Papier d'impression	Ment. hon.	198
Monbarbon (M.me)	Fleurs en cire	Citation	145
Monbro	Nécessaires	Citation	343
Moncy-Notre-Dame (La société anonyme de)	Marbres	M. bronze	206
Mongin aîné	Scies, ressorts et buscs d'acier	M. d'argent	277
Monmouceau père et fils et compagnie.	Acier cémenté et limes	R. m. d'or	252
	Limes et râpes	Ment. hon.	274
Montangerand	Capsules imperméables pour fusils à pistons.	Citation	323
Montebourg (l'atelier de charité de)	Dentelles	M. bronze	491
Monteux et Vidal	Châles en bourre de soie	M. bronze	86
Montgolfier (*François*)	Papier blanc		194
Montpellier (la maison centrale de)	Toile, percale, bretelles, &c.	Ment. hon.	497
Morand	Modèle d'un réfrigérent	Citation	414
Moreau	Machine monétaire	Ment. hon.	370
Moreau frères	Blonde	R. m. d'or	126
Moret et Fouquet-d'Hérouel.	Fil de lin	Ment. hon.	93
Morfouillet et compagnie.	Châles en bourre de soie	M. d'argent	82
Morin et compagnie	Mérinos	R. m. bronze	45
Morize	Rasoirs, couteaux, &c., en acier français.	Ment. hon.	301
Mortelèque	Peinture sur verre	M. d'argent	460
Morvan	Nappes en toile écrue	Citation	99
Mosner (*Adolphe*)	Papier de fantaisie	Ment. hon.	200

NOMS des ARTISTES ou FABRICANS.	DÉSIGNATION DES PRODUITS PRÉSENTÉS.	DISTINCTION obtenue.	PAGE du rapport.
Motel..................	Chronomètre et pendules astronomiques.	M. d'argent.	384.
Motte (*Charles*).........	Presse lithographique; — lithographies coloriées.	R. m. d'arg.	36a. 476.
Mouchel fils...........	Fil métallique.............	R. m. d'or..	263.
Mougeot frères.........	Coutellerie en acier des Vosges...	Ment. hon.	303.
Moulfarine............	Mécanismes et instrumens divers..	M. d'argent.	363.
Moulins (la société d'agriculture de)	Naturalisation du ver à soie dans le département de l'Allier.......	Ment. hon.	68.
Mouret de Barterans et de Velloreille.	Barreaux d'acier............	Ment. hon.	257.
	Fil de fer et d'acier.........	R. m. d'arg.	265.
Mourot et Gierkens.....	Peaux de chevreau teintes.......	Ment. hon.	182.
Mouton...............	Broderies diverses...........	Ment. hon.	133.
Mouyet et Mathieu.....	Céruse..................	Ment. hon.	134.
Muel-Doublat..........	Fer de fonderie.............	M. bronze.	247.
Mullier...............	Pianos.................	Ment. hon.	396.
Mulot................	Sonde de mineur...........	Ment. hon.	310.
Muret de Bort.........	Draperie................	R. m. d'arg.	26.
Musseau..............	Limes en acier fondu........	M. d'or....	272.

N

Nadermann frères......	Harpes.................	R. m. d'arg.	399.
Nast frères...........	Porcelaine..............	R. m. d'or..	449.
Nathan frères.........	Ganterie...............	Ment. hon.	185.
Nathan et Beer........	Ganterie...............	M. bronze.	184.
Naudot et compagnie....	Briques, tuiles et carreaux obtenus par des procédés mécaniques.	Citation...	447.
Naudot-Roblet........	Étaux.................	Ment. hon.	312.

NOMS des ARTISTES ou FABRICANS.	DÉSIGNATION DES PRODUITS PRÉSENTÉS.	DISTINCTION obtenue.	PAGE du rapport.
Néron jeune.............	Foulards façon des Indes.........	R. m. d'arg.	169
Nicod.................	Faulx et instrumens aratoires.....	R. m. bronze	269
Nicolas...............	Violons...............	Ment. hon.	399
Niot et Chaponnel......	Horloge horizontale..........	M. bronze	389
Noirot et Ferret........	Chamoiserie...............	R. m. d'arg.	184
Norman dfils.........	Gravure en taille douce........	Citation	474
Normandin frères.......	Coiffure...............	Citation	481
Nuellens.............	Lits et matelas élastiques........	Ment. hon.	482

O

Ocagne (d')............	Dentelle et mousseline brodée.....	R. m. d'arg.	130
Odiot fils.............	Orfévrerie...............	R. m. d'or.	329
Odobel...............	Machine propre à raper les betteraves.	M. bronze	369
Ogeu.................	Savons de toilette et de ménage...	R. m. d'arg.	427
Ollat et Desvernay......	Velours de soie.............	M. d'or.....	76
Olombel père et fils.....	Étoffes en laine.............	Citation	370
Orbelin...............	Bijoux en cuivre doré.........	R. m. bronze	334
Osmond-Dubois........	Cloches, carrillons, sonnettes et timbres de pendule.	Ment. hon.	332
Ottin.................	Bronzes dorés.............	Citation	329
Oberkamp (la société d').	Coton filé...............	M. bronze	106
Oury.................	Maroquins...............	Ment. hon.	287

P

Pabotier..............	Coutellerie...............	Ment. hon.	305
Paillet...............	Pupitres mécaniques..........	Ment. hon.	373

NOMS des ARTISTES ou FABRICANS.	DÉSIGNATION DES PRODUITS PRÉSENTÉS.	DISTINCTION obtenue.	PAGE du rapport.
Pallarès	Limes	Citation	276
Panckoucke	Produits de typographie	M. bronze	473
Pape	Pianos	R. m. d'arg.	393
Parant	Fer feuillard et en verges	Ment. hon.	251
Paret jeune, Castel et compagnie.	Draperie	M. bronze	34
Parquin (*Théodore*)	Ustensiles en cuivre	Ment. hon.	227
	Objets en plaqué d'argent pour le service de la table.	M. d'argent	334
Parturrieu	Plomb laminé	R.m. bronze	219
Pasquier, Geiger et compagnie.	Acier en barres	Ment. hon.	258
Paulin (*Joseph*)	Bonnets en laine	Ment. hon.	143
Pauly	Bijouterie en acier poli	M. bronze	334
Payen	Bitume minéral [*asphalte*]	M. d'argent	213
	Produits chimiques et pharmaceutiques.		412
Payen	Pianos	Ment. hon.	395
Payen et compagnie	Savon blanc en table	Ment. hon.	
Paysant-Decouture	Broderies	M. bronze	
Perchefand, Dubois et compagnie.	Chapeaux de paille imitant ceux de Florence.	M. bronze	150
Pecqueur	Machine à vapeur et régulateur applicable aux moteurs en général.	Ment. hon.	348
Pelletereau frères	Cuir corroyé	R. m. d'arg.	
Pelletier et Caventou	Sulfate de quinine		435
Pellier (*Henri*)	Services damassés en fil et en coton.	R. m. d'or	124
Perdereau-Mondé	Fourrures teintes	Ment. hon.	266
Pereinard et Laisné	Colle de Flandre	Citation	451

NOMS des ARTISTES ou FABRICANS.	DÉSIGNATION DES PRODUITS PRÉSENTÉS.	DISTINCTION obtenue.	PAGE du rapport.
Perrault de Jotemps et Girod de l'Ain.	Laine cardée	R. m. d'or	2
Perrelet	Horlogerie de précision	M. d'or	383
Perron	Horlogerie de précision	R. m. bronze	385
Petit (*Jean*)	Tapis ras	R. m. bronze	155
Petit-Langevin	Coutils	Citation	101
Peugeot frères, Calame et Salins.	Scies, buscs et ressorts en acier laminé.	R. m. d'arg.	277
	Outils divers	Ment. hon.	309
Pfeiffer	Pianos	R. m. d'arg.	393
Philippe (*Louis*) et compagnie.	Serviettes ouvrées et damassées	Ment. hon.	125
Picard (*François-Désiré*)	Châles en coton	Citation	123
Piedanna	Châles en laine	M. bronze	59
Pierron	Presses lithographiques e autographiques.	Citation	376
	Lit en fer plat	Citation	314
Pihet frères	Mécanismes pour la préparation du coton, presse hydraulique.	M. d'argent	357
Pillet aîné et fils	Étoffes de soie, gros de Naples, &c.	R. m. d'or	75
Pillioud	Produits en doublé d'or et d'argent	M. d'argent	331
Pilliwuyt	Porcelaine	R. m. bronze	450
Pillot et Eyquem	Bitume minéral	M. bronze	214
Pimont aîné	Foulards, châles et indiennes imprimés.	M. bronze	174
Pimont (*Prosper*)	Foulards, châles et indiennes imprimés.	M. bronze	175
Pinard	Gravure et fonte de caractères d'imprimerie	M. d'argent	471
Piret et Lefèvre	Cire à cacheter	Ment. hon.	

NOMS des ARTISTES ou FABRICANS.	DÉSIGNATION DES PRODUITS PRÉSENTÉS.	DISTINCTION obtenue.	PAGE du rapport.
Pleyel père et fils aîné...	Piano carré dit *unicorde*...........	M. d'or.....	392.
Poidebard............	Soie blanche en cocons, en flotte et en matteaux.	R. m. d'or..	63.
Poisson...............	Étaux.......................	Ment. hon..	312.
Polignac (Le c.^te de)....	Échantillons de laine ondée......	R. m. d'or..	4.
Polino frères...........	Fil et tissus de cachemire........	M. d'argent.	50.
Polonceau.............	Duvet de chèvre.............	M. d'argent.	47.
Pons.................	Guitares...................	Ment. hon..	400.
Pons.................	Mouvemens de pendules........	M. d'or....	389.
Pontorson (L'hospice de).	Blondes et broderies...........	M. d'argent.	490.
Popelin...............	Broderies sur tulle et sur cachemire.	Citation...	134.
Porlier...............	Formes à papier en fil de laiton...	R. m. bronze	288.
Pot.................	Marteau de forge.............	Ment. hon..	313.
Potérat (Le m.^is de).....	Échantillons de laine ondée.......	M. bronze..	7.
Pottet-Delcusse.........	Fusils et pistolets.............	M. d'argent.	319.
Poupart (*Abraham*).....	Machine à tondre les draps dite *tondeuse*.	R. m. d'or..	351.
Poupart de Neuflize et fils.	Laine filée; — draps et casimirs...	R. m. d'or..	13, 20.
Poupinel aîné et compagnie	Couvertures en laine et en coton.	Ment. hon..	139.
Pourcelle-Destré........	Alépine de couleur...........	Citation...	119.
Pouyat (*Pierre*).........	Papier d'impression...........	Ment. hon..	298.
Pracomtal (De).........	Marmites et chenets en fonte de fer.	Ment. hon..	243.
Pradier...............	Coutellerie.................	R. m. d'arg.	296.
Prailly père............	Cuir tanné.................	R. m. bronze	177.
Prelat................	Fusils et pistolets à percussion, carabine à double détente.	R. m. bronze	349.
Prévost fils............	Draperie..................	M. d'argent.	30.

NOMS des ARTISTES ou FABRICANS.	DÉSIGNATION DES PRODUITS PRÉSENTÉS.	DISTINCTION obtenue.	PAGE du rapport.
Prevost	Canons de fusils en damas	Ment. hon.	301
Prévot	Fil de laine peignée	M. bronze.	16
Prieur	Fusils	Ment. hon.	321
Provent	Flambeaux, pendule et croix en acier poli	R. m. d'arg.	334
Prus-Grimonprez	Étoffe à pantalon	Ment. hon.	221
Pugens cadet et sœur	Soie grège	Ment. hon.	698
Pugens et compagnie	Marbre blanc statuaire et marbres de diverses couleurs	M. d'or	202
Puget	Fichus de gaze	R. m. bronze	585
Pupil	Limes en acier fondu	M. bronze	273
	Burins	Citation	315

Q

NOMS des ARTISTES ou FABRICANS.	DÉSIGNATION DES PRODUITS PRÉSENTÉS.	DISTINCTION obtenue.	PAGE du rapport.
Quenedey	Papier glacé en pains à cacheter	R. m. bronze	488
Quevinot	Bas en laine et gilets tricotés	Ment. hon.	41
Quinet	Table en mosaïque et coupes en malachite	Ment. hon.	121
Quivy (*Étienne*)	Marbres		

R

NOMS des ARTISTES ou FABRICANS.	DÉSIGNATION DES PRODUITS PRÉSENTÉS.	DISTINCTION obtenue.	PAGE du rapport.
Rabuyet	Pâtes à l'instar de celles de Gênes	Citation	417
Rabier (*Joachim*)	Mécanismes et instrumens divers	Ment. hon.	
Racine	Couvertures en laine et en coton	Ment. hon.	
Raffin (De) jeune et compagnie	Chaînes-câbles en fer pour la marine	M. d'argent	

NOMS des ARTISTES ou FABRICANS.	DÉSIGNATION DES PRODUITS PRÉSENTÉS.	DISTINCTION obtenue.	PAGE du rapport.
Rafine (*Noël*) et compagnie.	Madopolams	M. bronze.	116.
Raillon (*Guillaume*)	Colles	Ment. hon.	431.
Raingo frères	Pendules à tableau	Ment. hon.	388.
Raoul (*Charles*)	Fil de lin	Citation	94.
Ratcliff	Fonte de fer	M. bronze.	240.
Raulin père et fils	Draperie	M. d'argent.	28.
Reber (*George*) et compagnie.	Guinganis et étoffe dite *Robin des bois*.	M. bronze.	118.
Reber-Mieg	Châles imprimés	M. bronze.	174.
Rebiller	Montre de cristal de roche	....	85.
Régnier	Mécanismes à l'usage des sciences et arts et instrumens divers.	Ment. hon.	293. 374.
Reine	Bonneterie	R. m. d'arg.	140.
Renette et compagnie	Canons de fusils doubles damassés et fusils à percussion.	M. d'argent.	318.
	Limes en acier fondu	Ment. hon.	275.
	Biffleurs et brunisseurs	Citation	315.
Rennes (la maison centrale de).	Toile à voile et toffe de lin écrue.	Ment. hon.	494.
Réverchon (*Paul*) et frères.	Châles en bourre de soie	R. m. d'arg.	88.
Revillon (*Thomas*)	Machines et instrumens propres à l'agriculture.	M. d'argent.	344.
Revol (De)	Poterie de grès dite *mi-porcelaine*, creusets et briques.	Ment. hon.	449.
Richard	Bijoux en fonte	M. bronze.	356.
Richard (*L. B.*)	Mérinos	M. bronze.	45.
Richter	Pianos	Ment. hon.	398.
Rignoux et Baudoin	Clichés en plâtre et en plomb	Ment. hon.	472.

NOMS des ARTISTES ou FABRICANS.	DÉSIGNATION DES PRODUITS PRÉSENTÉS.	DISTINCTION obtenue.	PAGE du rapport.
Rinaldi	Pianos	Ment. hon.	396
Riom (La maison centrale de détention de)	Serviettes encadrées	Ment. hon.	493
Risler frères et Dixon	Fonte de fer	R. m. d'or	336
	Plaques et rubans de cardes à coton.	Ment. hon.	282
Rivals-Gincla	Acier cémenté	R. m. d'arg.	254
	Limes et râpes	Ment. hon.	279
Robert-Faure	Dentelle	Ment. hon.	128
Rochard (*Julien*)	Fil de lin	Citation	
Rocheblave et compagnie	Échantillons de soie grège étouvrée.	R. m. d'or	65
Rogier (*Théodore*)	Tapis veloutés	R. m. d'arg.	153
Rogue et Levard	Draperie	M. d'argent	32
Rohard (M.me)	Carmin	Ment. hon.	436
Rollé (*Frideric*) et Schwilgué (*J.-B.*)	Mécanismes et instrumens divers	M. d'argent	364
Rollet et Blanchet	Pianos	R. m. d'arg.	396
Roloff et Rouster	Pianos	Ment. hon.	396
Romagnési	Carton-pierre	M. d'argent	465
Romer	Instrument à percer le diamant		379
Roques frères	Peaux de mouton tannées	Ment. hon.	179
Rosse	Pendules à remontoir	Ment. hon.	388
Roswag fils	Toile et gaze métalliques	R. m. d'or	286
Rouffet (*J.-B.*)	Tours et modèles divers	M. bronze	497
Roulhac aîné	Papier	M. bronze	497
Rousseau	Fusils et pistolets	Ment. hon.	345
Rousseau (*Pierre*)	Toile écrue	Ment. hon.	99
Roussel	Cuir verni	Ment. hon.	188
Rouxet	Cordes métalliques	M. bronze	266

NOMS des ARTISTES ou FABRICANS.	DÉSIGNATION DES PRODUITS PRÉSENTÉS.	DISTINCTION obtenue.	PAGE du rapport.
Roussin	Rasoirs à dos mobiles	M. bronze	299
Roux	Bas brodés	Ment. hon.	432
Roux cadet	Châles en tricot de soie	M. d'argent	84
Roux et compagnie	Bleu de Prusse	M. bronze	435
Roux-Carbonnel M.	Châles et fichus en bourre de soie	M. d'or	79
Roux et Feqneux (MM.mes)	Robes brodées	Citation	133
Rouyer jeune	Perles fausses et feuilles nacrées	Ment. hon.	341
Roze-Abraham frères	Draperie; — tapis ras et veloutés	R. m. d'arg.	262
Ruffie fils	Acier	R. m. d'or	252
	Faulx; — limes et dtc.	Ment. hon.	279 274

S

Sabathier et Bouffeau	Maroquins	Citation	487
Sabran père et fils	Châles et mouchoirs en tissus Thibet	M. d'or	77
Saint-Amand (Le chevalier De)	Poterie à l'instar de celle anglaise	M. bronze	448
Saint-Bris	Acier cémenté	Ment. hon.	256
	Limes et râpes	R. m. d'or	272
Saint-Clément (Les propriétaires de la fabrique de)	Faïence ordinaire	Ment. hon.	446
Saint-Cricq (De)	Imitations de la poterie anglaise	R. m. d'arg.	448
Saint-Denis (la maison de détention de)	Feutres	Ment. hon.	493
Saint-Étienne	Cachemires français	Ment. hon.	61
Saint-Gobain (La manufacture royale de)	Glaces	R. m. d'or	452

NOMS des ARTISTES ou FABRICANS.	DÉSIGNATION DES PRODUITS PRÉSENTÉS.	DISTINCTION obtenue.	PAGE du rapport.
Saint-Joannis-Arbost	Coutellerie fine et commune	Citation	364
Saint-Lazare (la maison de)	Linge de corps, fleurs artificielles, tapis de pied, broderies, &c.	Ment. hon.	193
Saint-Léger-Didot	Modèles de machines à fabriquer le papier.	M. d'or	194
Saint Marc (M.me v.e) Porten et Tétiot	Toile à voile	R. m. bronze	100
Saint-Olive	Étoffes de soie	R. m. d'or	75
Saint-Paul	Tissus métalliques	R. m. d'arg.	287
Saint-Quirin et Cirey (la manufacture de)	Glaces	R. m. d'arg.	453
Sakoski	Cuir tanné à la jusée et mécanismes relatifs à la chaussure.	Ment. hon.	188
Salines de l'Est (la compagnie des)	Sel gemme	R. m. bronze	423
Sallandrouze Lamornaix	Tapis veloutés	R. m. d'arg.	152
Salleron (*Jean-Charles*)	Cuir tanné	R. m. bronze	177
Salles frères	Bas de coton	Ment. hon.	142
Sambuc-Noyer	Échantillons de soie	R. m. bronze	67
Sana (M.me)	Fleurs artificielles	Ment. hon.	36
Sargeant (*Isaac*)	Bois courbés pour roues de voitures.	R. m. d'arg.	362
Sargeant (*Isaac*)	Briques dites *hydrofuges*	Ment. hon.	44
Sauler père et fils	Maroquins	R. m. d'or	186
Saulnier	Plaques et rubans de cardes	M. d'argent	288
Saulnier	Machine monétaire	Ment. hon.	374
Sauvage	Appareils dits *compteurs pour le gaz*.	Ment. hon.	106
Savaresse	Cordes d'instrumens de musique	R. m. bronze	100
Savaresse (*Martin*)	Cordes d'instrumens de musique	M. bronze	400
Savart frères	Mouchoirs de batiste imprimés	Ment. hon.	42

NOMS des ARTISTES OU FABRICANS.	DÉSIGNATION DES PRODUITS PRÉSENTÉS.	DISTINCTION obtenue.	PAGE du rapport.
Savornin	Chapeaux élastiques	Citation	548
Schertz	Échantillons de soie	Citation	69
Schlumberger (*Nicolas*)	Coton filé	M. d'or	104
Schlumberger père et fils	Fil de lin	R. m. bronze	92
Schlumberger, Steiner et compagnie	Percale et calicot	M. d'argent	114
Schmid et Salzmann	Guingams et mouchoirs en coton	M. d'argent	113
Schmidt	Limes en acier fondu	M. d'argent	273
Schmuck	Maroquins	R. m. d'arg.	186
Sorive frères	Plaques et rubans de cardes	M. d'argent	280
Séguin et Yemenitz	Étoffes de soie pour ameublement	R. m. d'or	74
Sellière de Mello	Échantillons de laine lisse		11
Sénéchal	Coutellerie fine et commune	R. m. bronze	298
Sénéchal et compagnie	Tulle de coton	M. d'argent	119
Sennefelder et compagnie	Presse lithographique	R. m. d'arg.	363
Serais (M.me)	Broderie	Citation	131
Simard père et fils	Mosaïques en menuiserie	Ment. hon.	469
Simier	Reliure	R. m. d'arg.	478
Simon	Tissus en crin pour ameublement	Citation	91
Simonin	Gravures et livres nettoyés	M. bronze	498
Simonneau (M.me)	Cuir tanné	R. m. bronze	177
Singer et Dufresne	Coton filé; — calicot	Ment. hon.	106, 117
Sir-Henry	Instrumens de chirurgie et coutellerie fine	M. d'argent	295
Sirodor et compagnie	Acier naturel	R. m. d'arg.	253
	Tôles en fer et en acier	Ment. hon.	260
Sirot	Clouterie	M. bronze	280

NOMS des ARTISTES ou FABRICANS.	DÉSIGNATION DES PRODUITS PRÉSENTÉS.	DISTINCTION obtenue.	PAGE du rapport
Société anonyme pour la manutention du plomb (La).	Tuyaux de plomb.	M. bronze.	29
Société pour le lin filé à la mécanique (Isa).	Fil de lin.	M. bronze.	93
Splazzo et Letellier.	Cylindre en cuivre.	Ment. hon.	227
Soleil père.	Instrumens d'optique.	R. m. d'arg.	381
Sompayrac aîné.	Draperie.	M. bronze.	36
Souchon.	Drap teint en bleu par le prussiate de fer.	M. d'argent.	164
Soncin et Laurent frères.	Cuir tanné à la jusée.	M. bronze.	77
Soufflard.	Procédé pour raccommoder la porcelaine et les cristaux.	Citation.	441
Soulot.	Instrument lithotriteur.	M. bronze.	390
Spiegelhälter.	Ganterie et culotterie.	Ment. hon.	185
Spooner.	Jaune de chrôme.	Ment. hon.	436
Steverlinck.	Bleu d'azur.	Ment. hon.	435
Suchet et compagnie.	Percale.	Ment. hon.	117
Susse-Aubé (Mme veuve).	Papiers de fantaisie.	Ment. hon.	200
Susse-Aubé (Mme veuve) et Despréaux.	Peaux gauffrées.	Citation.	182

T

NOMS des ARTISTES ou FABRICANS.	DÉSIGNATION DES PRODUITS PRÉSENTÉS.	DISTINCTION obtenue.	PAGE du rapport
Tabouret.	Appareils catadioptriques.	M. bronze.	182
Taillandier (*Louis-Henri*).	Coutils.	Citation.	101
Taillandier-Aymard.	Ciseaux.	M. d'argent.	297
Tallard père.	Naturalisation du ver à soie dans le département de l'Allier.	Ment. hon.	69
Tallard fils.	Bas de laine.	Ment. hon.	143

NOMS des ARTISTES ou FABRICANS.	DÉSIGNATION DES PRODUITS PRÉSENTÉS.	DISTINCTION obtenue.	PAGE du rapport.
Tardieu (*Pierre*).........	Cartes géographiques............	Ment. hon..	474
Taverne (De)..........	Serrurerie..................	Citation....	294
Tavernier...............	Vernis sur métaux..........	M. bronze...	480
Teissier-Ducros..........	Soie blanche filée............	M. d'argent.	65
Ternaux et fils..........	Drap, casimir, flanelle, châles, tapis, lin filé à la mécanique, et échantillons de blé conservé à l'aide de silos.	M. d'or....	22
Tesson frères...........	Huile de pieds de bœuf, corne et colle.	Ment. hon..	454
Tharaud (*Pierre*).......	Porcelaine...............	Ment. hon..	451
Theuillier...............	Papier............	Citation...	198
Thibault...............	Cire à cacheter............	Ment. hon..	445
Thibout................	Violons..............	M. d'argent.	398
Thiébaut aîné...........	Cylindres et rouleaux en cuivre rouge et jaune.	M. bronze...	226
Thiébaut (*Laurent*)....	Cylindre en fonte de fer........	Citation....	243
Thierry...............	Lits et matelas élastiques........	Citation....	481
Thiery-Mieg............	Impression sur étoffes de coton....	M. d'argent.	174
Thilorier (*Adrien*)......	Lampe hydrostatique..........	M. bronze...	405
Thinet-Malmenaïde......	Coutellerie fine et commune......	Citation...	304
Thirion................	Alènes................	R. m. bronze	285
	Clouterie............	Ment. hon..	290
Thiry.................	Serrures de sûreté.........	M. bronze...	292
Toiville (Le comte de)...	Roue hydraulique..........	Citation....	350
Thomas................	Échantillons de soie.........		60
Thomas-Dequesne et de Coëtchy.	Marbres de Caunes.........	M. d'argent.	263
Thomire et compagnie...	Figures en bronze, surtout de table, et divers objets en bronze doré.	R. m. d'or..	350

NOMS des ARTISTES ou FABRICANS.	DÉSIGNATION DES PRODUITS PRÉSENTÉS.	DISTINCTION obtenue.	PAGE du rapport
Thompson	Gravure sur bois	R. m. d'arg.	475
Thonnelier	Machine à fileter les vis et les écrous.	M. bronze.	369
Thué	Fer en verge pour la clouterie	R. m. d'arg.	246
Thuillier-Leguien et compagnie.	Velventine, escot et alépine.	Citation	119
Thys (*Martin*) et compagnie.	Draperie	R. m. d'arg.	215
Tiret	Cuir corroyé	Ment. hon.	181
Tirmanche et Morand	Garderobes inodores portatives	Ment. hon.	419
Tissot	Mécanismes et instrumens divers.	R. m. bronze	366
Titot et Chastellux	Tissus de coton.	Ment. hon.	116
	Serrurerie; — couchette en fer	Citation	294 314
Titot, Chastellux et compagnie.	Coton filé	Citation	107
Tixier-Goyon	Ciseaux	Ment. hon.	302
Tourangin frères	Draperie	M. d'argent.	31
Tournal	Cuir et peaux préparés par le statice.	Ment. hon.	178
Touron	Coutellerie fine	M. bronze.	299
Toussaint	Serrurerie et coffre-forts	R. m. bronze	291
Tréfousse jeune et Lazare.	Ganterie	Ment. hon.	168
Trempé aîné	Peaux de chevreau en mégis teintes.	M. bronze.	182
Trempé jeune	Peaux de chevreau en mégis teintes.	Ment. hon.	182
Treppoz	Coutellerie	R. m. bronze	299
	Lame de sabre en acier damassé	Ment. hon.	317
Triebet	Hautbois, cor anglais et baryton	M. bronze	402
Tricuet	Pianos.	Ment. hon.	296
Troizy-Latouche	Bonnets de Tunis en ceintures en tricot, dites anti-rhumatismales.	M. d'argent	246

NOMS des ARTISTES ou FABRICANS.	DÉSIGNATION DES PRODUITS PRÉSENTÉS.	DISTINCTION obtenue.	PAGE du rapport.
Tur (*Jean*) et compagnie.	Bas en bourre de soie.	M. bronze.	241
Turbé.	Étoffes en bourre de soie pour ameublement et tenture.	M. bronze.	187
Turenne (Le vicomte de).	Échantillons de laine lisse.	M. bronze.	40
Turgis (*Pierre*).	Draperie.	M. d'or.	24
Turdin.	Cuir corroyé.	Ment. hon.	181

U

NOMS des ARTISTES ou FABRICANS.	DÉSIGNATION DES PRODUITS PRÉSENTÉS.	DISTINCTION obtenue.	PAGE du rapport.
Utzschneider.	Faïence fine et articles exécutés en grès et en terre polie.	R. m. d'or.	447

V

NOMS des ARTISTES ou FABRICANS.	DÉSIGNATION DES PRODUITS PRÉSENTÉS.	DISTINCTION obtenue.	PAGE du rapport.
Valat (*Philippe*).	Fichus en côte, pali et mouchoirs façon madras.	Ment. hon.	322
Valérius.	Bras artificiel.		371
Vallat (*Augustin*).	Draperie.	Ment. hon.	37
Vallée jeune.	Mouchoirs en fil.	Citation.	400
Vallée (*Séverin*).	Coton retors.	M. bronze.	108
Vallet d'Arnis.	Ganterie.	R. m. bronze.	84
Vallez et Hubert.	Carton pierre.	M. d'argent.	465
Vallier.	Toile métallique.	M. bronze.	288
Vallin père et fils.	Table incrustée, coupes d'albâtre et de marbre, cheminées en marbre, &c.	M. d'argent.	208
Vallivon (Le comte *Albine* de).	Ruches à abeilles.	Ment. hon.	487
Vallon.	Rasoirs à dos de rechange et autres.	M. bronze.	99

NOMS des ARTISTES ou FABRICANS.	DÉSIGNATION DES PRODUITS PRÉSENTÉS.	DISTINCTION obtenue.	PAGE du rapport.
Vallon jeune	Instrumens pédicures, rasoirs et affiloir.	Citation	304
Valogne (Atelier de charité de).	Dentelles	M. bronze.	491
Valond	Acier natur.l.	M. bronze.	256
Varaguac jeune	Colle colorée	Ment. hon.	434
Varneck	Violons, violoncelles et altos.	Ment. hon.	399
Vaslin-Bimont (M.me).	Blondes et tulles brodés.	M. bronze.	128
Vaslin et Piéder.	Cuir corroyé.	R. m. bronze	180
Vatier et Lasnier.	Coton filé.	Citation	106
Vaucelle-Dufontenay	Teinture sur tissus.	Ment. hon.	166
Vauchelet (M. et M.lle).	Velours peints.	R. m. d'arg.	158
Vauthier	Coutellerie.	Ment. hon.	502
Vautrin et compagnie.	Coton filé.	R. m. d'arg.	105
Vautroyen, Cuvelier et compagnie.	Coton filé.	Ment. hon.	106
Vayson	Tapis veloutés et ras.		157
Veaute et compagnie.	Côte-pali, géorgienne, &c.	R. m. bronze	121
Vernet frères.	Tapis de pied peints.	M. bronze.	160
	Coutellerie fine.	Citation	394
Veyrat.	Buste de monseigneur le Dauphin, en plaqué.	M. bronze.	332
Viallet.	Châles en laine dits *laines*.	M. bronze.	59
Vicat et compagnie.	Chaux hydraulique.	M. d'or.	420
Videcoq-Tessier.	Blondes.	M. bronze.	128
Vieeray.	Coutils.	Citation	101
Vignon.	Blondes.	M. d'argent	127
Villenave.	Rasoirs en acier fondu.	M. bronze.	301

NOMS des ARTISTES ou FABRICANS.	DÉSIGNATION DES PRODUITS PRÉSENTÉS.	DISTINCTION obtenue.	PAGE du rapport.
Vincent et compagnie	Bleu de Prusse	R. m. bronze	435
Vincent et Michelez père et fils	Coton retors	M. d'argent	108
Violaine (De)	Glaces, vitraux d'église, verre à vitre, &c.	M. bronze	454
Violet et Guénot	Savons de toilette et de ménage	Citation	428
Viollet et Jeuffrain	Draperie	M. bronze	35
Viricel	Tissus de crin	Ment. hon.	291
Vivet	Reliures	Citation	479
Vizille (La société anonyme des fonderies de)	Fonte brute de fer	Ment. hon.	241
Voisin et compagnie	Plomb en feuilles	Ment. hon.	229
Vuillefroy	Clefs de voiture	Citation	316
Vuilquint	Peignes pour la préparation des laines à cachemire	M. bronze	283

W

NOMS des ARTISTES ou FABRICANS.	DÉSIGNATION DES PRODUITS PRÉSENTÉS.	DISTINCTION obtenue.	PAGE du rapport.
Waddington frères	Fonte de fer	R. m. bronze	238
Wagner	Horloges publiques	M. d'argent	389
Wagner (Jean)	Pupitres mécaniques	Ment. hon.	374
Walker (John)	Ganterie, bretelles, &c.	R. m. d'arg.	183
Walter et Joyeux	Velours de soie	M. bronze	387
Walther	Pianos	Ment. hon.	376
Wansbrough	Chapeaux imperméables	Citation	418
Weber	Rasoirs et taille-plumes	Ment. hon.	301
Werner	Meubles en bois indigènes	R. m. d'arg.	467
Wernet	Chandelles appelées bougies épurées	Ment. hon.	307
Wetzels	Pianos	M. bronze	392

NOMS des ARTISTES ou FABRICANS.	DÉSIGNATION DES PRODUITS PRÉSENTÉS.	DISTINCTION obtenue.	PAGE du rapport.
Widowson, Mew et Büssel.	Tulles en bandes.		211.
Willaume.	Violons et autres instrumens à cordes.	M. d'argent.	398.
Wise (*Charles*)	Papier.	M. d'argent.	196.

Y

NOMS des ARTISTES ou FABRICANS.	DÉSIGNATION DES PRODUITS PRÉSENTÉS.	DISTINCTION obtenue.	PAGE du rapport.
Youf.	Ébénisterie.	M. bronze.	468.

Z

NOMS des ARTISTES ou FABRICANS.	DÉSIGNATION DES PRODUITS PRÉSENTÉS.	DISTINCTION obtenue.	PAGE du rapport.
Zanole aîné.	Chandeliers en fer et en cuivre.	M. bronze.	307.
Ziegler, Greuter et compagnie.	Percales et mousselines.	M. d'argent.	214.
	Indiennes.	R. m. d'arg.	173.
Zollikoffer.	Échantillons de laine ondée.	Ment. hon.	8.
Zullig.	Pianos.	Ment. hon.	395.

FIN DE LA LISTE ALPHABÉTIQUE.

www.ingramcontent.com/pod-product-compliance
Lightning Source LLC
LaVergne TN
LVHW050122060726
842524LV00001B/69